本书系教育部人文社会科学研究青年项目成果
项目名称：基于生态价值观的废弃矿区景观再生设计研究
项目批准号：15YJC760057

绿色基础设施与矿区再生设计

Green Infrastructure and Mining Area Regenerative Design

廖启鹏 著

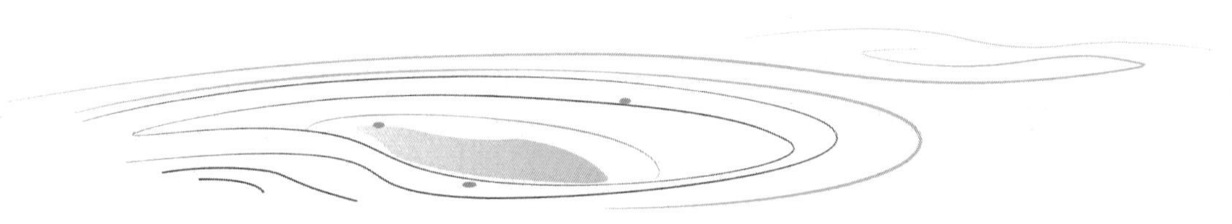

图书在版编目(CIP)数据

绿色基础设施与矿区再生设计/廖启鹏著.—武汉：武汉大学出版社,2018.2

ISBN 978-7-307-19130-3

Ⅰ.绿…　Ⅱ.廖…　Ⅲ.矿区—生态恢复—研究　Ⅳ.X322

中国版本图书馆 CIP 数据核字(2018)第 034559 号

责任编辑:胡国民　　责任校对:李孟潇　　版式设计:韩闻锦

出版发行：**武汉大学出版社**　(430072　武昌　珞珈山)

(电子邮件：cbs22@whu.edu.cn　网址：www.wdp.com.cn)

印刷:虎彩印艺股份有限公司

开本:720×1000　1/16　印张:20.5　字数:304 千字　插页:2

版次:2018 年 2 月第 1 版　　2018 年 2 月第 1 次印刷

ISBN 978-7-307-19130-3　　定价:55.00 元

廖启鹏，中国地质大学环境设计系系主任、副教授、硕士生导师、设计学博士后，巴塞罗那大学（UB）、巴塞罗那高等建筑学院（ETSAB）访问教授，教育部环境艺术设计人才培养模式创新试验区主要负责人。主持国家及省部级项目5项，出版专著及教材4部，在国内外期刊及重要会议发表文章30余篇，设计作品获国际及省级奖项6项。

序

自进入工业文明以来，人类无序开采矿山，过度攫取矿产资源，忽视生态环境保护。在人类中心主义价值观的驱使下，把自然环境作为人类独享资源，导致矿产资源枯竭、地质灾害频发、水质恶化、水土流失、森林退化等灾难性问题，矿区大量废弃、大地满目疮痍。废弃矿山的数量和规模仍在不断增长。如何以有效手段治理这些破坏生态后弃置不用的废弃矿山及其基础设施，实现其价值和功能的再生，是一个迫在眉睫的国际性命题。

美、德、英、澳等国开矿历史久，对生态恢复的研究较早。如20世纪60年代，欧洲设计艺术家受生态学思想影响，在废弃地上创作了一系列大地艺术作品，推动了废弃地艺术化再生和后工业景观理念的推广，产生了以理查德·哈格、彼得·拉茨、乔治·哈格里夫斯等为代表的设计师，创作了以杜伊斯堡风景园为代表的优秀作品，出版了《人工场地：后工业景观的再思考》和《废弃场地的质变》等专著和论文集。德国鲁尔区是欧洲工业废弃地相对集中的地区。政府通过机构设置、法规控制、规划制订、专项资金划拨等手段进行了废弃地的生态恢复工作；美国、加拿大等国对恢复工作环保目标明确，贯穿采矿的生命周期，至20世纪末美国矿山生态恢复率达到90%；澳大利亚则要求矿业公司以崇尚自然、恢复原始为理念，边开采、边恢复，依据开采计划与开采环境影响评价报告验收。我国对废弃矿区生态修复的研究在20世纪末才获重视，但众多有识之士在这方面的探索从未间断。如周连碧、赵方莹、徐礼根、俞孔坚、李军、朱育帆、王希智等学者从环境工程、生态学、城乡规划、风景园林等学科出发，对废弃矿山修复的理论和实践进行了有益探索。

20 世纪 80 年代，在武汉中山大道新华书店，笔者查阅到以设计使工业废弃地质变的中译本时喜出望外，深感到治理工业废弃地的设计是一个新的领域，涉及环境科学、工程、艺术、园林、经济、人文、社会等多学科。后经多年观察与研究，笔者进一步认识到工业废弃地设计是生态文明建设中极具有挑战性的“热点”和“难点”，迫切需要取代当前不可持续的发展模式，这项工作任重道远。笔者即以“生态型产品设计发展要则”为题在海外学术研讨会上发表，强调多学科共同解决这类问题。2010 年，笔者应邀赴任上海视觉艺术学院，有机会三次考察了辰山植物园矿坑公园。这个百年采矿遗迹占地 4. 3hm^2，矿坑内峭壁、水体、植被和人工物等设计要素丰富。该设计采用低影响、可持续利用的设计方法，以修复式花园为理念，充分尊重自然、美化自然，力求挖掘与利用矿坑遗址的景观价值和美学价值，恢复其生态效应、社会效应和经济效应；设计师对采石产生的水土流失、地表剥落、景观破坏等生态环境，进行了护用并举式修复，使其成为区域绿色基础设施的组成；设计就地取材、节约成本。通过对遗址、矿坑、深潭、地坪、山崖的保护性改造、次生湿地、植被增加、生物群构筑及自然条件下的自我修复，建成山体、台地、平地和深潭四级体系的矿坑景区。当时笔者漫步在 160m 的亲水步道和观景平台，环顾这色彩丰富、山体曲线优美的风景，深切体验到植物修复、瀑布景观与山水文化巧妙串联后给人的国画意境般的浸染，深切感受到再生设计结合科普教育、旅游开发、文化挖掘与山体保护形成的心灵震撼。

值得强调的是，矿区的历史文化与人们的记忆息息相关。矿业遗产可以印证历史事件和传递历史信息，也可了解生产方式、生产关系的发展和变化。废弃矿区内遗留了大量的后工业景观，突破了时间的束缚，见证了矿业文化的起源、兴盛和没落，以及人类工业文明发展的进程，蕴涵着具有历史价值与现实意义的工业文化信息。随着矿产资源的枯竭和技术的进步，一些传统的技艺面临着消亡的危险，抢救这种稍纵即逝的传统技艺与历史文化也是挖掘场所精神的重要工作，是再生设计的创意源泉。通过废弃矿区再生设计，保留和更新遗留地上的工业设施，重构自然与人工环境来重塑场所精神，实现景观再造，是一项充满创新与艺术精神的系统工程。矿业遗产是人类文化遗产的一部分，其蕴藏的历史文化价值不可估量。因此，废弃矿区再生设计利于还原历史并成为历史的载体，传达深厚的工业文明，印证人与自然关系的深刻变化，实现生态效益、经济效益和社会效益统一。

废弃矿区也具有生态之美。场地中丰富的野生动植物活动和草木的枯荣也具有较高的生态美学价值，是再生设计的重要源泉。废弃矿区的植物景观更新不只是单一的生态复绿，还要根据植物群落的种类、结构、层次和外貌，运用艺术手段进行合理设计，营造具有审美属性的、独特的植物景观。例如德国北杜伊斯堡风景园中颇具特色的植物造景。植物作为一种有生命力的、色彩形态丰富的景观元素可以帮助设计师在这些冰冷的硬质景观上构建体贴、亲切宜人的柔性界面，为人们提供人性化的活动空间；与矿区设施搭配组合造景；遮挡和修复景观效果不佳的地方，以及通过植物造景模糊边界、分割空间、美化环境，赋予其文化内涵。

废弃矿区给人的印象是土地贫瘠、锈迹斑斑、建筑残缺、污水横流，残垣断壁，似乎难与艺术相联。但世间万物，只要找到适当的角度，都能发现其美学价值。矿业遗产具有时间之美。建筑和机械上斑驳的锈迹在诉说着曾经的辉煌，引起人的无限遐想。但在废弃矿业设施再生设计中，一定要尊重环境、尊重历史、尊重美学法则，化废为宝、化害为利、警示世人、着眼长远。为实现可持续发展目标，以生态价值观解析废弃矿区特征、重构生态价值观，系统挖掘美学价值，构建废弃矿区新价值，融入地域文化，有效保护和再利用矿业遗产，推动地方经济与文化发展，推动美丽中国与魅力中国的建设，具有十分重要的意义。

2013 年，当我了解到本书作者中国地质大学廖启鹏博士的设计学教师背景及其攻修博士后的希望时，甚为欣喜，双方很快确认了攻修设计学博士后的研究方向。值得强调的是，廖启鹏博士及其团队曾长期致力于废弃矿区再生设计领域的研究，成果不少。他在对国内外相关背景深入分析后，认为废弃矿区再生设计迫切需要生态学、设计学、风景园林学、环境工程学、城乡规划学、地理学、地质学、矿业工程学、法学、土壤学、农学、林学、旅游学等诸多学科的交叉融合，是单一学科知识和方法不足以解题的系统工程。

廖启鹏博士发现，我国废弃矿区的改造方式主要局限于复绿、复垦、生态修复和环境保护，较少涉及地域文化、美学价值的挖掘和工业遗产、旅游资源的保护利用，且研究废弃矿区再生设计理论体系及实践方法不成熟；也充分认识到挖掘和利用废弃矿区场地及设施价值，营造高品质的矿区环境，需要艺术和设计学科的介入，以及科学和工程的结合。他立足设计学视角，努力把整个生态系统的协调发展作为评价生态环境优劣的基本价值尺度，通过近年考察德国鲁尔工业区、西班牙 Rio Tinto 矿区、唐山开滦煤矿、大冶矿山公园、上海松江辰山矿区等矿区，同时借鉴其他相关学科的研究手段，力求建构具有创新价值的理论与方法。在解析国内外棕地、废弃矿区特征、现场调研勘查、资料收集整理、系统分析评价的基础上，他重点选择了设计学和环境科学两个学科交叉创新的研究路径，建立了由环境子系统、经济子系统和社会子系统耦合而成的废弃矿区系统模型，提出了由总目标、子系统发展进化目标和子系统协同目标组成的再生目标体系。从理论和实践结合层面展开了废弃矿区再生设计的创新研究。

全书从构建废弃矿区再生设计的生态价值观出发，探讨了废弃场地景观质变所遵循的生态原则，以及所引发的新的美学观、历史观。研究了绿色基础设施系统构建、废弃矿区现状资源识别、评估与再生模式、可行性研究 ，并从场所精神的挖掘、工业遗产再利用，将再生设计纳入废弃矿区绿色基础设施网络体系中，将点状治理变成系统治理，使矿区再生设计与维护区域生态格局及过程的连续与健康结合起来；从矿区的资源、人文与经济系统切入，提出了五种再生设计方法，探寻了科艺结合、协同创新的废弃矿区的综合治理；从理论和实践结合的高度，对废弃矿区再生设计进行了深入的研究，具有明显的学术价值与应用价值。

作者还在书中指出，废弃矿区再生设计与开发更应当挖掘地域文化、重塑场所精神、加强遗产保护与再利用，实现自然与人文景观的和谐共生。尤其需要在再生设计的过程中，将生态修复技术与环境设计有机结合，从场地的自然生态层面和历史文化层面着手，采用多样的设计手段，处理这些曾经有过辉煌历史、但也严重破坏了当地生态环境的废弃矿区，以达到废弃矿区的生态恢复、环境更新、文化重建和经济发展的目的。生态恢复是矿区治理的基础，将生态恢复与综合性再生设计结合是现代矿区治理的趋势。恢复场地的自然生态，注重场地能量的循环、废弃物的再利用，实现对场地的最小干预。此外，也要充分挖掘场地特色，通过景观更新、遗产保护、科普展示、功能再造和旅游开发实现矿区功能的更新，使矿区重新焕发活力，实现自然和人文景观和谐共生，环境修复与服务社会双赢。遗产保护与再利用也是可持续设计思想的体现，废弃矿区见证了人类的矿业开采活动，具有一定的遗产价值，在再生设计中应使矿区“废”而不弃，降低改造成本，保护和合理利用遗产。同时，挖掘场所精神也要充分尊重矿区现有的地形、地貌，充分发挥艺术创造力，维持环境生命力；从自然环境现状中提取特征并加以强化，因势利导，如遇坡堆山、逢沟开河、疏浚水系网络等推波助澜的创作思想和方法可保持自然地理风貌的鲜明特色。废弃工业设施能够通过整体保留、部分保留、构件保留等方式加以利用，可改造成住宿、休闲设施、景观小品等。通过这些设施激发人们对曾经兴盛场景的想象，唤起人们对工业文明的记忆。要在深入挖掘废弃矿区典型特征的基础上，塑造废弃矿区独特的艺术个性，提高环境质量，重建矿区人与环境空间的关系。地域文化传承是矿区再生设计之魂。地域文化的延续通常能唤起人们共同的情感和记忆，通过艺术手段使受损的环境和看似毫无价值的工业遗迹重新焕发活力，使人们深刻认识生态文明建设和环境保护的重要意义。

当前，我们要正确处理经济发展与环境保护的关系，完善生态文明建设制度体系，让生态系统发挥自我调节能力，整合资源，休养生息，重塑形象。要重视矿区治理工作，对条件成熟的矿区应积极申报国家矿山公园乃至世界遗产，也应制定国家矿山公园规划设计和矿区再生设计规范，将设计工作纳入规范管理。只有各方协同努力，才能将废弃矿区变为生态文明建设示范区。这不仅是矿区自身发展的需要，也是集约利用土地资源、缓解人地矛盾、建设生态文明和美丽中国的重要举措。

2017 年 12 月 6 日

前　　言

战略学家阿诺尔特·魏斯曼(Alnold Weissman)认为："问题的解决往往不在问题发生的层面，而在与其相邻的更高层面。"废弃矿区是人工剧烈干预下的产物，矿区再生涉及环境、经济和社会等复杂因素。针对废弃矿区的点状治理难以解决根本问题，需要从更高层面入手。本书引入绿色基础设施理论，将废弃矿区纳入绿色基础设施网络体系中，将点状治理变成系统治理。将单个废弃矿区纳入绿色基础设施体系中，使矿区再生与维护区域生态格局与过程的连续与健康结合起来。再生后的矿区在城市生态系统中起到"吐新纳污"的作用，在保持城市生态平衡，服务居民游憩，延续历史文脉，促进城市可持续发展等方面具有重要意义。

全书共分为七章：

第一章绪论部分分析了可持续发展、新型城镇化、"城市双修"和绿色矿山等研究背景；辨析了绿色基础设施和废弃矿区的概念；分析了环境美学、恢复生态学和工业遗产保护与再生等理论；提出了研究的意义。

第二章"国内外研究与实践综述"部分综述了绿色基础设施、棕地、废弃矿区等国内外相关研究，并解读了国内外废弃矿区再生的经典案例，为后续研究奠定了基础。

第三章"废弃矿区现状资源识别、评估与再生模式"部分提出从矿区形成及发展的背景条件、矿区资源自身条件和矿区资源开发利用条件三方面对废弃矿区现状资源进行识别；运用层次分析法从社会价值、文化价值、经济价值、环境价值四个方面建立评价体系；提出了恢复型、初级开发和深度开发三大模式。

第四章"废弃矿区再生为绿色基础设施的可行性研究"部分提

出废弃矿区可以纳入不同尺度的绿色基础设施之中，提供生态服务，发挥社会、经济、环境及文化方面的综合性功能。从宏观、城市和场地尺度来分析探讨废弃矿区纳入绿色基础设施网络的可行性。

第五章“构建绿色基础设施的方法”部分认为再生后的废弃矿区是绿色基础设施的重要组成部分，与其他的绿色基础设施相互耦合、共生，共同构建绿色基础设施网络体系。因此，绿色基础设施的构建方法对于废弃矿区再生具有重要的指导意义。进而提出建立绿色基础设施为先导的主动性规划、建立生态和环境保护体系以及构建城乡统筹的绿色融合体系三种方法。

第六章“基于绿色基础设施的废弃矿区再生设计方法”部分从设计学的角度探寻了基于绿色基础设施的五种再生设计方法。废弃矿区再生应采用“自然导向下和海绵体”理念下的设计方法，恢复其生态效应、社会效应和经济效应，使其成为区域绿色基础设施的组成；地域文化的延续通常能唤起人们共同的情感和记忆，地域文化传承是矿区再生设计之魂。废弃矿区见证了人类的矿业开采活动，具有一定的遗产价值，在再生设计中应予以充分挖掘，保护和合理利用，使矿区废而不弃，以降低改造成本；自然生态环境被工业化和人类其他活动破坏的场地是进行大地艺术创作的理想场所，通过艺术手段可使受损的环境和看似毫无价值的工业遗迹重新焕发活力，为废弃矿区再生提供了新方法；矿区聚落是矿区的重要组成部分，运用生态设计的方法，从聚落风貌、公共空间和植物等方面入手，使衰落的矿区聚落重新焕发活力，成为矿区再生的引擎。

第七章“以大冶铜绿山矿区再生设计”为例进行了实证研究。研究矿区现状概况及规划范围、旅游资源研究、基地现状认知、项目定位、空间布局及项目体系、专项规划、拆迁安置、生态修复等内容，并对石嘴山矿区进行景观再生设计。

本研究团队研究生齐漫、许红梅、米佳、赵丹、王丹、李文钰、黄士真、毕鸿辉和郑悦为本书成稿做了大量工作，最后一部分金湖废弃矿区案例也是团队集体智慧的结晶。中工武大设计研究有限公司的聂玉青高级工程师为本书提供了大量资料，在此一并表示感谢！

限于作者水平，书中错误和疏漏之处在所难免，敬请各位读者不吝赐教。本书撰写中参考应用了国内外大量的理论文献和案例资料，由于篇幅限制，只能标注主要资料。在此，向全体文献资料作者一并致以深切的谢忱！

廖启鹏

2017 年 7 月于沙湖琴园

目　录

第1章　绪论

1.1　研究背景

1.1.1　可持续发展

1987年，联合国环境与发展委员会提出了“可持续发展”的理念，世界环境与发展大会和联合国第二届人类住区大会分别通过了《21世纪议程》《伊斯坦布尔宣言》和《人居议程》等决议，可持续发展理念逐渐深入人心，成为当今世界发展的最强音。可持续发展即要满足当代人的需要，特别是贫穷人的基本需要，人类在发展的同时应与自然和谐，不能破坏生态平衡，耗竭资源以及污染环境，也不能损害后代人发展的需要。① 可持续发展要实现的是一个整体目标，在时间上，实现人类文明的可持续发展；在空间上，实现资源永续利用，经济、社会持续发展。当前，实现可持续发展重要的是实现如下两个转变：

1. 工业文明向生态文明转变

人类社会经历了石器时代的原始文明阶段，铁器时代的农业文明阶段，直到200多年前，工业革命席卷西方世界，迅速成为占据支配地位的文明形态。由于工业文明的发展模式是建立在大量的消耗资源的基础上，在创造了大量的物质财富的同时，也产生了一系

---

① 刘世海，刘玉. 科学发展观是可持续发展的发展观[J]. 陕西师范大学学报(哲学社会科学版)，2007，36(09)：9-11.

列的生态破坏和环境污染。按照此模式，发展所需要的投入将大大超出地球资源环境的承载力，使得工业文明难以为继，迫切需要生态文明来延续人类的发展。

生态文明是人类文明的一种形态，以尊重和维护生态环境为主要目标，强调人类的可持续发展，强调人与自然环境和谐共存。生态文明主张在改造自然的过程中提高生产力，不断提升人们的物质生活水准，这一点与农业文明和工业文明相同。生态文明强调保护生态环境的重要性，强调人类在改造自然的同时必须尊重自然，不能肆意妄为。

生态文明与工业文明的不同主要体现在两个方面。首先，在伦理价值观上，生态文明认为人与自然都是主体，都具有价值；其次，在生产和生活方式上，生态文明以自然规律为准则，致力于建设一种以环境资源承载力为基础，以可持续社会经济文化政策为手段的资源节约、环境友好型社会，实现经济、社会、环境的共赢。①

2. 低碳化的经济增长模式

传统的粗放型经济增长模式是资源、产品、废弃物的单向模式，按照这种模式，创造的财富越多，消耗的资源也越多，对生态环境破坏越大，不利于可持续发展。当前，我国实现可持续发展的根本途径是要实现低碳型的经济增长模式。

低碳型的增长模式以节约资源、保护环境为目标，以低污染、低能耗、低排放为特点，以尽可能少的资源和能源消耗，获得尽可能大的经济和社会效益，形成低投入、高产出、少排污、可循环的发展模式，从而促进资源的永续利用，实现经济发展与资源环境保护的双赢。

1.1.2 新型城镇化

改革开放以来，我国城镇化得到了快速的发展，据中华人民共

---

① 廖曰文，章燕妮. 生态文明的内涵及其意义[J]. 中国人口·资源与环境，2011，21(03)：377-380.

和国国家统计局统计公报数据显示，1978—2016年，中国城镇化率由17.92%增长到57.35%，城乡结构和面貌发生了巨大的变化。① 在取得巨大成就的同时，我国城镇化也产生了一系列问题，如城市资源利用和配置效率不高，土地、水、能源等利用方式粗放，城镇面临着严重的环境问题，可持续发展基础薄弱，城镇环境污染问题日益严重，空气污染、水环境污染、交通拥堵、土壤污染、洪涝灾害等威胁人们的生产和生活。因此，推行新型城镇化成为城镇化发展的必然要求，中共十八大提出要推行新型城镇化建设，积极稳妥推动城镇的健康发展。转变城镇发展的模式，走高效、包容和可持续的新型城镇化道路。②

可持续的城镇化要求城镇的资源、环境承载能力、城市生态保护、环境治理能力不断增强，构建资源循环利用体系，提高城市的宜居性。面对不断增加的城镇人口，城镇发展大多是采取简单的扩大基础设施建设规模，沿用传统的方法技术，这种发展模式一方面难以满足日益增长的需求，另一方面也对生态环境造成了严重的破坏。在此背景下，绿色基础设施规划作为一种良性循环的规划方法，不断得到关注和发展，它是在尽量不改变自然环境的前提下，充分利用自然条件和自然规律进行基础设施的建设，强调"生命支撑系统"理念，这与我国新型城镇化的可持续性内涵是相一致的。

在快速城镇化发展过程中，大量的矿产资源被开采利用，以满足城市资源能源的需求，支持城市工业生产的发展；由于矿产资源的不可再生性和有限性，大量矿区在大规模开采后，面临资源耗尽而逐渐被废弃的困境，废弃矿区资源被开采，环境遭受污染，由原来为城市提供物质、能源的场所转化为城市的伤疤。因此，在新型城镇化的可持续性的内涵要求下，将废弃矿区纳入国家以及城市绿色基础设施网络，使废弃矿区更新或再生为绿色基础设施网络中的

---

① 张占斌. 新型城镇化的战略意义和改革难题[J]. 国家行政学院学报，2013(01)：48-54.

② 单卓然，黄亚平. "新型城镇化"概念内涵、目标内容、规划策略及认知误区解析[J]. 城市规划学刊，2013(02)：16-22.

枢纽或廊道，对于我国城市的可持续发展和生态文明建设具有重要意义。

1.1.3 “城市双修”

自党的十八大以来，我国城市进入转型发展阶段，习总书记在中央城市工作会议上提出要“加强城市设计，提倡城市修补”，“大力开展城市生态修复，让城市再现绿水青山”。国家住房城乡建设部于2017年3月6日印发了《关于加强生态修复城市修补工作的指导意见》(以下简称《指导意见》)，拉开了全国范围内开展生态修复、城市修补(以下简称“城市双修”)工作的序幕。《指导意见》中明确提出了“城市双修”指导思想、基本原则、主要任务目标及具体工作要求。其中，《指导意见》中提到要修复城市生态，改善城市功能，要求尊重自然生态环境规律，汲取落实海绵城市的理念，采用各种方式和技术手段，对山体、水体和废弃地进行系统的修复，构建完整的城乡绿地系统；此外，还提到要修补城市功能，提升环境品质，要求填补城市基础设施的空缺，增加城市公共空间。《指导意见》指出，至2017年，各城市制定实施“城市双修”实施计划，推进一批具有示范性质的“城市双修”项目。

从《指导意见》来看，国家对城市生态修复工作给予了高度的支持。废弃矿区是城市废弃地的重要类型之一，废弃矿区的生态修复工作是“城市双修”实施计划的重要一环，废弃矿区的生态修复与景观再生迎来了良好的发展机遇。废弃矿区通过生态修复、更新或再生，成为绿色基础设施，使其成为城市绿地系统的组成部分，进而增加城市公共空间，提升城市环境品质，这对“城市双修”工作有着重要意义。例如，三亚市是我国首个被列为“生态修复、城市修补”的试点城市，其积极开展了生态修复、城市修补、交通完善及文脉延续的工作，并取得了良好的进展。如抱坡岭片区废弃采石场进行了生态修复，被改造为城市重要的服务片区和旅游产业新的热点区。①

---

① 俞孔坚，王欣，林双盈. 城市设计需要一场“大脚革命”——三亚的城市“双修”实践[J]. 城乡建设，2016(09)：56-59.

1.1.4 绿色矿山

1. 发展历程

矿山作为工业化不断推进的重要助推剂之一，随着工业化加速时期和转型时期的到来，工业发展对矿产品的“量”和“质”的双重需求不断增加，中国矿业面临着经济发展和环境保护协调、短期效益和长远发展协调、量的增加和质的提升等多方面的矛盾。

当前，资源问题是全世界关注的重点问题，资源安全是一个国家和地区健康发展的保证，在此背景下，节能减排和环境可持续日益受到关注。国内为应对资源安全问题和环境发展问题，提出了“科学发展观”，全国各行各业在此理念指导下，也开始了对科学发展观的学习和探索，矿山企业也不例外，并在可持续发展观念的指导下，提出了绿色矿山的概念，绿色开采理念被提出并受到重视，随之，国家出台许多相关政策与法规来促进绿色矿山的建设。① 如表 1-1 所示：

表 1-1 绿色矿山发展历程

时间	地点/部门	事件
2007	北京	中国国际矿业大会，首次提出绿色矿业理念
2008	广西南宁	中国矿业循环经济论坛
2009	国家发改委、国土资源部	《全国矿产资源规划(2008—2015)》
2010	国土资源部	《国土资源部关于贯彻落实全国矿产资源规划 发展绿色矿业 建设绿色矿山工作的指导意见》

① 乔繁盛. 建设绿色矿山发展绿色矿业[J]. 中国矿业，2009，18(08)：4-6.

续表

时间	地点/部门	事件
2011	国土资源部	公布了首批“绿色矿山”试点单位名单
2011	中国地质科学院、中国地质大学、中国矿业联合会	《国家级绿色矿山建设规划技术要点和编写提纲》
2012	国土资源部	公布第二批“绿色矿山”试点单位名单

2. 建设意义

发展绿色矿山具有重要的理论和现实意义，不仅仅是简单地将矿山变成绿色，而且要将绿色开采理念贯穿到开采前、开采中、开采后，真正做到矿山的可持续发展，实现经济效益、环境效益和社会效益的统一。综合来看，发展绿色矿山涉及各方主体的利益，需要各方主体合作，才能真正将矿山建设绿色化和生态化，各方主体主要包括国家、社会、行业、矿山本身。

(1)国家层面——贯彻落实科学发展观

矿产资源是一项国家重要的战略资源，直接关系到国家的能源安全；我国是名副其实的资源大国，同时也是人口大国和资源开发大国，呈现出明显的资源总量大、种类多，但人均占有量少的特点。同时，我国在资源紧缺、环境污染的背景下，提出了科学发展观的概念，强调以人为本，全面、协调、可持续性发展，在全国范围内各行各业掀起了改革的浪潮。矿山建设作为矿产资源保护的重要一环，发展绿色矿山、贯彻绿色开发理念真正做到了贯彻落实科学发展观。

(2)社会层面——改善民生，促进社会和谐

矿山建设对于地方来说，是一把双刃剑。一方面，通过矿山开采，为当地创造就业机会，增加居民收入，将地区资源优势转化为经济优势，会促进区域的经济发展。另一方面，粗放式的开采方式，也会对当地的环境和居民的健康带来危害，为此也会造成企业和居民的矛盾，进而增加社会不和谐的因素。绿色矿山的建设，通过技术创新、环境污染评价、降低噪音等措施，可改善矿区周边的环境，在一定程度上有利于缓和居民和企业的矛盾，从而在创收的同时，发挥改善民生、促进社会和谐的作用。

(3)行业层面——加强行业自律

任何企业的最终目的都是为了盈利，在进行经济效益、环境效益和社会效益三大效益权衡时，大多数企业会将经济效益放在首位，矿山企业更是如此，特别是存在严重的经济效益和环境效益的冲突。绿色矿山的建设对矿山企业来说，是挑战也是机遇，从挑战来看，绿色矿山建设要求企业依法办矿、节约资源、管理科学、安全培训、保护环境、生态恢复等，将绿色理念贯彻到开采的全过程，这必然会提高企业开矿的难度和增加前期投入。从机遇来看，绿色矿山建设可以促进企业加强技术创新，提高综合竞争力，是加强行业自律的有力手段，是矿山企业改变经营方式和谋求跨越式发展的良好的机遇。

(4)矿山层面——提高资源利用率

传统的矿产资源开采一般采取典型的粗放式的开采模式，一味追求经济利益最大化，而忽视了环境保护和资源的充分利用，造成了极大的资源浪费和环境损害，形成一种“高投资、高消耗、高污染、低效益”的增长方式。从短期来看，这种开采模式和增长方式可以提升企业的效益，但矿产资源是一种不可再生资源，粗放式的开采使矿山资源消耗殆尽，企业将不能可持续地发展，矿山也将会面临被废弃的困境。绿色矿山的建设虽然不能从根本上解决矿山资源消耗直至枯竭的现实，但是可以从一定程度上提高矿产资源的利用率，放缓这种枯竭的速度，使矿山发挥出最大的效益。

1.2 相关概念辨析

1.2.1 绿色基础设施相关释义

1. 绿色基础设施

绿色基础设施(Green Infrastructure)的概念是为将绿色空间构

建成一个体系而提出的，至今尚未有统一的定义。美国保护基金会和农业部林务局于1999年首次提出：绿色基础设施是国家自然生命保障系统，是由水系、湿地、林地、野生生物的栖息地以及其他自然区，绿色通道、公园以及其他自然环境保护区，农场、牧场和森林，荒野和其他支持本土物种生存的空间，它们共同维护自然生态进程，长期保持洁净的空气和水资源，并有助于社区和人群提高健康状态和生活质量。英国TEP环境咨询公司将绿色基础设施定义为：绿色基础设施是一个系统，该系统连接城市各个板块，把中心区域和城市郊区乃至乡村连接成一个有序的整体。在加拿大，绿色基础设施的定义有别于欧洲和美国，是指基础设施工程的生态化，绿色基础设施与灰色基础设施共同构成城乡支持系统，要想充分地发挥绿色基础设施的功能，必须对其进行恰当的规划和管理。①

绿色基础设施的意义有两方面，一方面，从宏观上看，绿色基础设施不仅是承载生命涵养的重要系统，是除建筑承载之外的空间区域，维系着人类的日常生活，还可以提供生活物质产品，对城市起着重要的生态支持作用。另一方面，从微观角度看，绿色基础设施也是物品，是城市中为社会个体提供社会服务的必需物品，是整个城市下的子系统；只有同城市国民经济、城市规划建设、人口规模等协调发展绿色基础设施形成网络化才能发挥更大的作用。绿色基础设施网络系统主要由中心控制点，连接廊道和场地组成(见图1-1)。中心控制点(Hubs)在整个系统中的作用是“源”和“汇”，包括自然保护区、湿地公园、风景区、大型农场、大规模的预留地等，为生物群落提供了主要的栖息地。在这些地方，自然特征和过程能得到保护和恢复；场地(Sites)分散于整个网络系统中，数量众多、规模比较小是网络系统的重要组成部分，为野生动植物的栖息和居民亲近自然提供了场所；连接廊道(Links)是串联整个系统的纽带，能促进要素的流动，将分散的控制点和场地联系起来，在

---

① TEP. Towards a Green Infrastructure Framework for Greater Manchester: Summary Report[EB/OL]. [2008-07-26]. http://www.greeninfrastructurenw.co.uk/resources/1547.055B_Summary_report.pdf.

维护种群健康、生物多样性、为居民提供休憩场所和保护历史文脉方面作用重大，不同的控制点、连接廊道和场地在规模、功能上也有差异。绿色基础设施的“绿”更多的是具有生态意义的词，而不单指对象的色彩是绿色的，如湖泊、河流、雪山，甚至是部分沙漠，都是重要的绿色基础设施，但颜色可能不是绿色的。

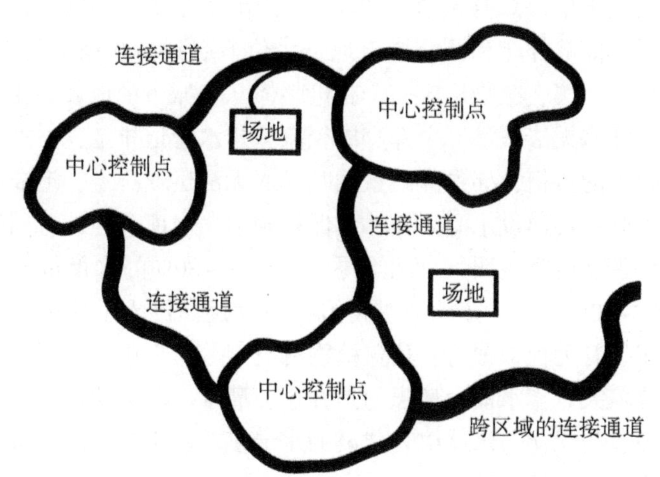

图 1-1　绿色基础设施网络示意图①

2. 绿色基础设施的功能

绿色基础设施具有多种功能，主要有生态平衡、涵养水源、防护隔离、运动休憩以及产业经济等功能。绿色基础设施类型多样，不同类型的绿色基础设施在改善生态环境和为人类提供各种服务方面的作用各异。按照绿色基础设施的功能划分，有保护生态环境的生态型、发挥生产功能的农林生产型、为居民提供运动休闲的游憩型。

(1)生态平衡功能

绿色基础设施可在保持生态平衡中发挥重要作用，能够起到保

---

① [美]马克·A. 贝内迪克特，爱德华·T. 麦克马洪. 绿色基础设施连接景观与社区[M]. 黄丽玲，等，译. 北京：中国建筑工业出版社，2010：1-10.

持生物多样性、吸收有害气体、消尘杀菌、供氧吸碳、增温降温、减少噪音等作用。同时，不同的绿色基础设施空间布局，对于地区动植物生存和保护会产生不同的影响。

(2)涵养水源功能

绿色基础设施能够保持水土、涵养水源。绿色基础设施通过植物根系固定土壤，减弱风速，截流、阻挡雨水，使降水渗入地面。降水的下渗能够补充和调节城市地下水位，起到蓄水保土的作用，促使大气、土壤、植物形成一个有机整体。在城市中地表硬化的地方，由于降水无法下渗，全部变成径流从排水管道排走，增加了城市市政设施的负担，导致降雨量大时降水无法迅速排走，造成城市内涝。因此，要建设水源涵养林，保护湖泊、水库、洼地等周边的林地、绿带。研究表明，自然降雨时，50%~80%的水量被林地吸收，15%~30%的水量蒸发或被树冠截留后逐渐渗入土壤中，成为地下径流。有无植被覆盖、覆盖植物的类型等对土壤持水能力和含水率影响较大。蓄水能力最强的是乔木、灌木、草本植物组合成的覆盖植被，而绿化与水体组合建设的水绿多功能生态系统具有很好的调蓄降雨径流的作用。

(3)防护隔离功能

绿色基础设施的防护功能主要有如下几个方面：植物可以覆盖土地，其根系能固定土壤，可以起到保土固沙、防止水土流失的作用。防护林能够减弱强风所夹带的沙尘对城市的袭扰，降低风速。

例如，伦敦环城绿带就是通过河道、绿楔等连接分布在城市各个区域的绿色基础设施，最后形成一个完整的城市网络，并通过这个网络来区分中心城区和卫星城。其主要的作用有限制城镇的蔓延、防止城镇连成一片，促进废弃地和其他城市土地的恢复和循环使用，保护乡村，防止其被城市蔓延所吞噬，保护历史文化遗迹，等等。

(4)产业经济功能

林地、耕地、草地和园地是绿色基础设施的主要组成部分，能为人们的衣食住行提供原材料或产品。如耕地是农业生产的重要物质基础，是人类食物来源的主要源泉。同时，它们还具有生态服务、美学文化、运动休闲等功能。绿色基础设施的产业经济功能也表现在改善投资环境，提升周边土地的价值等方面。

(5)运动休憩功能

绿色基础设施空间布局规划的理性科学目标是建立最佳城乡空间模式，感性目标则是营造优美的人居环境，促进人与自然的和谐。随着生产力的发展和社会的进步，人们亲近自然、陶冶情操的需求与日俱增，繁忙的工作之余希望能彻底地放松身心。因此，能够进行观光游览，开展科普教育和运动休闲的地方日益受到市民的青睐。普遍认为，相比于绿化差的环境，绿化好的环境能平均提高人的耐久度，可减缓人的疲劳感，提高舒适度。此外，绿色基础设施还融合了各种自然、科学、文化以及精神等价值，促进了人与自然的发展与融合。

绿色基础设施同时也是城市居民的游憩场所，建立风景区、郊野公园、地质公园、湿地公园、森林公园、自然保护区、观光农业园、植物动物园等大规模绿色基础设施则可服务于居民日常生活需求，而城市公园等靠近生活区且规模相对适中的绿色基础设施能满足居民每周的游憩活动。社区公园、带状绿地、街头绿地等则能满足居民每日的游憩活动。布局合理的多元化、多层次的运动休憩型绿色基础设施能够为城乡居民提供环境优美、功能齐备的场所，形成多元景观特色，能满足居民运动、游览、休憩、科普、保健的多种需求。

绿色基础设施的类型不同，生态效益与景观效果也各异。由各种类型的绿色基础设施形成的空间布局结构合理与否，对生态环境、景观形象等有着很大的影响。绿色基础设施空间布局规划就是通过科学地规划，优化绿色基础设施的景观结构，最大限度地发挥其功能。

总之，绿色基础设施与生态、社会、经济息息相关。绿色基础设施尺度不一，小至绿化带，大到森林公园，这些绿色基础设施不仅服务于周边，而且由它们组成的网络在整个城市的系统中发挥着综合而有效的作用。

3. 绿色基础设施的用地分类

绿色基础设施将绿色空间建构成了一个网络体系，与城市建设空间体系相互耦合，共同形成城市整体空间结构，根据绿色基础设施的功能作用和特征，落实到用地上主要包括如下几种类型。

(1)生态用地

生态用地主要是指具有原生态功能的各类生态空间，包括山体、水体、自然保护区、森林公园、湿地、水源保护区等。生态用地是保护湖泊水网及滩涂湿地等地区丰富的生物多样性，提供生物栖息的主要空间。生态用地生态敏感性强，在城市生态系统中起着重要作用，一旦遭到破坏将很难恢复，因此需要严格保护，减少人工干预。

(2)农业用地

农业用地通常位于城市郊区，主要包括各类生产性及观光性的耕地、园地、牧草地等。其景观风貌、生态特性随着农作物生产季节的变化而发生变化。城市周边的农业用地构成一种与人类生存关系密切的特殊生态环境，它由农田土壤、水文、气候，以及各种农田动植物等要素构成，与人类进行着密切的能量和物质交换。同时，农业用地也是控制城市向外蔓延的天然屏障，它在空间形态上可因地制宜地布局，是绿色基础设施中分布最为广泛的空间要素。

(3)游憩用地

游憩用地主要指自然景观或人文景观较为集中,可供人们游览或者进行科普教育、文化等活动的空间,包括风景名胜区、郊野公园以及各类生态旅游区。该用地以自然元素为主,是一种开放的生态空间,与人工化的城市景观形成了互补,主要服务于市民的游憩活动。

(4)城市绿地

城市绿地是衡量城市整体环境水平和居民生活质量的重要指标，是指以自然植被和人工植被为主要存在形态，并赋予一定的功能与用途的场地，包括公园绿地、生产防护绿地、附属绿地及其他城市绿地等。

城市绿地是“城市之肺”，具有降低空气污染、提供城市生物栖息地、调节温度和湿度等作用。这类用地的稳定性和持久性不高，需要人们去设计、经营和管理。由于这类用地在城市生态系统中又具有独特性和特殊的作用，且这种空间形态是人们有目的建设的，因而可以根据生态学原理进行造景，使城市绿地的分布与类型更具有科学性。同时，还可以根据城市的自然环境特征以及区位特点，按照城市的建设目标设计适合城市自我净化能力的城市绿地。

1.2.2 废弃矿区的相关概念

废弃矿区是指由于矿产资源枯竭或采矿活动停止而废弃的用地及附属设施。废弃矿区包括废弃工业用地、仓储用地、交通用地等。废弃矿区依据矿产资源类型可分为煤炭型、金属和非金属型、油气型等。

1. 废弃矿区对生态环境的影响

(1)大量土地资源被占用

矿产资源开发会占用大量的土地，一般而言，露天采矿所占用土地面积约为采矿场的5倍以上。在采矿选矿过程中,会产生大量固体废弃物,形成的尾矿场、废石场(排土场)占用了土地资源,形成了废弃物堆积的裸露地。此外,挖损对土地资源的破坏也是巨大的。露天开采时,要将矿产资源上覆盖的土壤包括地表植被全部移走,矿产资源开采后,采掘地易形成裸露的岩石、坑洼地面等消极景观。

(2)环境污染、生态失衡

采矿活动会导致区域性大气污染，尾矿的风扬会导致污染扩散和大气污染，大气沉降则是重金属进入环境的重要途径，对环境的影响甚至大于矿山开发；采矿活动会产生矿坑水、选矿废水、冶炼废水及尾矿池水等各类废水，如未经处理或处理不达标就进行排放则会使水体、土壤和地下水受到严重污染。矿山废水中含硫固体废弃物在微生物作用下，会迅速氧化产生酸，加速金属的释放速度，因此对环境影响很大；有色金属废弃矿山堆放有大量重金属含量很高的废弃物，在雨水和风等自然力的作用下，重金属会向周围环境扩散，会导致地下水和土壤的污染，进而通过食物链转移到人体内，危害人体健康。据《人民日报》报道，2009 年 8 月，在陕西省凤翔县马道口村、孙家南头村共采集 14 周岁以下儿童血液标本 731 份，经检验：615 人为高铅血症或铅中毒，属于相对安全的血液标本只有 116 份。污染源头为村庄附近的东岭集团冶炼公司；采矿活动也会导致生物多样性锐减。采矿活动破坏了原有生境，使得大的生态斑块破碎为小型的斑块，削弱了作为跳板的生态斑块的功能，造成生物迁徙受阻，降低了生物多样性，导致生态失衡。

(3)地质灾害频发

矿山地质灾害主要包括地表塌陷、滑坡和泥石流、边坡不稳定、尾矿库溃坝等。采用井工地下开采时，大量矿产资源被开采出后，上部会形成采空区，岩土层的平衡状态被打破，会出现断裂、弯曲、冒落等变形，导致地表大面积塌陷，形成下层盆地。地表塌陷会导致潜水位上升，产生水滞化、盐滞化和裂缝等问题发生，造成耕地水土流失，作物减产；边坡开挖导致的山体不稳定性以及采矿废弃土石堆砌不当都容易导致滑坡和泥石流等地质灾害，矿山排放的松散废渣常放置在山坡或沟谷内，如遇暴雨极易发生泥石流和溃坝。例如，2010 年 9 月 21 日，受台风“凡亚比”带来的罕见特大暴雨影响，紫金矿业公司茂名高旗岭尾矿库发生溃坝事件，共造成 22 人死亡，房屋全倒户 523 户、受损户 815 户，下游流域范围内交通、水利等公共基础设施以及农田、农作物等严重损毁。

2. 矿山开采方式

矿山的开采方式主要分为露天开采和井工开采。

(1)露天开采

露天开采是直接从地表开挖并采出矿产，为了采出有用矿物，必须首先将覆盖在有用矿物之上的大量岩土剥离出来，这是露天开采与地下开采的最大区别。露天开采不但要采出矿石，也要剥离出大量废弃土石。用露天矿石设备进行露天矿山工程作业的场所，称为露天采场。露天采场常被称为露天矿坑、采场、掘场、采矿场、采石场。露天开采方式，主要有下拔法、阶段法、金刚索锯法三种方式。

①下拔法。下拔法是在矿体的底部进行挖掘或钻孔装填炸药引爆，将底部的矿产开采运走后，上部的矿体自然崩落。该方法成本低廉，但是产量不稳定，且极易引发地质灾害，危险程度较高，目前许多国家已经明文禁止采用此法采矿。

②阶段法。阶段法是将矿山的开采面划分为若干个区域，首先修建至山顶道路作为运送矿产资源的通道，进而从上至下分片布置开采区。上层区域矿产资源开采后，通过修建的道路将矿石运下山，运用机械设备平整场地。该法相对安全，产量有保证，开采的矿石品质高，可以采用大型的机械设备进行操作，缺点是对环境影响较大。

③金刚索锯法。金刚索锯法也是采用分区的方式开采，开采顺序从上至下，切割矿体的工具为细钢丝绳，优点是安全性和工作效率高，是传统开采方式的 6 倍以上。缺点是成本较高。

目前，世界上大型的矿山有一半以上是采用露天开采的方式，在我国比例则在 90% 以上。露天开采会产生大量剥离的岩石，每开采 1t 的矿产通常就要剥离 5～10t 覆盖的岩石和覆土，我国每年因露天采矿剥离岩土约 2.5×10^{8}t，大规模开采会造成大面积山体破坏，产生大量废弃岩土，同时也会导致山崩、滑坡和泥石流等地质灾害，破坏自然环境，降低人居环境质量。

推行可持续发展的矿产资源开采方式已经成为世界趋势，2007 年入选世界文化遗产的日本石见银山，在数个世纪以前就采用了最大限度的保护环境的开采方式，一般矿山开发时在精炼部分会耗去山林里很多薪炭类木材，然而银山历代的掌控者都很注重生态环境的保护，所以至今银山附近仍保留相当完整的森林和地貌，这对于今日世界的人类来说，具有重大的启示意义，值得反思。

(2)井工开采

在井工开采中，需要从地面向地下开凿一系列的巷道才能将地下矿藏开采出来。巷道类型多样，垂直的称为立井或竖井，倾斜的称为斜井，水平的称为平峒。为采矿提供必要的辅助设备，还需要在地面建设一系列生产和生活设施，主要包括办公楼、绞车房、压风机房、配电所、矿石仓以及居住配套设施等。

①竖井开采。竖井开采是指由地面垂直向下穿越地层，开挖矿产资源的开采方式。一般来说，大理石或石油等非金属矿产资源，大多数采用竖井开采的方式来进行。一般要同时开凿一个主井和一个副井。主井用来运出开采出的矿藏，副井用来运送材料、矸石，升降人员，排出矿井水，供电和通风。

②斜井开采。斜井开采是指由地表逐渐倾斜矿层的开采方式，通常在地表坑口部分直接开凿者为"斜井"，而坑内在开凿者称为"坑内斜井"。当斜井开采遇到矿层开采面时，会沿其层面走向的水平方向挖掘，这种水平坑道称为平峒。通常，矿产资源位于地层深部且开采量大时，用斜井开采。

③平峒开采。平峒开采是由地表以水平开挖巷道的方式开采矿层，通常，矿藏资源位于较浅地层且规模较小时采用此方法。优点是开采的费用较低，不足是开采的矿产资源产量不高。

井工开采方式，由于在地下进行，对地表生态环境及视觉景观影响较小，但井工开采中掏空地下矿藏、长期抽排地下水等会导致地面的沉降和开裂，使得地面建筑、道路和农田受损，也会对生态和人居环境造成严重破坏。在我国山西煤炭开采区，由于过度开采导致地表塌陷，大量农田受损，村庄建筑破坏严重，地下水干涸，生产和生活用水不足，长期废弃的地下矿井由于年久失修而导致结构支撑力不足，存在极大的安全隐患，会严重影响矿区及周边人民的生活以及经济的发展。当然，废弃地下矿井四通八达、潮湿而阴暗，也成为蝙蝠、鸟类、昆虫和爬行动物等生物的栖息场所。地下矿井神秘幽暗的特征也是其打造特色旅游景点的条件，目前已停产的具有百年历史的波兰维利奇卡盐矿(Wieliczka Salt Mine)并没随着盐矿的枯竭而衰落，20世纪以来，政府不断完善盐矿基础设施，打造地下城市和旅游胜地，保留原有盐湖和矿工劳动的原貌，兴建博物馆、娱乐大厅和温泉疗养院，成为矿区转型的成功典范。

3. 废弃矿区用地组成

废弃矿区用地作为受矿产资源开采活动直接影响而丧失原有功能的土地，涵盖范围广泛。废弃矿区用地按照不同的用途和标准，有不同的分类方法。

第一种：一般分为探矿和采矿用地两类，其中探矿用地主要是前期资源勘查用地(多为临时用地)；采矿用地分为采矿区、工业广场和尾矿库。

第二种：分为生产、生活服务、辅助生产三种用地类型。其中生产用地分为矿井口、破碎场、选矿厂、排土场；生活服务地分为居住区、公共建筑区、市镇区等。

第三种：分为探矿用地、工业广场、采矿区、排土场四类。其中工业广场分为工业厂房、生活设施、道路以及其他附属设施用地。

综上所述，矿业用地在分类上描述虽有所不同，但是分类类型差异不大。矿业用地按照时间顺序，先有探矿用地，后期逐步形成工业广场、采矿区和尾矿库。

4. 矿区生命周期

矿区受到矿产资源不可再生性和存量有限性的影响，表现出周期性的生命周期特征。一般将矿区的生命周期分为筹备期、成长期、成熟期、衰退期(转型期)四个阶段。

①筹备期：指在矿产资源开发之前的论证、筹备和勘测阶段。这一阶段工作主要集中于矿产资源勘测、勘察，以及工业广场基建阶段。

②成长期：指矿区全面投产到生产能力达到设计规模阶段。

③成熟期：指生产能力达到设计规模，产量稳步提升发展阶段。

④衰退期(转型期)：指矿产资源逐步枯竭，矿区产业地位逐步降低的阶段。该阶段如能产生新的产业形态，则矿区会逐步转型，如未能形成新的产业则会逐步衰退。

5. 废弃矿区系统

(1)废弃矿区系统及其特点

万物众生并非独立存在于这个世界，而是存在于各个系统之中。21世纪以来，伴随着科技的不断发展，世界越来越整体化，问题越趋于复杂化，人类需要更加综合的思维方式来处理问题，系统论由此诞生。其诞生后很快地运用于各个学科和各行各业的发展中，不仅促进了包括自然、人文、社会等各个学科的发展，更开拓了世人的眼界，提升了人们看待世界的角度和行为方式。系统论认为，系统各要素之间是相互联系和作用的，系统整体会控制要素的发展，而反过来要素也会影响整体的变化趋势。

废弃矿区的系统是一个典型的复杂系统，是由资源、经济、社会三个相互联系、相互作用的要素共同形成的一个动态、开放的复杂系统。随着时间的变化，各个系统要素之间也会相互联系和作用并产生一定的功能，并最终影响矿区整体的发展变化趋势。① 资源子系统包含的因素广泛，主要包括矿产资源、生物资源、土地资源和水资源等要素；经济子系统包括矿区的经济背景、矿区生产的经济价值、矿区建设时的主导产业及其经济状况等要素；社会子系统在废弃矿区中与物质性系统相对应，具体包括矿区的相关政策、法律法规、社会机制、矿区的历史文化和大众心理等因素。矿区再生设计是以废弃矿区作为研究对象，从整体系统出发，优化系统结构，协调系统内部之间的关系，使之达到最佳状态。

(2)矿区系统的特点要素

①系统的开放性。系统与外界的关系根据其属性可分为孤立系统、封闭系统和开放系统；与外界存在物质与能量的双重交换的系统可称为开放系统。矿区废弃地即为典型的开放型系统，系统内部各要素与子系统之间、系统内部与外部环境之间，都存在着物质、能量和信息的交换。例如，系统内部要从外部环境中吸取能量和物质来平衡内部生态系统的稳定，而外部环境的变化则会推动内部系统的功能演变，比如政策的制定、社会经济环境的变化等，都会对系统内部因素产生影响。同时，系统内部的土地资源的缺失、经济承载力的下降、历史文化价值的丢失以及环境的破坏等要素也会对

① 孙玉峰. 我国矿区系统复杂性分析[J]. 矿业研究与开发，2006，26(02)：18-19.

系统外部环境产生影响。

②系统的不可逆性。矿区系统在服务人类生产生活的过程中，已形成了自身的系统，不可能随着时间的回转而发生逆转的变化。其各个子系统之间是不断向前运动着的，例如，如果人们在采矿初期没有对采矿地环境采取相应的保护措施，那么随着采掘业不断地加深对地表的破坏和环境的干扰，其地块相应的经济属性、产业结构类型、市场管理机制也会不断地进行更新变化；而当地块本身没有被利用和开采的价值，成为矿业废弃地时，其资源、经济、环境、人文系统等已经受到了无法逆转的损害，再次进行人为的再生设计和利用时需要花费更多的时间、精力和成本进行改造、重建和再生。

③系统的层次性。在矿区废弃地系统中，不仅包含资源、经济、社会三个子系统，每个系统自身又包含若干个子系统及其要素。例如，资源子系统中包括矿产资源、生物资源、土地资源和水资源等资源要素；经济子系统包括矿区背后的经济背景、矿区生产的经济效益及矿区建设时的主导产业及其经济状况；社会子系统具体包括矿区的相关政策、法律法规、社会机制、矿区的历史文化和大众心理等因素。系统内部各层次之间相互协同并有序进化，多元化并有层次地进行组织和适应。

④系统的复杂性。废弃矿区系统中类型复杂，系统和外部环境之间有着千丝万缕的联系，各个子系统之间存在着相互的联系，子系统内部之间也有着多层次的交流。而其在生产功能逐渐退化成为废弃地后，系统又逐渐呈现一种杂乱无章的感觉。

在资源子系统中，随着采矿业的开采和衰败，矿产资源枯竭，土地资源匮乏，水资源和大气则受到污染。在经济子系统中，原主导产业衰败，生产设施设备均处于废置或闲置状态，经济价值和经济效益大打折扣。在社会子系统中，历史文化缺失，群众心理落差感大，法律法规未能保障大众的利益，其所产生的社会危机更加复杂和严重。

1.3 相关基础理论

1.3.1 环境美学

1. 环境美学的概念

芬兰学者约·瑟帕玛于1986年出版的《环境之美：环境美学的普遍模式》一书中提出：环境美学基本的出发点是将美学理解为“美的哲学”。环境之美是其研究对象，对于环境之美的各种批评也是其研究对象。① 美国学者阿诺德·伯林特在1992年出版了其环境美学代表作《环境美学》，从该书“前言”的关键概念可知，他认为环境美学所研究的核心问题是“对于环境的审美知觉体验”②。在为牛津大学版《美学百科全书》所撰写的“环境美学”条目中，伯林特对于环境美学作了比较详尽的解释：“在其最宽泛意义上，环境美学意味着作为整个环境综合体一部分的人类与环境的欣赏性交融——在这个环境综合体中，占据支配地位的是各种感觉性质与直接意义的内在体验。”因此，环境美学成为对于环境体验的研究——研究其知觉维度与认知维度的直接而内在的价值。加拿大学者艾伦·卡尔松对于环境美学的解释是：“环境美学是20世纪下半世纪出现的两到三个美学新领域之一，它致力于研究那些关于世界整体的审美欣赏的哲学问题；而且，这个世界不单单是由各种物体构成的，而且是由更大的环境单位构成的。因此，环境美学超越了艺术世界和我们对于艺术品欣赏的狭窄范围，扩展到对于各种环境的审美欣赏；这些环境不仅仅是自然环境，而且也包括受到人类

---

① [丹]约·瑟帕玛. 环境之美[M]. 武小西，张宜，译. 长沙：湖南科学技术出版社，2006：25.

② [美]阿诺德·伯林特. 环境美学[M]. 张敏，周雨，译. 长沙：湖南科学技术出版社，2006：2.

影响与人类建构的各种环境。"①除此以外，中国学者陈望衡认为：环境美学首先与美学中对自然美的重视和研究有关，与其子学科，如园林美学、建筑美学等也有关联；其次，生态伦理学也为环境美学搭建了基础平台。② 程相占认为：环境美学是美学理论在环境研究领域的运用，是以环境审美为研究对象的美学。③ 目前，环境美学的发展大体呈现两个特点：一是越来越注重现实运用，始终把环境美学的研究与环境的保护、环境的建设结合起来；二是考虑构建环境美学自身的学科理论体系。由此可以看出，环境美学研究者分别强调了环境美学是研究环境之美、环境体验、各个环境的审美欣赏以及环境美学在实践中的实际运用。

2. 环境美学的主要研究内容

(1)环境美学的研究对象

自然环境既是人类生活的家园，而且也拥有人类生存和发展所需的资源。因此，人与自然的关系始终是环境问题争论的焦点，也是环境美学研究的基本问题。人类在不同时期对自然的理解是有所不同的。在人类社会发展的初始阶段，人类对自然的认识大多是对自然神灵的崇拜心理，改造自然的能力也是极为低的。换言之，此阶段人类对自然的认识是以自然为主体，是人对自然服从的哲学观念。人类文明出现以后，人类逐渐趋于主体地位，人的主体性凸显，生产实践活动成为主导。随着社会经济科技文化的快速发展进入工业社会以后，由于人类过度掠夺资源导致生态链的断裂，从而使自然的主体性重新进入人类的视野。此时，人类既要青山绿水，

---

① [加]艾伦·卡尔松. 自然与景观[M]. 陈李波，译. 长沙：湖南科学技术出版社，2006：1-10.

② 陈望衡. 环境美学是什么？[J]. 郑州大学学报(哲学社会科学版)，2014(01)：10-11；陈望衡. 环境美学的主题[J]. 中南林业科技大学学报(社会科学版)，2011，05(01)：1-4.

③ 程相占，[美]阿诺德·伯林特. 从环境美学到城市美学[J]. 学术研究，2009(5)：138-144；程相占. 论环境美学与生态美学的联系与区别[J]. 学术研究，2013(01)：122-131.

又要金山银山，无疑自然的主体性和人的主体性的关系是相矛盾的。这种矛盾在实践中体现在生态和文化之间，前者是指自然的主体性，后者是指人的主体性。如何平衡二者的关系，既要尊重生态，也要包容文化，在对立中寻找统一，同时实现二者的主体性成为环境美学关注的重点。从审美角度出发，环境的审美是感性的，是人对生活的一种体验，是在当下体验中引发的更深层次、较为抽象层次的思考。

(2)环境美学的根本性质

环境美学不仅研究人存在的场所、空间的形态，也旨在解决在整体大环境下参与者的体验感受。家园感是环境美的根本性质，即人与环境中各要素互动的审美活动且通过审美体验从环境中得到心理和生理的愉悦。

优美的环境是人类生存和发展的必备条件。环境作为人类的家园可以从以下两点来理解：首先，环境是人类生存的家园。自然环境为人类提供生存所必需的水、空气、食物等物质资料，有了这些物质资料，人类才可以存活下来，保证生命的延续性，可以说自然环境是我们的生命之本；就人的本质是一切社会关系的总和的特性来说，社会环境是人类的居住之所，人类必然要融入社会的大环境中才能实现自身的价值，离开了社会的大环境，人就有可能失去社会生命的意义。其次，环境是人类发展的家园。一方面，因为环境有其自身的发展规律，所以人类为了适应环境的发展而不被淘汰必然积极改变；另一方面，人类在改变的同时，也会认识并利用客观规律改造我们所生活的自然环境与社会环境。因此，人类与环境是相辅相成、密不可分的。

(3)环境美学的功能

乐居和乐游是环境美学的两个主要功能。将环境理解成人的家园，我们的居住场所，则重点在于“居”。从“居住”的层面理解，可将环境分为宜居、利居、乐居三个层次。宜居是乐居的基础，利居是乐居的必要条件。环境是人与自然相作用的产物，优美的生态环境有利于人的生存，良好的人文环境有利于人的发展；乐居是环境美的审美功能之一，其注重人的生活的状态及品质，大多体现在精神生活方面的幸福感。另外，乐游是环境美的另一种审美功能，乐游强调一种动态的、旅游式的审美，现如今有以自然环境为本体的生态游，也有基于人文环境为本体的历史文化游。乐居和乐游的功能并不对立，乐居是乐游的基础，乐居之地有时也可以是乐游之地，如中国的乌镇、丽江古城等地。①

(4)自然环境美

环境美学也是研究自然环境和社会环境相互作用的美学。自然环境的美源自自然的美，也是自然界中事物的美。这种美不仅表现在外在的造型、颜色等，也表现为内在的习性、性格等。在自然环境中，山川、河流、植物、动物、气象等自然因素组成了不同的自然风景。无论是色彩、形体，还是动静组合，不同的自然因素有各自独特的美存在，例如老虎、猴子、植物有其不同的美，即使同一树种间，不同的树木的美也是不同的。

自然景观是由多种多样的自然物组成，它们之间相互作用，共同创造出美的景观。山峰是自然景观的重要组成部分，它们都有其独特的外形特征，往往以“奇”而著称。从审美角度看，奇峰之奇，在突破不寻常的造型以外，还会满足人们的好奇心。从深层次含义看，拔地而起的山峰不仅具有坚韧性和稳定性的品质而且还有养育万物的特性。山峰的美丽并不是独立存在的，而在于与它相伴的自然因素，在诸多自然因素中，凡是有大片的树林之处，其景观必然美丽。由此可知，树林尤为重要，有树林、草地生长之处，必然充满生机，孕育着动物的生存与发展。

水是生命之源，也是自然景观的重要组成部分。水景可以分为河流、湖泊、海洋等。其中，流动的水以其灵活多变与人建立感情联系，成为人们感情寄托的对象。从审美角度分析，流水乃天地之灵气所在，水的流动象征着生命。水中的卵石、水边的青草、水中的小鱼各种画面组合在一起，使整个环境都生气盎然。相对于流水，池塘、湖泊则是平面形式静态的水景，它的主要审美特点在于

① 陈望衡. 环境美学的主题[J]. 中南林业科技大学学报(社会科学版), 2011, 05(01): 1-4.

宁静。

水景是动态存在的，而山峰以静态存在。在大自然的画布中，山与水的动静结合无疑是最和谐的画面。

(5)人工环境美

①农业环境美。农业是支撑人生存的基础。20世纪末，农业进入美学家的视野，他们把农业作为审美对象，农业的美主要体现在农业景观上。农业景观是融入自然因素的景观，它是模仿自然的一种生产性活动，生产对象都来自自然界的植物、动物，因此农业景观是一种人造的自然景观。农作物是人与自然的产物，它凝结了自然美和人工美的综合形态的美，它的美体现出生命性，既有自身生长的生命，也体现农民耕作的生命；农产品是人类几千年劳动的产物，农产品的美蕴含着历史变迁的美。农业景观具有其他人工景观所没有的自然性和生命性，农作物在土地上生长，土地是家禽的活动场所，如果离开土地便会死亡，这是它们与人类一样的特性与自然直接对话——自然性。农业是培育生命的事业，它培育的对象其本身都具有生命的特征，如水稻、牛羊等，作为生命物它们无时无刻不在变化着，演绎着生命循环的意义。它们总体上体现着自然规律变化的有序性，却在各自的有序中变化着，这种有序中包含着无序，无序衬托着有序，可见生命性的魅力。农业景观不只是生命景观，它还是人与自然共生的生态景观。农业景观发展基于它良好的生态性，农民为了创造更适合农作物生长的环境，努力地改造自然环境，在改造的同时又不破坏它，保持人与自然的生态环境的平衡，满足人类所需的同时，也能为农业的发展提供良好的空间，例如梯田，人类向大自然索取，又赋予其艺术性。

农业景观与自然环境组成一个有机的整体。在农村自然环境中的一草一木、山川河流都与农民的生活息息相关。农民靠天吃饭，依赖自然生产，他们面朝大地背朝天与自然融为一体，每一处都充满了人情味。

②城市环境美。城市是文化创造的产物，是人类居住最聚集的地方，是自然环境和社会环境大的综合体，所以也是自然景观和人文景观的综合体。大多城市依山傍水而建，道路系统也依地理因素

规划，由此可见，自然景观是城市景观的基础，也制约着城市景观的发展。例如，山城重庆多山的地型造就了重庆市的景观外貌。城市景观不仅只表现外在的形式，而且由于城市是人类文明的聚集地，所以城市景观也有着深刻的内涵——人文景观。城市景观展现着这个城市历时发展历程，如传统风貌、乡土特色等，种种痕迹都是城市的历史的回忆。文化是魂，历史是根，共同构成了城市的社会环境。历史文化经过漫长的时间形成一个城市独特的地域和人文特色，陶冶着人们的心灵。只有建立具有文化认同感和审美体验的城市人文景观，城市社会环境才有存在的价值。

生态构成城市的自然环境。城市景观是人类创造的产物，其中必然包括对自然环境的改造，这种改造一定程度上破坏了生态平衡。历史上，中国在建都城时都注重与自然生态和谐统一，但是，如今却完全丢弃与自然和谐统一的概念，削山建房、填湖造田等现象造就了现在城市基本布局。人工环境一旦与自然环境背向而驰，只会产生负面效应，例如北京、上海等城市的“热岛效应”。

城市景观不仅反映了衣食住行等基本要求，而且也反映了认识自然、利用自然和改造自然的能力。换言之，城市景观是体现在知识、艺术、文化和历史上的被物化的意识形态，它记载着一个时代的历史，反映了一个社会的精神。

3. 环境美学在废弃矿区再生中的运用

环境美是“生态文明”在环境上的体现，环境美学强调环境建设要重视生态的维度，以实现文明主义与生态主义的统一。废弃矿区再生中的美学建设，是在原有的形式上的提高并充实新的美学形式；同时，将原有的文明与自然彻底地融合起来，作为人类审美文化的继承与拓展，通过对废弃矿区环境的综合分析，把环境美学运用于废弃矿区再生设计中，从而认识到废弃矿区再生设计不仅仅专注环境的改造与生态的修复，更重要的是在环境美学指导下营造以人与生态环境和谐共生为最高美学追求的矿区环境，把矿区环境作为时刻有人参与的乐游之地，最终达到人文与生态共生、历史与现代共现的美学理想。矿山废弃地是自然环境和人工环境的综合体，它们共同构成了矿山废弃地景观再生的元素。

废弃矿区再生中的自然环境景观修复应从矿区整体的生态环境出发，与当地特定的生态条件和景观特点相适应，从不同层次的空间领域引入自然、再现自然。首先，从环境美学的审美角度出发，可以利用植物的姿、色、形、味等特点因地制宜地进行配置。如利用乡土植物、芳香植物、观赏草等营造植物空间。同时在空间布置时要疏密、虚实结合，形成具有节奏感、韵律感，从各个视角审视艺术化的美景，并强化它们美化环境的作用。其次，水使不同的环境产生不同的环境美。矿区外部空间环境通常可以利用自然水景或因采矿而形成的水体，结合地形条件人工构造水体营造主体环境，利用水景的方向性串联贯通，成为控制整个矿区环境完整的水环境美。最后，除了利用植物和水体，在废弃矿区再生中利用煤矸石堆、废渣山、排土场、尾矿场等"山体"也尤为重要。可以通过改变废弃物的堆积形式，利用地形优势营造不同高度、观赏性好的山地空间环境，使丑陋的形式变成矿区自然景观的美的形式，由此与周围自然环境、城市环境建立良好的生态关系。

在废弃矿区人文景观再生设计中，工业遗留物凝结着整个矿区的工艺技能、产业形象、历史底蕴、情感寄托。矿区环境美的欣赏有较大部分属于工业遗留物的欣赏。人类在工业生产实践过程中，创造了特殊的矿区环境，工业遗留物也处在很重要的位置，它的美是自身造型的美，是工业文明重要的物质载体蕴含着丰富的、独特的矿业文明的美，是人类有关矿业生产的意识形态和思想观念的反应。首先，在矿区中一般建有矿井架、选煤厂、变电站、仓库、居住建筑、办公建筑、烟囱、煤气储罐、冷却塔等建筑物和构筑物，它们不仅是后工业公园中塑造空间的重要元素，而且是矿区文化历史发展的重要载体。从审美角度看，它们的造型、体量、色彩、风格等可营造整体环境主基调。它们的外形特征、颜色、功能构造、历史价值等千差万别，再利用的方式也多种多样，可通过保护、修缮和改造营造人工景观环境。其次，废弃矿区中遗留了许多之前开采时利用的交通基础设施，如铁路、矿道、生产线设备等，这些线性的交通设施将矿区中的废弃矸石堆、塌陷坑、矿坑、厂房、工业荒地等连接起来。但是，随着矿区的衰落和产业的衰退，原有的设施失去原本的利用价值，在改造过程中，应通过重新组织让其焕发活力。最后，在这些人工景观中，始终贯穿着生产工艺、生活方式、民俗风情等非物质文化的形式。这些就需要通过历史情景重现、参与性活动和修建纪念性空间等方式实现非物质文化的延续和表达。

废弃矿区环境美学的特色包含三个方面：自然生态环境、矿业遗迹环境和人文历史环境。废弃矿区中自然环境的美是整体性的美，要依赖其他的自然物质营造矿区环境中美的自然景观，并将它的美视作整个环境的美。只有当它与周边的环境相得益彰时矿区的自然环境才会具有环境美学价值。另外，废弃矿区中矿业遗迹环境和人文历史环境是整体环境经历长时间的积淀而成的，它带有鲜明的工业和人文特色，浸染着整个矿业生产活动中人们真实的情感。

1.3.2 恢复生态学理论

自工业革命以来，人类在热衷于追求经济效益增长的同时，陷入了日趋严峻的生态困境中，资源枯竭、环境污染、人地矛盾以及生物多样性丧失等一系列环境问题控诉着人类对生态环境的种种暴行。① 这种看似缓慢的生态环境系统退化是致命的，它严重影响着周围地区经济、环境以及人类的可持续发展。据统计，我国棕地的数量正持逐年攀升趋势，其中矿山环境问题尤为突出，经开采后的矿山极易出现山体崩塌、土质下降、水体污染、景观破碎等问题，例如露天堆放的矿产品及废弃物易发生氧化、风化和自燃现象，由此产生的大量有害气体和颗粒物是导致矿区及其周围城市出现雾霾的重要原因，而这些环境问题导致的直接结果便是生态系统的严重退化。在这种社会背景之下，恢复生态学(Restoration Ecology)于1987年应运而生，它的出现，吸引了大批学者投身于生态系统保

---

① Jordan W R I, Gilpin M E, Aber J D. Restoration ecology: a synthetic approach to ecological research[J]. Journal of Applied Ecology, 1990(04).

护、恢复与重建的研究工作中，加之在国民经济快速提升的同时人们的环保意识也逐渐增强，故而越来越多的人开始把焦点放在棕地生态恢复及再利用上，棕地所蕴含的价值也开始得到了充分的挖掘，恢复生态学由此得以迅猛发展。①

1. 恢复生态学的概念

恢复生态学是一门研究生态系统修复的学科，“生态恢复”这一术语最早于1985年由英国学者 Bradshaw 与 Chadwick 提出。其实，早在1935年，生态恢复的理念便已萌芽，Leppold 即是这一理念最初的倡导者。1935年的秋天，为了满足美国威斯康星大学建造植物园的需求，平民保育团在 Leppold 的指导下开始在美国 Madison 的一块废弃耕地上种植高草草原，多年以后，如今这片土地已经成为威斯康星大学植物景观与生态中心。同年，Leppold 又带领工人在威斯康星河沙滩海岸附近的废弃矿地上进行土地恢复工作。当时的 Leppold 就已意识到，植被重建是对原有自然环境最精细的模仿，人为或自然灾害造成的土地破坏通过理论和技术支持都有可能恢复到最初的自然状态。

恢复生态学作为一门新兴的学科，目前尚无统一的定义，不同的学者从不同的侧重点提出学术观点。第一种观点，强调将受损的生态系统恢复到之前未受干扰的状态，比较有代表性的人物是 Jodan(1995)，他提出恢复生态学是使生态系统恢复到以前或历史上的状态②；以及 Cairns③(1995)，他强调生态恢复是恢复原有生态系统的结构和功能的过程。第二种观点，强调应用生态学过程，比较有代表性的是彭少麟(2001)，他认为恢复生态学是一门研究

---

① Palmer M A, Ambrose R F, N. LeRoy Poff. Ecological Theory and Community Restoration Ecology[J]. Restoration Ecology, 1997, 5(04): 291-300.

② Jordan W R, Peters R L, Allen E B. Ecological restoration as a strategy for conserving biological diversity[J]. Environmental Management, 1988, 12(01): 55-72.

③ Cairns Jr J. Restoration ecology: protecting our national and global life support systems[J]. Rehabilitating damaged ecosystems, 1995(02): 1-12.

生态系统退化的原因、生态恢复过程和肌理的科学。① 还有一种观点是强调生态整合性恢复，这是由国际恢复生态学会(1995)提出的，生态恢复是研究生态整合性的恢复和管理过程的学科，生态整合性所包含的范围比较广泛，如生物多样性、生态过程和结构、可持续发展等。② 这几种观点虽有所不同，但总的来看，都认为恢复生态学是一门研究受损生态系统恢复或重建的学科。

2. 恢复生态学的主要理论

恢复生态学主要致力于恢复与重建受到自然灾害或人为损坏的退化生态系统，而实践表明，生态系统的恢复进程通常比较缓慢，因而只有遵循自然发展规律，因地制宜，掌握人工修复的基本原理才能取得系统重建的成功。恢复生态学作为生态学的一个重要应用分支，其理论的提出建立在生态学的基础上，另外，由于恢复生态学的概念提出较晚，并且处于物理、化学、生物等学科交叉领域，故其在发展过程中常常参考或借鉴其他领域的理论与方法，一种是来自于生态学的理论，有生态因子作用原理、生态位原理、演替、生态系统功能、干扰、互利共生等；另一种是在自身发展过程中产生的理论，有状态过渡性及阈值、集合规则、参考生态系统、人为设计和自我设计和适应性恢复等理论。③

由于关于恢复生态学的研究起步较晚，因而由它自身提出的理论为数不多，最先被提出并得到广泛认同的是人为设计和自我设计理论，此后逐渐增加了集合规则、参考生态系统、状态过渡模型及阈值、适应性恢复等相关概念。④

---

① 彭少麟. 退化生态系统恢复与恢复生态学[J]. 中国基础科学，2001，24(3)：1756-1764；彭少麟，陆宏芳. 恢复生态学焦点问题[J]. 生态学报，2003，23(7)：1249-1257.

② Jackson L L, Lopoukhine N, Hillyard D. Ecological restoration: a definition and comments[J]. Restoration Ecology, 1995, 3(02): 71-75.

③ 任海，王俊，陆宏芳. 恢复生态学的理论与研究进展[J]. 生态学报，2014，34(15)：4117-4124.

④ 谢运球. 恢复生态学[J]. 中国岩溶，2003，22(01)：28-34.

(1)人为设计和自我设计理论

人为设计理论认为，通过工程方法和植物重建可直接恢复退化生态系统，但恢复的类型可能是多样的，这一理论侧重从个体或种群层次上考虑。在时间充足的条件下，退化的生态系统会随着时间的推进，根据环境条件改变合理调整，最终改变其组成结构，强调从生态系统层次上的恢复。

(2)集合规则

集合规则描述了群落集合特征及其影响因素，它指导生态系统的各个部分如何组合、如何协调种内和种间关系，是生态恢复的技术理论基础。集合规则理论认为，植物群落的物种组成基于一种组合规则，它们基于环境因子和生物因子对区域物种库中植物种的选择和过滤，这也表明，生物群落中的种类组成是可以解释和预测的。

(3)参考生态系统

参考生态系统是指制订出生态恢复计划的目标系统，即在生态恢复时参照目标系统的各项指标采取相应的措施以取得目标效果，它在生态恢复过程中起着对照和评估的重要作用。参照物是生态系统发展过程中的重要参考信息源，它可以表现为生态学描述、物种列表、地图、残迹、动植物标本、口头或书面记录、古生态学证据，等等。

(4)阈值理论

1996 年，Hobbs 和 Norton 提出阈值理论，他们认为生态系统具有若干不同的状态，并且可能存在恢复阈值。生态系统具有自我调节功能，例如，在草地生态系统中，很容易因为过度放牧而退化，但如果能把退化程度控制在一定的阈值范围内，及时控制放牧数量可以使草地生态系统得到快速地恢复或进行自我修复。但是，若退化程度已超出阈值范围且仍不采取人工干预措施，则生态系统很难恢复到原来的状态。

(5)适应性恢复

人工干预的目的是帮助退化生态系统完成系统修复与重建，但这并不意味着生态系统可以完全恢复，因为构成生态系统的组成部分、组成结构以及组成功能是非常复杂的，它们在相互作用的漫长过程中伴随着物质环境和社会经济等因素的改变，这就导致了生态系统将处于一个动态变化的过程，它需要在恢复过程中对恢复的目标和措施采取适应性的变化，也就是说，恢复过程要兼顾环境、社会与经济等因素，恢复不代表追求一对一地还原原生生态系统，而是试图帮助系统学会适应并获得自我发展和维持的能力。

3. 恢复生态学在废弃矿山再生中的运用

矿业的发展在极大程度上满足了人类对能源的需求，它对国民经济的发展与工业社会的进步起着无可替代的促进作用。然而，矿产资源终究属于不可再生能源，它的形成速度远不及人类将其消耗的速度。近年来，矿产资源的过度消耗还常常伴以严重的自然环境破坏。参考资料显示，我国因矿产资源开采活动导致农田破坏十分严重，而这一现象正逐年加重，废弃矿山的数量也正直线攀升。恢复生态学是一门旨在于解决经济发展破坏生态环境问题的应用型学科，将其作为废弃矿山再生的重建指南具有积极的现实意义。

针对上述问题，废弃矿山生态恢复主要有三个目的：一是为了恢复退化的生态系统，即恢复矿区及其周围地区的生物多样性和植被复绿；二是为了实现土地再利用，即通过技术手段修复受污染的土地，使其重新成为农林用地、建筑用地或鱼塘用地等；三是为了完成景观再造，重塑矿山地形地貌，赋予其美学价值和观赏价值。废弃矿山生态恢复常会受到地形地貌、水文条件、气候特征、土壤特性以及其他一些潜在污染因素的影响，因此在选择修复技术和施工方案的时候应进行多种因素的综合考量，土壤治理是废弃矿山生态修复的首要环节，目前采用的修复技术主要从物理层面、化学层面和生物层面入手。

(1)物理修复

①表土转换技术。表土通常是指土壤顶部 15~20cm 的泥土，这部分泥土富含大量微生物和有机质，是最利于植物根系吸收养分的成长环境，不过表土形成周期十分缓慢，故而更显其珍贵。植被

复绿离不开健康的表土，然而表土极易在矿山开采过程中受到污染，表土转换技术便是一种经济、科学的表土保护方法。表土转换技术，顾名思义，就是将表土转移开，使其与受污染土地隔离。具体方法是在堆放煤矸石或其他矿渣前，将表土转移开，再在堆放地铺上 50cm 厚黏土并且压实，将煤矸石或其他矿渣铺在黏土之上，在此基础上再铺实一层 50cm 厚黏土，由此便可形成一个坚实的黏土封闭层。然后，垫上厚度为 1m 的生土，最后将之前转移走的表土重新铺盖在生土之上即可。通过表土转换技术，可以有效防止矿渣渗入土壤深处，从而保护土壤肥力，并能达到土地可以立即进行复耕的效果(见图 1-2)。

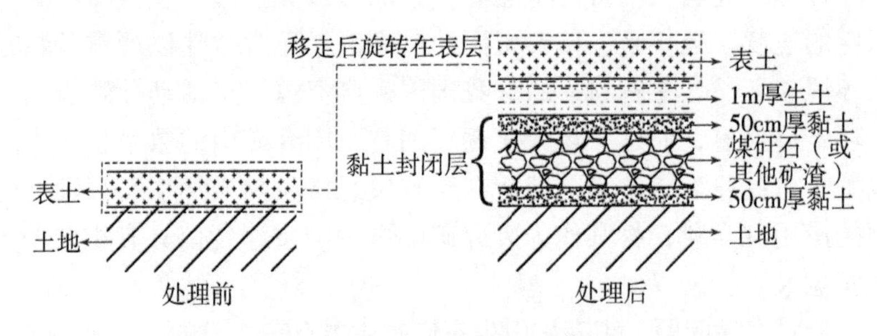

图 1-2　表土转换技术示意图

②表土改造技术。对于那些已经堆放且难以移走的煤矸石或其他矿渣适宜采用表土改造技术。该技术的具体操作方法是：在煤矸石或矿渣的堆放地灌入泥浆，使泥浆尽可能地覆盖煤矸石或矿渣的表面。此举是为了使单个的煤矸石或矿渣被封存在泥浆中，当受到雨水冲刷时可有效减少有毒的淋溶水的产生。然后，将矿渣推平压实，并在其表面铺上 50cm 厚黏土，最后再以一层大于 1m 厚的表土进行覆盖，在距地表 30cm 内的表土中可依据土壤情况混入相应的有机肥料，以更利于植物的生长。表土改造技术可以缓解淋溶水的下渗，既能防止地下水的污染又能保持表土中的肥力不丧失(见图 1-3)。

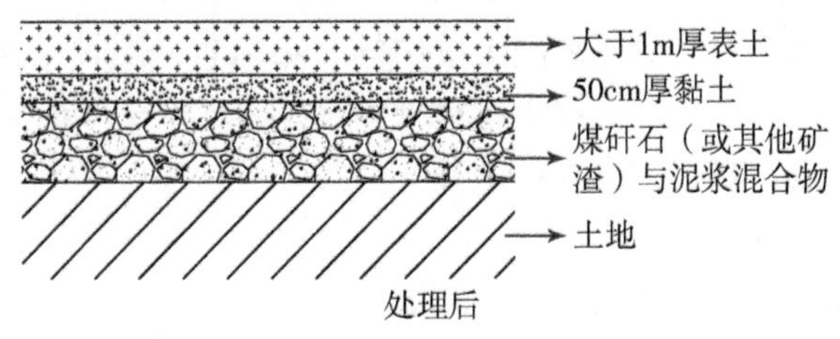

图 1-3 表土改造技术示意图

(2) 化学修复

化学改良具有成本低、见效快、易操作、干扰小等特点，故而在矿区修复过程中越来越频繁的出现。化学改良主要是指通过使用化学肥料、EDTA(乙二胺四乙酸)、酸碱调节物质及某些离子对受污染的土壤进行修复，具体包括土壤性能改良技术、化学氧化还原修复技术和还原脱氯技术、化学淋洗修复技术和溶剂浸提修复技术。例如，对于轻污染的土壤而言，可采用土壤性能改良技术，即针对不同土壤的化学特性，向其添加石灰性物质、有机物及黏土矿物、离子拮抗剂等，通过降低污染物的化学活性或使污染物发生化学沉降，以此降低污染物的毒害作用。另外，善于利用有机废物如有机污泥、动物粪便、植物腐殖质等也是一种快速、有效的帮助土壤恢复肥力的途径。

(3) 生物修复

①先锋种群种植技术。先锋种群种植技术，顾名思义，就是选用一些在恶劣环境中仍能迸发出顽强生命力的植物作为先锋种群，将它们种植在废弃矿区荒地上，使植物迅速覆盖矿山，以此达到快速修复矿山植被系统的目的。

②生物改良技术。植物生长离不开足够的氮元素，而利用生物固氮技术可以有效降低人们在改良土壤过程中对化肥的依赖。现知世界上具有固氮作用的豆科植物种类超过 1200 种，常见的有大豆、蚕豆、南岭黄檀、降香黄檀、美丽胡枝子等。另外，利用蚯蚓也能有效改善土壤团粒结构，从而协调土壤有机质中养分的消耗与积累，同时有利于植物根系的生长。

③微生物复垦技术。微生物是土壤中的重要分解者，它们的新陈代谢活动能有效减少或消除土壤中的有毒物质，同时可以帮助土壤肥力的提升，例如在土壤中接种根瘤菌能重建众土壤微生物与植物的共生体系，有利于植物的生长。

4. 结语

研究表明，利用恢复生态学与相关工程学科解决棕地问题具有重要的现实意义，废弃矿区作为生态系统退化的重灾区，若其生态环境得以恢复，将大大缓解我国人地矛盾和环境污染等问题。通过对废弃矿山的恢复与重建，有利于唤起人们对该场所的记忆，实现景观发展推动经济进步的目的。随着人们对赖以生存的环境愈发重视，处于自然科学与人文科学交叉领域的恢复生态学将具有广阔的发展前景，但无论如何，其最终的目的仍是实现经济、文化、生态环境与人类的协调可持续发展。

1.3.3 工业遗产保护与再生理论

1. 遗产保护与再生历程

遗产保护与再生理论经历了从保护文物古迹、历史建筑的点状保护到历史城镇的面状保护，注重有形和无形遗产、自然和文化遗产保护并重。随着进入后工业时代，工业遗产保护也逐渐重视。代表性的宣言及宪章主要有《雅典宪章》《威尼斯宪章》《巴拉宪章》《世界遗产公约》《佛罗伦萨宪章》《华盛顿宪章》《下塔吉尔宪章》等。

(1)从文物古迹保护到历史建筑保护

1933年8月，国际现代建筑协会制定的《雅典宪章》首次提出"有历史价值的古建筑均应妥善保存"，阐述了历史建筑保护的重要性及与城市规划的关系，遗产保护从文物古迹保护扩展到历史建筑。1964年5月31日，世界遗产保护委员会通过了《纪念物及遗迹保护和复原的国际宪章》(简称《威尼斯宪章》)。该宪章强调"历史古迹的要领不仅包括单个建筑，而且包括能从中找出一种独特的文明、一种有意义的发展或一个历史事件见证的城市或乡村环境”。它摒弃了文物古迹保护中文化精英的取向，平等对待普通的历史遗存，使得一般性民居建筑、近代工业类建筑及现当代优秀建筑也被纳入保护范围。

(2)从历史建筑保护到历史城镇(地段)保护

1976年11月26日，联合国教科文组织大会通过了《关于历史地区的保护及其当代作用的建议》(简称《内罗毕建议》)。强调保护从单个建筑上升到历史地段建筑群保护。1972年联合国教科文组织颁布了《保护世界文化和自然遗产公约》，明确指出，“以下各项为有形的文化遗产：(一)文物古迹：从历史、艺术或科学角度看具有突出的普遍价值的建筑物、碑雕和碑画、具有考古性质成分或结构、铭文、窟洞以及联合体；(二)建筑群：从历史、艺术或科学角度看在建筑式样、分布均匀或与环境景色结合方面具有突出的普遍价值的单立或连接的建筑群落；(三)遗址：从历史、审美、人种学或人类学角度看具有突出的普遍价值的人造工程或人造景观与自然景观合二为一的遗址以及包括有考古遗址区”。

(3)保护无形文化遗产

在保护有形文化遗产的同时，文化遗产的概念逐渐拓展到对“无形文化遗产”的保护。2002年联合国教科文组织发表的《伊斯坦布尔宣言》中指出，“无形文化遗产是世界文化多样性的体现，在全球化形势下，各国应共同保护和发展无形文化遗产，促进文明的多样化进程”。2004年，国际《保护物质和非物质文化遗产综合方法的宣言》指出，“被群体个人视为文化遗产的实践活动，表演知识、技能及其有关的工具实物、场所”。其中“场所”概念强调对非物质遗产所处环境也应进行保护。

(4)工业遗产保护的兴起

1994年，世界遗产委员会(UNESCO)颁布了《均衡的、具有代表性的与可信的世界遗产名录全球战略》，特别强调了工业遗产类型的重要性。国际工业遗产保护联合会于2003年7月10日至17日通过了《下塔吉尔宪章》，提出了工业遗产的定义、工业遗产的价值、鉴定、记录和研究的重要性以及应法定保护及维护等内容。

2005年10月17—21日，在中国西安召开了ICOMOS第15届年会，将2006年4月18日国际文化遗产日的主题确定为“工业遗产”。自此以后，工业遗产项目越来越受到各国的重视，国际工业遗产保护与再利用开始进入一个新阶段。

2. 工业遗产内涵及特征

国际工业遗产保护委员会(TICCIH)通过的《下塔吉尔宪章》指出：“工业遗产是指工业文明的遗存，它们具有历史的、科技的、社会的、建筑的或科学的价值。这些遗存包括建筑、机械、车间、工厂、选矿和冶炼的矿场和矿区、货栈仓库，能源生产、输送和利用的场所，运输及基础设施，以及与工业相关的社会活动场所，如住宅、宗教和教育设施等。”国际工业遗产保护委员会主席伯格恩(I. Bergeron)认为：“工业遗产不仅由生产场所构成，而且包括工人的住宅、使用的交通系统及其社会生活遗址等。但即使各个因素都具有价值，它们的真正价值也只能凸显于一个整体景观的框架中。”①综合各方观点，工业遗产应以工业遗存为核心元素，同时具有丰富的形态特征和多种功用价值；除了物质性要素外，还应包括工业遗产所在场地的自然、经济和社会等方面的复杂问题。

工业遗产是一个复杂的系统，由环境系统、社会系统和经济系统组成的统一体。工业遗产的保护与再生也应该是以上三个系统的保护与再生。工业遗产保护与再生的目的不仅包括保护其历史价值，也包括在新时代背景下，转变功能结构，使其更适应当下条件，从而促进社会结构的优化，推动地区的自我更新。工业遗产具有时间、空间和文化属性。工业遗产具有完整的生命周期，从初创到辉煌到衰败再到重生，记录了工业文明的发展辉煌和衰败，具有时间属性；工业遗产也具有空间属性，工业遗产要素分布的空间形态、布局以及和城镇的空间关系都是工业遗产保护和再生需要研究的重点；工业遗产的文化属性则反映工业遗产要素的文化内涵及其

① 国际工业遗产保护委员会. 下塔吉尔宪章[EB/OL]. [2018-01-11]. 百度文库，http://wenku.baidu.com/view/0201027e31b765ce05081412.html.

在历史上的有机联系，是工业遗产之“魂”。

1.4 研究意义

马克思说过，文明如果是自然的发展，而不是自觉的发展，那么留给人类的只能是荒漠。回顾历史，曾经繁荣昌盛的几大古文明发源地，尼罗河流域、两河流域、地中海地区和黄河流域的许多重要城市，在创造了辉煌的文明后，逐渐走向了衰败，它们衰亡的原因是多种的，但人为导致的自然环境恶化是其中一个重要原因。古罗马城市兴盛，文化繁荣，人口急剧增加，导致资源过度利用，致使水土流失，大量森林被砍伐，环境遭到严重破坏。罗马的主要港口之一佩斯图姆港逐渐淤塞，使得整个城市成了一片沼泽，辉煌不再。位于两河流域的苏美尔文明也建立了城邦国家，由于无度地索取土地资源导致了严重的水土流失，盐碱化的土地达到了65%，使得绝大部分的农作物无法种植，导致城市衰退。我国黄土高原以及古丝绸之路沿线地区曾经有着优良的生态条件、城镇繁荣之地，《资治通鉴》记载“是时，中国盛疆，自安远门西尽唐境万二千里，闾阎相望，桑麻翳野”，由此可见城镇之繁荣，自然环境之好。但随着人类无度的索取，生态环境受到了严重的破坏，辉煌终究被黄沙湮没，曾经碧波荡漾的罗布泊成为沙漠，楼兰古城早已不复存在。

人类进入工业文明以来，对自然环境无度索取导致了地球生态环境的恶化，地球已经无法承载工业文明带来的痛楚，人类迫切需要生态文明来取代旧的发展模式。矿产是人类发展的重要资源，人类在过度攫取矿产资源的同时，忽视了对生态环境的保护，破坏了矿区的生态系统。2016年全国矿山地质环境遥感监测成果显示，全国矿山开发占地面积290.72万 hm^2。其中，正在利用的矿山开发占地面积约为133.66万 hm^2，占全国矿山用地的45.98%；废弃的矿山开发占地约为88.22万 hm^2，占全国矿山用地的30.35%；采空塌陷(区)面积约为55.35万 hm^2，占全国矿山用地的19.04%。全国已恢复治理矿山总面积约为13.49万 hm^2，仅占全国矿山用地的4.64%。① 从这些数据可知，当前矿山废弃地的恢复治理工作十分艰巨。过度开发不仅损害了不可再生的矿产资源，也极大地影响了生态和人居环境，导致了生态系统失衡，灾害频发、土地和水资源污染严重、景观资源被破坏。废弃矿区再生迫在眉睫，这也是建设生态文明和美丽中国的重要举措。

当前废弃矿区的治理往往聚焦于单个矿区、缺乏整体观和系统观。绿色基础设施理论强调将绿色空间构建成一个体系，在绿色基础设施理念指导下，可将点状治理变成系统治理，将单个废弃矿区纳入绿色基础设施体系中，使矿区再生与维护区域生态格局与过程的连续与健康结合起来。再生后的矿区在城市生态系统中起到"吐新纳污"的作用，在保持城市生态平衡、服务居民游憩、延续历史文脉、促进城市可持续发展等方面具有重要意义。

此外，废弃矿区治理研究多聚焦于生态环境工程治理，把环境问题看成自然问题，而不是社会问题，忽视了社会与环境之间多重相互作用，使得当前废弃矿区治理缺乏人文和艺术学科的参与。废弃矿区是自然驱动力和文化驱动力之间紧密相互作用的产物，需要运用绿色基础设施所提倡的整体人类生态系统理念，除了环境治理的工程手段外，也应注重地域文化、美学价值的挖掘和工业遗产、旅游资源的保护与利用，实现废弃矿区系统再生。

---

① 杨金中，姚维岭．全国矿产资源开发环境遥感监测项目在2016年度地质调查项目考核中荣膺"优秀"评价[EB/OL]．[2016-12-20]．http://www.agrs.cn/dydt/cgkx/17036.htm.

第2章　国内外研究与实践综述

2.1　绿色基础设施国内外研究综述

虽然绿色基础设施思想提出的时间不长，理论研究也缺乏系统性，但其思想渊源却有着悠久的历史。为改善人居环境，许多学者一直为探寻理想的城市发展模式做着不懈的努力，诸多成果都值得绿色基础设施理论借鉴。

2.1.1　国外绿色基础设施的理论综述

20世纪80年代，环境保护运动逐步发展为以促进社会发展的循环性、持续性和保护生物多样性为主要任务的可持续发展概念。1980年，联合国环境计划署和国际自然保护同盟共同发表了《世界环境保护战略》报告。它明确了环境保护和开发的概念与关系，指出开发是为了改善人类生活，对人、生物、非生物和财政等资源的利用活动，保护则是为了满足人类社会持续发展的要求，控制对自然界的开发利用行为。报告中提出了将保护与开发相结合的原则，强调开发活动应重视生态因素。

1987年，联合国环境与发展委员会发表了《我们共同的未来》报告，提出了“人口控制—可持续的开发—摆脱贫困—环境保护”的发展模式，强调了环境保护对社会和经济的重要性，指出导致发展中国家贫困的主要因素之一是恶性开发所带来的生态灾难。

1991年，国际自然保护同盟发布了《可持续社会发展战略》。该战略重视以生态性的生活方式为中心的社会与经济结构、环境伦理、行为方式，提出了保护生物多样性、改善生活质量、改变居民生活习惯和态度等原则。

1. 景观生态学的发展

景观生态学近几年得到了迅速发展，为全面开展环境保护与生态建设，统筹解决资源与环境问题提供了崭新的理论和方法。景观生态学主要研究内容包括景观生态系统结构与功能、景观生态规划与设计、景观生态监测和预警、景观生态保护与管理等。如果说麦克哈格结合自然的设计理念颠覆了追求功能分区和人工的秩序的传统模式，强调运用土地适宜性评价手段找到自然资源的保护与城市发展的结合点。那么景观生态学则强调景观空间布局对过程的控制和影响，强调景观格局与水平运动和流的关系，并试图通过格局的改变来维持景观功能流的健康与安全。① 景观生态学与规划设计的融合被认为是走向可持续规划的有效手段，也是在一个可操作层面上实现人与自然关系和谐的途径。

2. 绿道(Greenway)

美国最早开展了“绿道”研究，1987 年美国总统委员会的报告书中正式提出了“绿道”的概念。该报告描绘了 21 世纪的美国景象：“构建生机勃勃的绿道网络体系，让人们自如地进入他们居住地周边的开放空间，通过绿道将美国的整个城市空间和乡村连接起来，形成一个庞大的可循环体系。”其后，查尔斯 · 粒拓 (Charles Little)在其所著的名著《美国的绿道》(*Greenway for American*)中作出了如下定义：绿道即沿着山脊线、溪谷、河滨等自然线性通道，或沿着用作运动休闲活动的风景廊道、废弃的铁路线、沟渠等人工通道所构建的线性空间，包括所有可步行或骑车进入的自然和人工景观通道。绿道是联系风景名胜区、自然保护区、历史遗迹、城市公园和其他连接居住地之间的开放空间纽带。书中认为绿道有五种类型：自然生态型的绿道、景观和历史性的绿道、城市河流

---

① 余新晓，牛犍植，等. 景观生态学[M]. 北京：高等教育出版社，2006：14-16.

与水道形成的绿道、游憩娱乐类型的绿道、综合功能的绿道系统和网络。

菲利浦·刘易斯(Philip Lewis)最早在威斯康星州进行了绿道实践。他在威斯康星州户外休闲计划的研究调查中绘制了220个生态、娱乐以及历史资源位置，发现超过90%的资源均沿着被称为“环境廊道”的廊道集中分布，因此他提出通过廊道的规划，使得这些资源联系成一个整体(见图2-1)。

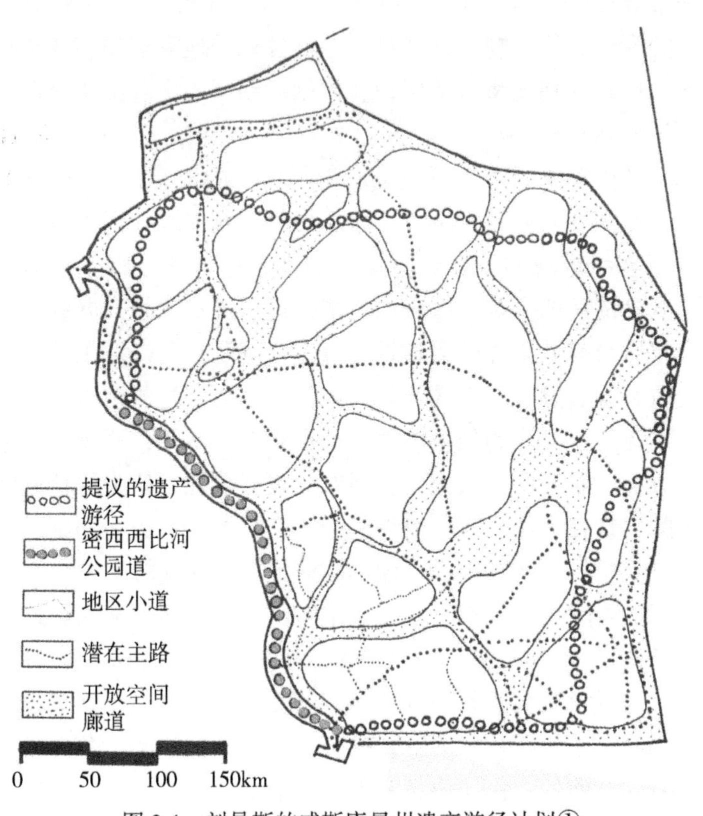

图2-1 刘易斯的威斯康星州遗产游径计划①

---

① Rob Jongman. Ecological Networks and Greenways: Concept, Design, Implementation. Cambridge: Cambridge University Press, 2004: 28.

20 世纪 60 年代的美国，卡车取代了火车成为主要的货运工具，许多铁路被废弃，为了对这些废弃铁路进行再利用，催生了许多废弃铁路变游步道的项目。在 1988 年至 1998 年，通过"废弃铁路-步行道"保护委员会的努力已经有超过 10000 英里的废弃铁路被成功改造为游步道。

在区域层面上，美国的新英格兰绿道远景规划是至今最重要的绿道规划。该规划突出强调多功能的必要性以及线性空间特征、连接度的重要性。对新英格兰地区的六个州总面积超过 4200 万英亩土地上的绿道进行了规划，并且使之与各州的地方规划有效地结合在一起。远景规划还将自然保护、休闲运动、历史与文化资源等专项规划结合在一起。①

欧洲各国关于绿道的研究也取得了丰硕的成果，在 20 世纪初欧洲的城市规划领域里，绿色网络思想就已经出现并得到发展。欧洲研究者在绿道规划方面着重提出的生态稳定性原则非常值得关注。在欧洲的一些大都市区域内，依据这一规划思想开展的绿道系统建设将城市与城市外围的林带、自然区等联系起来。柏林、莫斯科和伦敦都开展过这方面的规划，类似的还有布达佩斯和布拉格等城市。在历史上，因为经济条件和社会制度的不同，西欧和东中欧在绿道方面的研究区别较大。在西欧，很多研究者认为绿色网络战略实施的关键在于保护和恢复那些分布广泛的生境孤岛和廊道，目的是为景观中的生物迁徙提供便利和服务于构建连接不同核心生态区域之间的生境结构框架。而在东中欧，研究更多地从人类的角度出发，类似于"生态补偿""自然的环境承载力"景观的"生态稳定性""自净能力"等理念被认为是生态网络的基础。直至 1996 年，欧洲议会制定了《泛欧生态和景观多样性战略》，标志着欧洲地区在相关研究方面的合作与协调开创了一个新局面。

1987 年汤姆·特纳在提出了 6 种开放空间的理论模式(见图 2-2)。在伦敦的绿色发展战略中，他归纳出城市绿道的七种模式：

---

① Turner T. Greenway Planning in Britain: Recent Work and Future Plans[J]. Landscape and UrbanPlanning, 2006, 76(01): 238-244.

绿路、蓝道、公园、生态廊道、空中廊道、玻璃廊道以及自行车道。刘易斯将绿道称为"E-ways"，认为绿道的主要目的是：生态(Ecology)、环境(Environment)、教育(Education)和锻炼(Excise)。Annaliese Bisehoff 在此基础上提出第五个"E"——情感(Expression)，为绿道规划提出了更高的要求。①

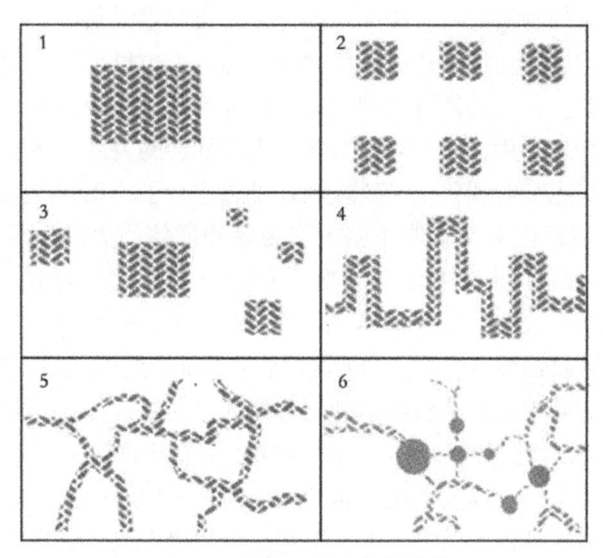

图 2-2　伦敦开放空间模式②

当前，绿道研究主要集中在绿道的功能与结构以及居民的公众参与等领域。功能与结构方面的研究包括：绿道规划中的自然保护和生态资源；绿道规划的视觉美学价值和游憩性研究。研究内容涵盖理论探索、规划方法和策略以及规划目标等。具体包括绿道生物多样性的研究，不同空间地域、不同范围尺度的规划设计与实践以及理论与方法的探讨等。

---

① Turner T. Greenway Planning in Britain: Recent Work and Future Plans[J]. Landscape and UrbanPlanning, 2006, 76(01): 238-244.

② Tom Turner. Greenways, Blueways, Skyways and Other Ways to a Better London. *Landscape and Urban Planning*, 1995(33): 269-282.

3. 景观都市主义

20 世纪 70 年代末，后现代主义对现代主义建筑规划的批判促使了景观都市主义(Landscape Urbanism)的产生。当时，在工业文明发展的大背景下，面对严重的污染问题和环境问题，整个社会都在开始深刻的反省与探索。不可否认，工业文明在人类发展历史上创造了丰富的物质财富，提高和改善了人类的生活条件；但与此同时，对自然生态环境也造成了巨大破坏，人类也付出了巨大的生态代价。因此，人类必须寻求和转向一种可持续的发展道路，对自然资源进行合理利用，重塑人与自然、人与社会的关系。在这个背景下，后现代主义对现代主义建筑规划思想进行了一系列的批判，这些批判包括现代主义不能将城市作为各种群体历史综合意识的集合，也不能满足城市中各个层次民众的交流，无法创造一个“宜居”“有意义”的公共空间等方面。1977 年，查尔斯·詹克斯(Charles Jencks)认为，随着美国经济的不断衰退以及现代建筑的没落，标志着市场向消费者多样化选择的方向进行转变。但后现代主义建筑思潮也不能够有效解决转型过程中日益普遍的郊区化问题，即城市人口负增长，越来越多的居民逃离中心城区，选择居住在郊区。在这种浪潮的冲击下，景观逐渐替代建筑，成为重新构建城市发展空间的最主要的要素，成为在新一轮城市发展过程中促进发展的重要手段。景观是一种介质，能够针对当前城市转型过程中出现的一系列问题提出有效的解决办法，并根据城市环境的不断发展变化找到应对措施。

景观都市主义的内涵包括三个方面的内容：景观作为绿色基础设施、自然过程作为设计的形式和工业废弃地的修复。

(1)景观作为绿色基础设施

荷兰阿姆斯特丹国际机场的景观设计充分体现了景观作为绿色基础设施的思想。设计思路很简单，人工景观很少，设计师高伊策(Adriaan Geuze)主要做了三件事：在场地中种植了三叶草和能适应当地环境且生长迅速的白桦树，请养蜂人在场地中养蜂。在设计初期不考虑人为的干预，以植物造景作为主要手段。结果，蜜蜂促进了植物的自然生长和繁衍，白桦林提供了小气候，促进了三叶草的生长，接着再引进其他植物，形成了一个比较完善的生态系统，整个景观后期很少需要维护。三叶草、白桦林和蜜蜂成为阿姆斯特丹国际机场景观的创造者。

(2)自然过程作为设计形式

景观都市主义的另一个含义是指自然过程作为设计的形式，即以场地的演变肌理为蓝本，充分尊重场地的自然演变过程，启发设计师以此为素材进行设计，进而，将这一思想融合到场地的生态演变中去。乔治·哈格李夫斯(George Hargreaves)设计的瓜的亚纳滨河公园是一个典型的案例，在该例子中，设计师的灵感来自于阿拉斯加河流的河道肌理，在设计过程中建立了实验模型，设定相应的水流速不断冲刷，研究场地地形的形成肌理，来提高设计的精确度，最终设计出的地形与河道冲刷后的纹理极为相似，实施方案仿佛是大自然的杰作。在洪水泛滥的季节，该地区变成了重要的泄洪通道，为两岸居民的安全作出了重大贡献(见图 2-3)。

图 2-3 哈格里夫斯设计的瓜的亚纳滨河公园①

① 图片来源：http://www.halcionhomes.com/ayamonte/things-to-do.aspx，2017-07-11。

(3) 工业废弃地的修复

工业废弃地指该用地曾经被工业生产及其相关活动所使用，而现在的功能已经改变。这些用地通常或多或少存在污染，但都具有很大的开发潜力。如废弃地再生的代表作杜伊斯堡风景园，将废弃的制造场地、废弃物处理场地、交通运输设施、采掘场地以及仓储场地等再生为一处环境优美的公园(见图 2-4)。

图 2-4 德国杜伊斯堡风景园①

4. 绿色基础设施规划的探索

20 世纪 90 年代，绿色基础设施规划在美国出现，其后，该理念在西方发达国家得到广泛运用和长足发展。当时西方社会大规模工业化生产导致人类的生存环境质量急剧恶化，使人类面临巨大的环境危机。二战后，美国进入了快速城镇化时期，郊区化现象越来

① 该图由笔者自摄，后文未注释图片均为笔者团队创作，或均已进入公共版权领域。

越明显，大量低密度、低强度的开发浪费了大量宝贵的土地资源，破坏了生态系统的平衡。20世纪90年代，美国学者逐渐认识到这种摊大饼、无序蔓延的城市增长方式存在严重的弊端，并针对这种粗放式的发展模式提出了"增长管理"和"精明增长"的集约型发展方式，这两种增长模式的目的是管控土地开发活动，提高土地的利用率和空间增长的综合效益。"精明保护"则从整体上、多尺度、多功能对生态系统进行保护。绿色基础设施规划正是为了实现"精明保护""精明增长"的目的而生。1999年，美国可持续发展委员会强调绿色基础设施是对经济发展模式和土地发展模式的是可持续发展的探索，一种能够促使经济发展和土地利用可持续、更高效发展的重要战略。紧接着美国的各州、地区也把绿色基础设施规划纳入到政策和计划中，并进行了一系列实践，如2005年马里兰编制的绿色基础设施的评价体系、纽约的PLANYC战略等。

绿色基础设施理论在美国蓬勃发展后，也逐渐在西欧等国家得到应用。虽然西欧国家城市的发展总体上相对集约，基本上没有出现美国式的大规模的城市扩张现象，但随着城镇化的不断推进，也存在着旧城改造、气候变化以及生态保护等一系列突出问题。根据西欧城镇化的特点，绿色基础设施规划更倾向于保持生物多样性、提高城乡绿色空间的质量、保护野生动物栖息地等方面，强调绿色基础在营造良好的城市景观、改善人居环境、减少城市犯罪等方面的作用。在进行理论探索的同时，以英国为代表的西欧地区开展了一系列的绿色基础设施规划实践。如2005年英国东伦敦地区开展了绿色网格规划，目的是促进社会经济发展，重塑生态环境。2008年英国西北部地区编制了绿色基础设施规划导则，成为下一层次规划编制的重要依据。

2008年，英国的ECOTEC等从丰富绿色基础设施规划经验中总结出了编制绿色基础设施规划的"五步法"，成为绿色基础设施规划的经典方法(见图2-5)：第一，确定规划任务和规划方向，明确战略重点。第二，收集现状数据并整理成图，分析现状绿色基础设施的分布、质量、破碎性和人口分布、土地利用的关系。第三，功能性评估，综合分析空间布局、土地利用、生态及景观文脉等评价因子，研究绿色基础设施的功能、质量、组成及潜在效益。第四，必要性评估，在功能评估的基础上，结合城市战略重点和地域特色，兼顾生态及经济效益，研究绿色基础设施存在的不足及其潜力，明确保留及增加绿色基础设施的类型。第五，实施方案，通过数据整理、功能及必要性评估，制定规划方案。①

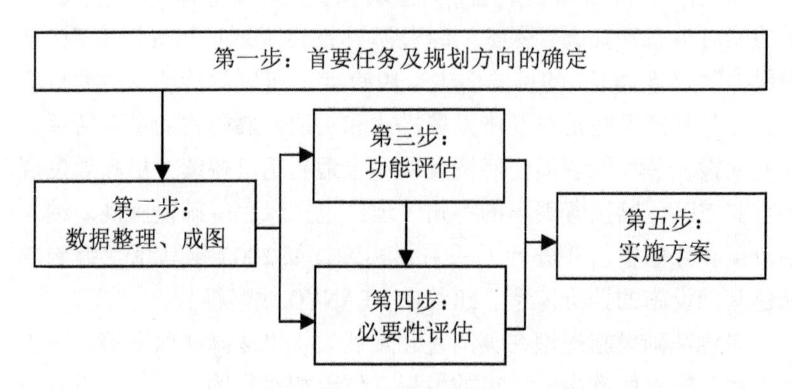

图2-5 ECOTEC绿色基础设施规划步骤图

绿色基础设施规划的相关理论研究在近20年间得到迅猛发展，国际上做了大量有意义的探索和实践。通过以上研究我们认为，城市的发展存在生态极限是绿色基础设施规划理论的核心，绿色基础设施规划与建设实际上是对城市绿色基础设施的综合整治目标、程序、方法、内容、成果、实施对策全过程进行规划建设，同时也是调控人与环境关系，实现城市生态系统动态平衡的一种有效手段。

2.1.2 国内绿色基础设施的理论综述

1. 中国古代的绿色基础设施思想

中国古代关于绿色基础设施的相关理论可追溯到春秋战国时

---

① Ecotec. The Economic Benefits of Green Infrastructure: Developing Key Tests for Evaluationg the Benefit of Green Infrastructure[EB/OL]. [2008-11-12]. http://www.gos.gov.uk/497468/docs/276882/7524847/GIDevelopingtests.

期。“象天法地”“天人合一”的哲学思想形成了中国传统文化的特有的思想精髓，也成为指导中国古代城市建设的理论基础。“天人合一”是中国哲学对天人关系的总体认识，是中国哲学、文化的基本精神。

春秋时期，孔子提出了“比德山水”一说，即以山比德，以水比智。子曰：“知者乐水，仁者乐山，知者动，仁者静。知者乐，仁者寿。”比德山水的观点开始摆脱物质性的功能，融入了人性方面的内容，体现了超然的精神状态。

战国时期，与绿色基础设施相关的思想分布在《管子》《周礼》《禹拱》等著作内，较多地反映了我国古代如何利用自然条件进行聚落选址和城市建设的思想。在城市选址和建设上，古人十分看重良好的现状自然环境，在城市选址时优先考虑气候宜人、宜农宜牧、依山傍水、森林资源丰富的地方。《管子》这部古代经典著作中所提的一些城市选址和建设的原则和方法就包含了朴素的生态思想，如《管子·乘马》记载：“凡立国都，非于大山之下，必于广川之上，高毋近旱而水用足，下毋近水而防沟省。因天材，就地利，故城郭不必中规矩，道路不必中准绳。”《管子·度地》写道：“圣人之处国者，必于不倾之地，而择地形之肥饶者，乡山左右，经水若泽。内为落渠之写，因大川而注焉。”这些都反映了古代因地制宜、趋利避害的规划思想。

“天人合一”的思想是我国古代城市选址和建设的重要特色，强调在建设的过程中把人工环境和自然环境融为一体，注重长远发展，突出整体观和可持续发展，追求因地制宜，融入自然的法则。①

中国古代的“风水”学以传统哲学的阴阳五行为基础，蕴涵了人与自然和谐共存的哲学思想，融合了对人性和自然的崇拜，包含了气象学、生态学、地理学、建筑学、社会伦理道德及心理学等方面的内容。目的是探究安居乐业的理想空间结构模式，推崇“人之

---

① 贺业钜. 中国古代城市规划史[M]. 北京：中国建筑工业出版社，1996：1-5.

居处，宜以大地山河为主”的理念。提倡建筑与自然融为一体，建房之前要先了解现状环境，使居住地点与山水有机融合。“风水”学的精髓与现代生态学中的很多理论相吻合。

2. 中国近代绿色基础设施相关理论发展

相对于国际上对绿色基础设施的研究而言，我国的研究起步较晚，发展历史相对短暂，但也取得了一定的研究成果。

1990 年，钱学森先生提出“山水城市”的概念，其要义包含四个方面：一是山水城市非常重视利用现代科学技术成果；二是把中国的山水诗词、古典园林建筑以及山水画融合在一起，人虽然不在自然但仿佛身处自然；三是山水城市融合中外的文化，结合了城市园林和城市森林；四是山水城市是 21 世纪中国的城市构筑模式。钱先生提出的山水城市理念，推动了城市科学的建立和发展，为我国绿色基础设施理论的发展奠定了基础。①

20 世纪 90 年代以后，我国对于绿色空间的研究也取得了重要成果。俞孔坚提出了景观安全格局的概念，认为区域中存在着一些关键的生态要素，保护这些要素对于延续地区景观空间格局，保护生态环境具有重要意义。1993 年，黄光宇在乐山地区城市总体规划中提出了“绿心环形”的城市结构模式，构建了“山水中的城市，城市中的山林”的区域空间构架，在城市层面建立了绿心环形结构模式，城市中心为一永久性绿地，城市围绕中心绿地呈环状发展，城市外围由自然森林组成的环城绿带环绕。

国内关于绿色基础设施的大部分研究成果集中在对国外绿色基础设施研究成果的梳理和介绍，如《加拿大城市绿色基础设施导则评介及讨论》(沈清基，2005)、《国外绿色基础设施规划的理论与实践》(周艳妮，2009)、《绿色基础设施评价(GIA)方法介述——以美国马里兰州为例》(付喜娥，2009)、《城市绿色基础设施及其体系构建》(应君，2011)等。有少部分成果是绿色基础设施理念在

---

① 鲍世行，顾孟潮. 杰出科学家钱学森论城市学与山水城市[M]. 北京：中国建筑工业出版社，1996：1-10.

实际中的运用，如《绿色基础设施与城市蔓延控制的研究》(李博，2009)、《绿色基础设施与地铁的复合规划策略探讨》(田雨灵，2009)、《绿色基础设施理念在城市河道景观规划的中运用》(李峻峰等，2011)、《干旱区生态治理及绿色基础设施构建——以新疆塔里木河下游为例》(唐晓岚，2011)、《矿业废弃地：完善绿色基础设施的契机》(冯姗姗，2017)等，天津大学刘佳的《新型城镇化下绿色基础设施规划研究》(2010)和华南理工大学朱澍的《基于绿色基础设施的广佛地区城镇发展概念规划初步研究》(2011)。

2.2 棕地国内外研究综述

2.2.1 棕地的缘起

“棕地”这一概念最早出现在美国，英文为Brownfield。20世纪70年代美国纽约州“拉夫运河事件”引起巨大轰动，起因是20世纪中期，填埋有近2.18万吨化学废弃物的拉夫运河形成大片的土地，这块土地上陆续建起了学校及居民区，随着时间的推移，化学废物渗入土壤，对当地居民的健康造成巨大的危害。据统计，1974—1978年，拉夫运河小区出生的婴儿56%有生理缺陷，妇女的流产率较入住前大为增加，这背后的元凶就是拉夫运河填埋的化学废物垃圾场。这一惨痛事件引发了公众和媒体的关注，在巨大舆论压力下，美国于1980年通过《环境应对、赔偿和责任综合法》(*Comprehensive Environmental Response*, *Compensation*, *and Liability Act*, CERCLA)，批准设立污染场地管理与修复基金，即“超级基金”，这一法案中，“棕地”概念首次提出并为人们所知。

随后1994年，美国环境保护局(Environmental Protection Agency, EPA)给出相对成熟的定义：棕地是指被遗弃、闲置的或是不再使用的前工业和商业用地及设施，且这些地区的再开发会受到环境污染的影响。欧洲经济与棕地更新网络组(Concerted Action on Economic and Brownfield Network, CAEBRNET)对棕地的定义为：棕地是指那些由于之前土地使用带来不良的影响，包括已经遭受到污染或是未来会受到污染的土地，被废弃的以及仍在使用的。①

相对于美国和欧盟两种定义强调棕地具有“受污染”的特点，英国关于棕地的定义范围则更广一些，1990 年英国规划法(Planning Policy Guidance)中提出“棕地”是相对“绿地”而见的术语，泛指被开发过的土地(POST，1998)，无论受污染与否。

我国官方与学术界对是否引入国外“棕地”概念尚未达成共识，还没有明确的定义，在 2014 年 2 月颁布的《污染场地术语》(HJ682—2014)中，首次提出“潜在污染地的概念”，这与美国“棕地”强调污染的特点有相似性。

2.2.2 棕地再生的兴起与发展

1. 国外棕地再生

随着后工业化时代的到来，工业区的衰败和产业结构的调整，城市中留下了大量的“棕地”，带来了一系列的社会、环境问题。

随着公众关注程度的不断提高，及可持续发展浪潮的推动，棕地治理、棕地改造、棕地更新、棕地修复、棕地再生等相关的研究和改造项目不断发展。不同于棕地“治理”“改造”“修复”等词，棕地“修复”强调通过一系列工程、技术、生态修复等手段和方法，去除棕地中的污染，使其恢复到受污染之前状态或是可再利用的状态；棕地“再生”侧重通过一系列生态修复技术、景观设计等方法，让场地重新焕发生机的过程，赋予场地新的土地利用用途和价值。

20 世纪 80 年代，在可持续发展思潮的影响下，欧美国家陆续开展了一系列棕地再利用的项目，将城市中的棕地改造成为绿地。据统计，1988—1993 年，英国近 19%的棕地改造成为绿地。② 英国政府推行的棕地风险管理与修复政策取得了良好的成效，大量的

---

① Alker S, Joy V, Roberts P, et al. The Definition of Brownfield[J]. Journal of Environmental Planning and Management, 2000, 43(01): 49-69.

② 王芳，李洪远，陈小奎. Woolston 城市生态公园棕地生态恢复的经验和启示[J]. 农业科技与信息（现代园林），2013(11)：5.

棕地被确定为可再利用的土地。英国政府于1998年制定目标，截至2008年，60%的新建住房或是已有住宅翻新需在棕地上进行，这个目标于2000年就已实现。① 据统计，截至2007年，美国有40万~100万片/块棕地，其中约1300块棕地受到严重污染。美国环保署于1995年发布《棕地行动议程》②(Brownfield Action Agenda)，借此改善投资环境，吸引鼓励私人投资者进入棕地再开发领域；此外，各级政府开展自主清理计划实施对棕地的清理。20世纪末，面临衰退的鲁尔区遗留的大量工业废弃地，德国政府通过推进国际建筑展等大型区域复兴战略，既保护了当地的工业遗产，也促进了文化产业的发展，为其他国家和地区棕地复兴提供很好的借鉴。

2. 国内棕地再生

2016年，国内召开了两场重要的关于棕地的会议：一场是在清华大学召开的“棕地再生和生态修复国际会议”，另一场是“国际棕地治理大会暨首届中国棕地污染与环境治理大会”(Clean up Conference in China 2016)。“棕地再生与健康城市”这一议题不断引发国内外学者的关注。棕地再生和生态修复国际会议由清华大学建筑学院和美国哈佛大学设计学院技术与环境中心及环境保护部对外合作中心联合主办，国内外学者及业界200余名同仁参加了会议。此次会议聚焦于中国的棕地问题及后工业景观，对中外棕地的概况与再生过程的区别、棕地再生的技术与方法以及学科之间系统合作路径等议题进行了探讨。后者由中国科学院、中国生态修复网和澳大利亚环境污染评估与修复联合研究中心（CRC CARE）、纽卡斯尔大学全球环境修复中心（GCER，UON）联合主办，以“中国

---

① Morris H. Brownfield target met for sixth year[J]. Planning, 2003, 06(06: 5); Dixon, T. Volume Housbuilders Start to Dig Brownfeild[J]. The Estaes Gazette, 2004, 11(20): 154-155.

② De Sousa C. Brownfield redevelopment versus greenfield development: A private sector perspective on the costs and risks associated with brownfield redevelopment in the Greater Toronto Area[J]. Journal of Environmental Planning and Management, 2000, 43(06): 831-853.

棕地污染和环境治理”为主题，致力于推动中国棕地治理与污染场地修复工作的开展。中国正面临着后工业化棕地污染的用地挑战，健康并富有创意的棕地再生对于中国城市的可持续发展、健康发展有着重大意义。

20 世纪 90 年代以来，我国陆续出现了一系列棕地改造和景观再生的实践和研究。最早的较为成功的棕地景观再生实践的是广东中山岐江公园，它是在被废弃的、污染的原粤中造船厂旧址上建设的，岐江公园设计过程中对工业设施采取自然的态度，即保留、更新和再利用，通过视觉与空间的体验传达足下的文化、野草之美和人性之真，倡导珍惜足下的文化、平常的文化，追求时间之美，野草之美以及人性之真。2010 年世博中心绿地定位研究案例中，通过工业棕地生态修复和工业遗产利用途径，既可满足大型会展的需求，同时为城市创建了一个可持续的景观。① 杨锐指出“垃圾围城”是世界上大多城市面临的困境，认为景观学应扮演重要角色，积极挖掘垃圾废弃地的开发潜质，使垃圾填埋场所更好地融入城市之中，实现从垃圾废弃地到绿色空间的蜕变。针对当前垃圾填埋场建设过程中存在的一系列问题，提出景观优先、生态整合的策略，利用南京城郊某军用机场搬迁的契机，提出将“电子垃圾”的回收利用体系融入“景观基础设施”建设过程之中的构想，为未来城镇化模式提供一种新思路。朱育帆在温州杨府山垃圾处理厂封场处理与生态恢复工程方案中，从跨学科合作中的风景园林角度出发，不单单将垃圾填埋场作为环境工程改造的对象，还将其作为生态恢复的物质依托，利用大地艺术手法将环境工程设施和园林景观设施作为整体统一规划布局，提出工程技术、生态恢复和艺术效果相融合的理念。② 王向荣指出将工业废弃地改造为公园是一种行之有效的措施，不仅能改善区域生态环境，还可以联系城市内被工业隔离的

---

① 杨锐，崔莹莹. 景观作为基础设施：南京城郊垃圾填埋场的城市生态整合策略[J]. 中国园林，2012，28(07)：101-106.

② 朱育帆，郭勇，王迪. 走向生态与艺术的工程设计——温州杨府山垃圾处理场封场处理与生态恢复工程方案[J]. 中国园林，2007，23(12)：41-45.

区域，同时可以承担绿地的功能，满足市民对绿色空间的需求。①

2.3 废弃矿区国内外研究综述

2.3.1 废弃矿区再生的兴起

18世纪中后期，随着工业革命发展，生产力水平和技术水平大大提高，人类对各种矿产资源的需求不断增长，对矿产资源的开采也不断增加，许多矿业城市因此得到不断发展，但人类对矿产资源过度的索取加速了矿产资源的枯竭。随着20世纪中后期后工业时代的来临，服务业和高新技术产业快速发展，世界范围内开展新一轮产业结构的调整和优化升级，许多资源枯竭型城市面临着巨大的转型压力。

无节制的矿山开采活动大规模地改变了土地利用方式，甚至损坏了陆地生态系统。矿山开采破坏了原有的地形地貌，影响了原有的局部水循环过程；采矿活动对生物栖息环境造成破坏，导致物种多样性的降低，矿区植被的破坏和水循环系统的紊乱容易引发一系列的次生环境灾害，如泥石流、山洪等；矿区生态系统的破坏和污染的加剧严重威胁矿区人们的身体健康，影响当地的经济社会可持续发展。因此，对废弃矿区生态修复、复垦及再生的研究十分必要，这也是世界范围内非常有意义和价值的研究热点。

2.3.2 国内外废弃矿区再生研究现状

1. 国外废弃矿区再生研究现状

一般来说，废弃矿区的再生包括三个层次，第一个层次为生态恢复，是指通过工程技术修复矿区遭到破坏的生态系统，包括土壤、植被的修复等。第二个层次是土地功能的更新，由矿业废弃地

---

① 王向荣，任京燕. 从工业废弃地到绿色公园——景观设计与工业废弃地的更新[J]. 中国园林，2003，19(03)：11-18.

向城市建设用地、农业用地、生态用地的转变。第三个层次为景观更新，包括矿区景观再造、工业遗产的保护与利用等。与此同时，废弃矿区再生研究也涉及多个学科的交叉，如生态学、环境工程、土地管理学、城市规划、风景园林、设计学、经济学、社会学等。

经过长时间的探索，欧美等国家废弃矿区再生的理论研究和实践目前已较为成熟。20 世纪 70 年代之前，欧美等发达国家对废弃矿区的改造主要集中在矿区土地的复垦技术、工程实践等工程和技术，并取得了较丰硕的成果，积累了成功的经验，如始于 20 世纪 20 年代开展的德国莱茵河煤矿区的林业生态恢复工程是较为成功的实践案例。

20 世纪七八十年代，废弃矿区的改造受到恢复生态学的影响，这一时期废弃矿区的改造主要是使其恢复到破坏之前的自然景观，在改造过程中已经开始对文化、游憩用地等进行考虑。这一时期，大地艺术设计手法开始介入到废弃矿区的再生改造实践当中，大地艺术家们发现，废弃地能够展现出一种孤寂荒凉的感觉，主张采用大地艺术的手法循环利用废弃矿区中的土地、湖泊和河流等。大地艺术家们开展大量的实践活动，促进了废弃矿区再生的发展。此外，景观设计师也逐渐参与到工矿废弃地的改造中，较为著名的是美国西雅图煤气厂公园(Gas Work Prak)，其建于 1972 年，之前是煤气厂，废弃后场地存在大量的污染，周边居民深受其害，设计师理查德 · 海格充分尊重场地的历史、环境，成功挖掘其工业价值、历史价值和艺术价值，设计中体现其时代的进步和历史的沧桑感。

20 世纪 90 年代以来，随着可持续发展浪潮的推动，废弃矿区的再生研究和实践进一步发展。这一时期，生态美学、景观都市主义、绿色基础设施理论等兴起与发展，为废弃矿区的改造提供了一种新思路。这一时期最具有代表性的是德国，随着后工业化时代的来临，历经百年喧嚣繁华的鲁尔工业区逐渐衰败，遗留下大片的工业废弃地、钢铁设备、矿坑、污染的河道等，成为困扰社会、民众和政府的重要难题。德国政府于 20 世纪 90 年代开展国家建筑展等大型区域复兴战略，其中 IBA 计划爱姆舍园区的被杜伊斯堡公园获得较多的国家关注，设计中采用“最小干预”的设计策略，以营造“废墟中的绿洲”为核心设计理念，对原有的工业设施和线路进行完整的保留，并赋予新的功能和内涵，为世界范围内废弃矿区改造提供了新思路、新方法。

2. 国内废弃矿区再生研究现状

我国最早的矿业废弃地的改造始于清代末期，浙江绍兴的东湖历经2000多年的采石历史，清末之后逐渐被改造为著名的风景旅游胜地。中华人民共和国成立后，我国矿山废弃地的再生经历了以下几个时期：

20世纪50年代至80年代，这一时期研究土地退化和土壤退化问题，主要以农业复垦为目标。由于经济、技术和资金等方面的不足，土地复垦处于自发、零星、分散的状态，矿山废弃地的复垦率极低，废弃矿山的改造效果甚微。

20年代90年代，随着1988年《土地复垦规定》的颁布，标志着我国矿山废弃地的生态恢复进入了法制的轨道。这一时期强调恢复生态学理论在基质改良方面的运用，废弃矿区生态恢复的数量和质量大大提高。1990—1995年，我国1526家中、大型矿山企业恢复矿山废弃地面积达4.67万公顷，占累计矿山废弃地面积的1.6%。这一时期的湖北黄石国家矿山公园就是以土地复垦为基础，逐步恢复其自然生态系统，在植物的选择上优先考虑来贫瘠、耐旱的植物，并选择具有地域特色的植被进行种植，构成了丰富多层次的景观。

21世纪初以来，随着新土地管理法的实施，耕地保护力度加大，这时期矿山废弃地的改造目标以生态系统健康和环境安全为主，单一的复垦复绿的环境治理观念逐渐发生转变，景观设计手法在矿山废弃地的生态修复和重建越来越受到重视。可持续发展、生态设计、景观都市主义等思潮开始影响和指导矿业废弃地的生态恢复与景观重建。刘海龙认为采矿废弃地是人为较大程度干扰下的一种特殊景观类型，其生态系统功能、使用功能、美学价值已遭到严重破坏，通过生态恢复和重建手段可以促进矿业废弃地的生态价值、经济价值和社会价值的再生，并采用景观设计的手法重新赋予其美学价值，这对于区域生态系统健康以及地方经济可持续发展有着重要意义。陶林认为矿山废弃地的改造不仅仅是将被破坏的土地复绿成林及保留矿业遗迹，而是运用生态理念和景观手段为衰退的景观提供一条新的出路，要在冰冷的工业环境中创造出宜人的景观环境，延续城市历史文脉，表达特定的场所精神。郭宏峰在对乐清市东山采石场生态恢复和景观重建的研究基础之上，提出我国采石场的生态恢复和景观重建应以可持续发展战略为指导，以改善生态环境为根本，在生态恢复基础之上发展旅游业的带动作用，实现生态效益、社会效益和经济效益的统一。陈汗青等主张构建废弃矿区再生设计的生态价值观，并从场所精神的挖掘、工业遗产再利用和受损地表再设计三个方面剖析了基于生态价值观的环境再生设计思路。廖启鹏等认为大地艺术能够塑造独特的艺术个性和提高自然景观的生命力，可以增强废弃矿区的亲和力，废弃矿区景观再生设计应摒弃不符合生态规律的内容，充分发挥“自然式”和“人工式”两种形式的优势。

与此同时，矿山废弃地再生模式也日益多样化，如矿山公园、农业观光园、植物园、生态艺术园及其他景观园林等。2006年，国土资源部下达关于加强国家矿山公园建设的通知，矿山公园的建设拉开序幕。矿山公园景观资源种类丰富，既包括自然景观，也包括各种人文景观，在建设过程中，主要采取生态恢复、环境治理、文化重现等手段，实现三大效益的有机统一。李军等认为矿山公园建设是实现矿山废弃地生态恢复和环境改善的重要手段，对区域生态系统的恢复和经济社会发展有着重要意义，并以黄石国家矿山公园为例，对矿山公园的建设进行了探讨。马锦义等以宜兴市金山农业生态园和华东生态休闲园为例，从水系、废弃建筑物、地形地势、坡地复垦等多个方面，对矿山废弃地的改造利用方式和创意设计思路进行了分析和探讨。朱健宁在日照市银河公园改建设计中，在“真实”胜于“艺术”思想指导下，保留场地中原有的信息和元素，展示原有的景观特征，延续历史文脉，并充分利用地方材料和现代技术，将废弃采石场打造成为既具有自然文化特征，又能很好融入现代城市肌理的城市公园。上海辰山采石坑历经百年的开采历史后被废弃，在辰山植物园矿坑公园设计中，朱育帆等在生态修复和文化重塑的策略基础之上，通过极尽可能的链接方式，充分发挥出场地潜力，将一处废弃地成功转变成人文亲近自然山水、体验采石矿业文化的游览胜地。

2.4 废弃矿区再生实践研究

2.4.1 国外案例

1. 德国北戈尔帕公园

(1)项目概况

东德北戈尔帕公园(Golpa Nord)原是一处煤矿废弃地，在长期开发过程中，由于缺乏环境保护意识和统一的指导，单独追求经济效益，使得生态系统、地貌和地形都遭受了严重的损毁，大量的碎石和废弃矿坑随处可见。随着时代的发展，人们生态环境意识增强，该煤矿被关停并被列为重建项目。

(2)设计特色

北戈尔帕露天煤矿重建项目是在包豪斯的主持下进行的，他的学生马丁·布鲁斯提出了“铁城”的概念。其保留了大量工矿设施，特别是一些体量巨大的采矿设备，具有很强的视觉冲击力。

设计充分利用现有的矿区场地创造休闲场所，宣传煤矿业相关知识，并使人们了解自然与技术的关系。设计师还充分利用挖掘机围合起来的空间，打造巨大的露天剧场，剧场可容纳 25000 多人，极大地丰富了该地区的文化活动。此外，收集火车头和工具器械，形成露天博物馆，展示该地区露天煤矿的发展历程(见图 2-6、图 2-7)。北戈尔露天煤矿的重建取得较大成功，大大提升了该地区的知名度，带动了相关产业的发展，也改善了周边的生态环境，实现了社会效益、经济效益和生态效益的统一。

图 2-6 鸟瞰图①

图 2-7 工矿设施②

① 图片来源：http://www.dw.com,2017-07-11。
② 图片来源：http://www.dw.com,2017-07-11。

2. 瑞典法伦的大铜山矿区

(1)项目概况

大铜山矿区(Mining Area of the Great Copper Mountain in Falun),位于距离斯德哥尔摩252km的法伦市,是瑞典著名历史遗迹地。从10世纪到20世纪末,一直以生产铜矿而闻名。16世纪至17世纪,处于鼎盛时期的大铜山矿区的铜生产量占欧洲铜总产量的70%以上。该矿区至今仍保留有至少140座熔炉和大量自由矿工居住区,完整保存了采矿业的发展历史。该矿区于2001年被列为世界文化遗产,世界遗产委员会曾评价其向世人展示了一幅几个世纪前世界上最重要的采矿区的生动画面。当年大规模开采铜矿的产出物熏黑了法伦周边的木屋,毒杀了很多植物,在矿区2.5km范围内,树木、灌木及地衣植被都无法生存(见图2-8、图2-9)。

图2-8　矿区平面图

图 2-9　矿区景观①

(2)设计特色

面对严峻的生态环境问题，从 17 世纪开始，瑞典逐步采取“关、停、并、管”的措施，直到 1992 年完全停止铜矿生产，期间大力发展铜矿旅游业，一方面保存了多套完整的 17 世纪的生产设备；另一方面恢复植被，植树造林，并利用原有矿区建设家庭农场，开展了 200 多年的生态工程建设。1970 年开发了一座供观光者探险的矿山，游客可乘坐电梯进入地下 55m 深处进行 600m 内部徒步游览，现为瑞典著名的旅游胜地。1992 年，法伦博物馆开放。

3. 波兰维利奇卡盐矿

(1)项目概况

目前已停产的具有几百年历史的波兰维利奇卡盐矿(Wieliczka Salt Mine)在 1978 年被联合国定为世界自然与文化遗产。中世纪的维利奇卡的盐矿就享有“地下迷宫”的美誉，内部结构精美，规模宏大。盐矿共有 9 层，深达 327m，开挖的地下大厅超过 2040 个，其著名的“水晶洞”位于地下 80m 深处，拥有目前世界上最大的石盐结晶。宗教信仰的缘故，17 世纪末矿工中开始流传长达 3 个世

① 图片来源：http://www.flickr.com,2017-08-05。

纪的岩盐雕艺术，矿工在岩盐上雕刻特色雕塑以祈求平安，盐矿中建有40多座风格迥异的教堂，教堂里的圣坛、壁画及神像都由矿盐雕刻而成，构成了独特的岩盐雕塑景观(见图2-10、图2-11)。

图2-10　地下矿洞

图2-11　岩盐雕塑①

(2)设计特色

历经9个世纪的维利奇卡盐矿并没随着盐矿的枯竭而衰落，20

---

① 图片来源：http://www.en.wikipedia.org,2017-07-11。

世纪以来，政府不断完善盐矿基础设施，打造地下城市和旅游胜地，保留原有盐湖和矿工劳动的原貌，兴建博物馆、娱乐大厅和温泉疗养院。

4. 英国康沃尔和西德文矿区景观

(1)项目概况

康沃尔和西德文矿区(Cornwall and West Devon Mine)在2006年被列为世界文化遗产。康沃尔和西德文锡矿资源开发历史长达3500余年，18世纪到19世纪早期，铜矿和锡矿发展迅速，在19世纪早期铜产量占据全世界的2/3，为英国的工业革命作出了巨大贡献，矿山开采技术及先进设备传播到欧洲、南非、澳大利亚等国家，对全球的采矿业产生了巨大的影响。

(2)设计特色

康沃尔和西德文矿区遗址众多，尤其是康沃尔有9处重要遗址，康沃尔郡和西德文郡是采矿技术迅速传播的中心地带。康沃尔与西德文位置上虽然临近，却拥有不同的景观特征：康沃尔许多地区仍残留着采矿工业的遗迹，包括矿井、港口、车间、铁路及运河等，记录着当时鼎盛时期采矿工业发展的历史；而德文郡却保留着美丽的乡村田园风光，海岸沿线的灯塔、河谷及海湾展示着别样的景色(见图2-12、图2-13)。

图2-12 矿区废弃工业设施

图 2-13 矿区灯塔①

5. 日本石见银山遗址

(1)项目概况

石见银山(Iwami Silver Mine)位于岛根县中部的大田市，2007年成功申报为世界自然遗产，是日本矿山遗址的代表。该遗址完整地保留了银矿开采和冶炼的历史风貌，展现了当时银矿山开发情形，整个矿区遗址面积约为387 hm^2，矿山遗址与自然环境融为一体(图 2-14、图 2-15)。遗址附近设有石见银山世界遗产中心，由

图 2-14 入口景观

① 图片来源：http://www.worldheritagesite.org,2017-07-11。

指南楼、展示楼、收藏体验楼三栋建筑物构成，对环境友善是石见银山成功申遗的决胜招。

图2-15 矿区村落①

(2)设计特色

石见银山遗址的规划设计始终秉承人和自然共生、对自然爱护的理念。它有两个重要的特点，一是独特的开采方式，二是旅游开发与自然协调。石见银山一直沿用“坑道采矿”的方式，这种方式不崩山、不伐林，采矿地区保持着森林的郁郁葱葱。入选世界遗产后，石见银山遗址更加注重环境保护，采用低碳出行的方式，把非机动车作为主要交通工具。

6. 加拿大宝翠花园

(1)项目概况

宝翠花园(Butchart Gardens)所在地原为一处采石场，地处维多利亚市区以北。建于1904年，面积达35 hm^2，是加拿大最著名的私人花园，也是废弃矿区再生的典范。宝翠花园原本是采石场，随着资源枯竭，矿主开始在这片采石场废墟上种植花木，宝翠花园

① 图片来源：http://www.ja.wikipedia.org,2017-04-12。

是布查特夫妇倾尽毕生心血合力建造的，吸引了世界各地游客前来参观(见图2-16、图2-17)。2004年，宝翠花园被列入“加拿大国家历史遗址”。

图2-16 低洼花园

图2-17 意大利庭院①

---

① 图片来源：http://www.en.wikipedia.org,2017-04-12。

(2)设计特色

宝翠花园面积35 hm^2，被誉为维多利亚最美丽的人间仙境。花园内不仅植物种类繁多，而且尤其注重植物的搭配，通过植物的合理搭配保证四季鲜花绽放，营造出层次分明的植物观赏画面。同时，其庭园造景相当独特，堪称园林设计的一个典范，园区由各具特色的意大利园、日本园、低地园和玫瑰园组成。

7. 南非黄金矿脉城

(1)项目概况

黄金矿脉城(Gold Reef City)距离约翰内斯堡市区5km，是非洲规模最大的主题公园。该地区原来是废弃的克朗矿区，后来通过设计者独特的改建成为一个主题游乐园，园内的规划设计以重现19世纪维多利亚时期矿区生活为主题，通过保存原有的街道、开采设施和矿区布局，完整重现了19世纪淘金之镇的真实原貌，让人们能够真实地感受到19世纪中叶的市镇风情(见图2-18、图2-19)。

图2-18 废弃工业设施

图 2-19 黄金冶炼展示①

(2)设计特色

南非黄金矿脉城最大的设计特点是“原汁原味”。主题公园中有很多全球独有的元素，有大量游乐设施和配套服务设施。公园着重打造体验式旅游，如游客可以坐老矿车下到超过 2300m 深的矿底，亲身体验黄金制作过程。

8. 澳大利亚索弗仑金山公园

(1)项目概况

索弗仑金山(Sovereign Hill)所在地原为一处废弃的金矿区，1970 年，澳洲政府在此修建了索弗仑金山公园。自 19 世纪中期，澳大利亚淘金热兴起，该地就吸引了世界各地的淘金者，20 世纪初，该矿区的资源面临枯竭，索弗仑金山公园的修建就是为了纪念这段淘金浪潮。索弗仑金山公园由四部分组成，共约 25 hm^2，公园设计尤其注重重现当时淘金小镇的情景和风貌(见图 2-20、图 2-21)。

---

① 图片来源：http://www.en.wikipedia.org,2017-04-16。

图2-20　金矿小镇

图2-21　淘金河①

(2)设计特色

索弗仑金山公园将旅游区与博物馆结合在一起，管理这个旅游区的是一个非营利性的组织，其注重科普与游憩项目的结合。该公园再现了19世纪中叶的巴拉瑞特采金区，从始建至今已多次赢得了国家级和州级旅游及博物馆大奖。规划者设计时充分考虑淘金时

① 图片来源：http://www.en.wikipedia.org,2017-07-12。

期的城镇格局，以此为基础进行规划设计，对 19 世纪遗留下来的古迹通过保护和改建等手段真实还原当时的历史风貌，建筑和人物基本保持了当时的生活状况，走在街道上，到处可看到身着 19 世纪服装的人和当时的马车，他们从事着上一世纪的各种活动，完整地向人们展示了 100 年间矿区的生活情景。

2.4.2 国内案例

1. 黄石国家矿山公园

(1)项目概况

黄石国家矿山公园位于湖北省黄石市铁山区境内，矿区所在地铜、铁等多种金属资源丰富，“矿冶大峡谷”为其核心景观(见图 2-22、图 2-23)。矿山公园规划面积 23.2 hm^2，大冶铁矿经过百年大规模的开采，环境问题日益突出。露天采场边坡现已出现一个落差达 444m 的巨大深坑，多年开采废石场面积已高达 398 hm^2，废石场生态环境破坏严重，植物难以生长，东露天采场边坡不稳定，容易出现滑坡现象。

图 2-22 矿坑

图 2-23　雕塑

(2)设计特色

设计者在全面把握大冶铁矿独特的矿产遗迹资源和场地特色的基础上，把矿山公园开发建设的立足点放在矿冶文化的挖掘和弘扬上，通过对矿冶文明的重现和矿区人文特色的展示等手段，达到提升矿山遗址品质和知名度的目的，并且对公园进行了一个正确的定位，集科普教育、文化展示、科研教学和环保示范为一体的综合教育基地，着力将其打造成一个综合性的国家矿山公园。

园区总体分为三大板块，八大景观。三大板块展示了不同设计理念下园区的建设方案，八大景观以世界第一高峰陡边坡——东露天采场边坡、亚洲最大复垦林为核心景区，景点之间采用借景手法以实现交互观景，其形如一个巨大的宝葫芦，级级采矿台阶形如年轮，十分壮观，在日出东方、绝顶览山等景点均能欣赏其辉煌的场景。

2. 遂昌金矿国家公园

(1)项目概况

遂昌金矿国家公园位于浙江省遂昌县，占地面积 33.6 km^2，地理位置优越，是国家 4A 级景区。遂昌金矿开发历史悠久，保存独特的选矿、采矿、冶矿的生产遗迹，其中“唐代金窟”古矿铜规模宏大且保存完整，文献记录采用的“烧爆法”“灰吹法”在遗留的矿业遗迹上仍可窥探出来，被誉为“江南第一金矿”。

遂昌金矿国家公园自然条件优越，属于亚热带季风气候，矿区景色优美，气候宜人，一年四季分明，雨水充沛。公园内有奇峰、秀水、碧涧，有种类繁多的珍稀动植物和古树名木，享有“绿谷金都”和“花园式矿山”的美誉，遂昌金矿国家公园也因此具备极高的美学价值(见图 2-24、图 2-25)。

图 2-24　明代金窟

图 2-25　矿山博物馆①

---

① 图片来源：http://www.scjkpark.com,2017-07-12。

(2)设计特色

遂昌金矿国家公园在规划设计中，对闲置的场地加以利用、将废弃的机器设备作为景观小品、遗留的矿洞作为特色加以改造，并且十分注重与周边自然环境的协调。同时，采取了分类整治的方法，对矿区废弃资源分类整合再利用，通过分类整治改善矿区环境。通过一系列生态恢复手段，将矿山公园打造为综合性的休闲基地，以期达到三大效益的和谐统一。

遂昌金矿国家公园总体布局为一个核心轴、两条景观廊道以及六大区片：农业休闲区、民俗文化区、水源保护区、风景游览区和生态度假区。主要的游览景点包括黄金博物馆、现代黄金工业展示区、南月台、唐代金窟等古现代遗迹。提出“探千古黄金迷，圆往昔黄金梦”的旅游主题，着力打造“黄金之旅品牌”，现已在长三角地区具有较高的知名度。

3. 上海辰山植物园矿坑公园

(1)项目概况

矿坑公园位于上海松江区辰山植物园内，经历数百年的开采形成了一处深达百米的矿坑。矿坑旁有一处高约 50m 的山丘，与矿坑交相辉映(见图 2-26、图 2-27)。

图 2-26　矿坑鸟瞰

图 2-27 观景台

(2)设计特色

辰山矿坑公园以修复式花园为理念，对采石工业产生的水土流失、地表剥落、景观破坏等生态环境问题进行修复，还要充分挖掘矿坑遗址的景观价值并加以有效利用。矿坑公园占地约 4.3hm^2，高度分为山体、台地、平地和深潭四级体系，其主要的通道是一条长达 160m 的景观浮桥，鸟瞰矿坑公园，宛如一条白蛇游弋在水面上，极为美观。

设计者通过重塑地形，保护原有的生态环境，同时加大植被的种植来增加新的生物种类和数量。针对裸露的山体峭壁采取“减法”策略，减少对其开发，使其在自然条件下进行自我修复。同时采用现代手法重新诠释中国的自然山水文化，使其具有中国山水画的形态和意境，通过在平台设置“镜湖”和倚山建立水塔，倒影出山体优美的曲线，既增大了观景视域，也极大地增强了公园的立体感。同时，借鉴古代误闯“桃花源”蜿蜒曲折的幽径，依次设置钢铜——栈道——一线天游览线路，让游客体会一种豁然开朗之感，可以增强游客的游览体验。

4. 绍兴东湖风景区

(1)项目概况

绍兴东湖风景区位于浙江绍兴，是一处有着百年历史的采石场遗址(见图 2-28)。随着时间的推移，原有的自然基底加上长期的人工雕琢，绍兴东湖已然成为一处宛自天成的山水景观。

图 2-28 东湖景观①

(2)设计特色

绍兴东湖除了具有独特的自然风光外，人文景观也十分丰富，具备历史意义的胜迹不计其数。人工崖壁是东湖风景区的一大特色，壮观的崖壁给游客的视觉产生强大的冲击，使游客流连忘返、惊叹不已。

5. 唐山开滦煤矿国家矿山公园

(1)项目概况

位于河北省唐山市的开滦国家矿山公园建于 2007 年，是一座

---

① 王欣，陈明明，张斌. 绍兴东湖造园历史及园林艺术研究[J]. 中国园林，2013(03)：112。

综合性的国家级矿山公园，也是功能齐全的新型工业旅游景区。开滦国家矿山公园自开园以来，独有的文化魅力得以充分展示，也发挥了强大的品牌价值(见图 2-29、图 2-30)。

图 2-29　中国第一条准轨铁路

图 2-30　提煤井①

① 图片来源：http://www.kailuanpark.com/,2017-06-14。

(2)设计特色

整个国家矿山公园以文化为主线展开，主要包括以丰富的资源而闻名的煤矿文化、由于特殊的地理位置而形成的地震文化，以及伴随地震文化而衍生的安全文化，三种文化既相互独立，又相互融合，以不同形态表现出来，体现了当地的特色。唐山开滦煤矿国家矿山公园建设过程中充分尊重历史，将其作为主题公园策划与规划的基本条件，对矿区设施加以利用，并通过添加现代元素注入新的活力，在园区内设置具有教育意义的景区项目，通过游戏项目、展示墙等方式直观的向人们展示煤炭工业文明的进程以及采煤技术的进步，从而引发人们的思考。

在矿山公园的重要位置，设置典型雕塑和建设博物馆，同时种植具有地区特色的植物。充分考虑未来辐射式发展的可能，即以公园为核心辐射周边建设，成功营造一种可供市民与游客休闲、娱乐、体验、学习的文化氛围。

6. 鸡西恒山国家矿山公园

(1)项目概况

恒山国家矿山公园位于鸡西市恒山区境内，是全国首批国家级矿山公园之一。园区内包括采矿遗址、人工林以及湖区，总面积约 21 km^2。

(2)设计特色

恒山国家矿山公园在建设过程中，坚持挖掘矿山悠久的历史文化，在尊重历史的基础上，加强矿区环境的综合治理，营造良好的矿区生态环境；并大力弘扬煤炭文化，形成以煤炭为主题的风景旅游区，同时建设矿山博物馆，以展示矿区历史(见图 2-31、图 2-32)。

恒山国家矿山公园建设过程中注重保护矿业遗迹，保留原有的遗迹风貌，同时大力挖掘煤炭历史文化，弘扬悠久的采矿历史，加强采煤主题广场建设，以广场为中心，向四周辐射形成若干独立的功能区，各功能区既相互独立又相互联系，紧紧围绕煤炭文化而展开。鸡西恒山国家矿山公园建成以后，给当地群众带来了极大的便利，成为他们集体活动的空间。

图 2-31　入口景观

图 2-32　采煤沉陷区①

① 图片来源：http://www.jixi.gov.cn/,2017-09-12。

2.4.3　案例综述

1. 保护与利用并举

国内外优秀案例强调保护与利用并举，在尊重自然的同时尊重历史，在恢复生态的基础上注重对矿业开采遗迹的保护；强调保护与利用并举，注重旅游资源的开发、矿区地域文化的挖掘和科普教育的推行相结合，实现经济效益、环境效益和社会效益的统一。

2. 低影响设计的运用

国内外优秀的案例中，均注重低影响设计的广泛应用。在地形地貌的恢复方面，力求尊重自然规律、师法自然。在材料选择方面，注重就地取材，节约建设成本。在整体环境构建方面，注重新建筑和构筑物的体量、造型、用材、色彩等与矿区环境相协调。

3. 建立完善的法律法规体系

矿山公园的建设是对矿区遗迹保护与利用的一种可持续发展方式，国外条件较好的废弃矿区基本都纳入世界文化遗产的管理体系，对于提升矿区知名度、更好地保护和合理利用矿冶遗迹起到重要作用(见表 2-1)。我国应加强法律法规建设，建立完善的法律法规体系，依据法律法规，条件成熟的矿区应积极申报世界遗产，落实遗产的保护政策，制定矿山公园规划设计以及建设规范，更好地指导矿山公园的建设。

表 2-1 世界文化遗产中的矿区列表

年份	编号	洲际	成员国	项目名称	入选标准	主要时期	矿产类型
1978	32	欧洲	波兰	维利奇卡盐矿	(ⅳ)	13 世纪至今	盐
1980	124	南美	巴西	欧鲁普雷历史名镇	(ⅰ)(ⅲ)	17—19 世纪	金
1982	203	欧洲	法国	萨兰莱班大盐场	(ⅰ)(ⅱ)(ⅳ)	18—19 世纪	盐
1986	371	欧洲	英国	乔治铁桥区	(ⅰ)(ⅱ)(ⅳ)(ⅵ)	18—19 世纪	铁、煤
1987	420	南美	玻利维亚	波托西城	(ⅱ)(ⅳ)(ⅵ)	16—19 世纪	银
1988	482	南美	墨西哥	瓜纳托历史名城及周围矿藏	(ⅰ)(ⅱ)(ⅳ)(ⅵ)	16—19 世纪	银
1992	623	欧洲	德国	赖迈尔斯堡矿场、戈斯拉尔古城的水资源管理系统	(ⅰ)(ⅱ)(ⅳ)(ⅵ)	10—19 世纪	银、铅、锡、铜
1993	676	南美	墨西哥	萨卡特卡斯历史中心	(ⅱ)(ⅳ)	16—20 世纪	银
1993	618	欧洲	斯洛伐克	班斯卡-什佳夫尼察工程建筑区	(ⅳ)(ⅴ)	9—19 世纪	银、金
1993	556	欧洲	瑞典	恩格尔斯堡铁矿工场	(ⅳ)	17—20 世纪	铁
1994	687	欧洲	德国	弗尔克林根钢铁厂	(ⅱ)(ⅳ)	19—20 世纪	铁

续表

年份	编号	洲际	成员国	项目名称	入选标准	主要时期	矿产类型
1995	732	欧洲	捷克	库特纳霍拉的圣巴拉巴教堂	(ⅱ)(ⅳ)	10—16世纪	银
1997	806	欧洲	奥地利	哈尔施塔特-达特施泰因萨尔茨卡默古特文化景观	(ⅲ)(ⅳ)	前20—20世纪	盐
1997	803	欧洲	西班牙	拉斯梅德拉斯	(ⅰ)(ⅱ)(ⅲ)(ⅳ)	1—3世纪	金
2000	1006	欧洲	比利时	斯皮耶纳新石器时代的燧石矿	(ⅰ)(ⅲ)(ⅳ)	新石器时代	石材
2000	984	欧洲	英国	卡莱纳冯工业区景观	(ⅲ)(ⅳ)	17—20世纪	煤、铁
2001	975	欧洲	德国	艾森的关税同盟煤矿工业区	(ⅱ)(ⅲ)	19—20世纪	煤
2001	1027	欧洲	瑞典	法伦的大铜山采矿区	(ⅱ)(ⅲ)(ⅴ)	13—17世纪	铜
2005	95	南美	智利	亨伯斯通和圣劳拉硝石采石场	(ⅱ)(ⅲ)(ⅳ)	19—20世纪	硝石
2006	1214	南美	智利	塞维尔铜矿城	(ⅱ)	20—20世纪	铜
2006	1215	欧洲	英国	康沃尔和西德文矿区景观	(ⅱ)(ⅲ)(ⅳ)	18—20世纪	锡、铜、砷
2007	1246	亚洲	日本	石见银山遗迹及其文化景观	(ⅱ)(ⅲ)(ⅴ)	16—20世纪	银
2010	1351	南美	墨西哥	皇家内陆大干线	(ⅱ)(ⅳ)	16—19世纪	银、汞

第3章　废弃矿区现状资源识别、评估与再生模式

3.1　废弃矿区现状资源调查

矿区资源的调查包括矿区形成与发展的背景条件、矿区自身资源条件及矿区开发利用条件三个方面，如表3-1所示。矿区形成及发展的背景条件分为自然环境和人文环境两个方面的内容；矿区自身资源条件分为采矿遗迹、历史文化和社会文化三个方面；采矿遗迹具体包括露天遗迹、建筑、机械、地下遗迹和尾砂坝等；历史文化包括历史、工艺、传说和习俗等；社会文化包括矿工生活居住区、乡镇聚落和产业风貌等。矿区资源开发利用条件分为经济水平、交通条件、市场距离、生态因素和环境保护与条件五个方面的内容。经济发展水平包括人均GDP、消费水平、就业状况等，交通条件包括内部交通和外部交通，市场距离包括到城市中心的距离和到客源地的距离，生态因素包括大气环境、土壤条件、水体、植被破坏状况的调查，环境保护与安全包括矿区地质条件和自然灾害的调查。

表3-1　现状资源调查表

矿区形成及发展的背景条件	自然环境	地质、地貌、水体、气候、动植物等
	人文环境	历史沿革、区位条件、经济发展水平、交通条件

续表

矿区资源自身条件	采矿遗迹	露天遗迹、建筑、机械、地下遗迹、尾砂坝等
	历史文化	历史、工艺、传说、习俗等
	社会文化	矿工居住生活区、乡镇聚落、产业风貌
矿区资源开发利用条件	经济发展水平	人均 GDP、消费水平、就业状况
	交通通达度	内部交通、外部交通
	市场距离	距离城市的距离、距离城市圈的距离
	生态因素	大气、土壤、水体、植被破坏状况等
	环境保护与安全	地质条件、自然灾害等

3.2 废弃矿区景观资源价值评价

3.2.1 构建层次结构模型

根据层次分析法原理，将废弃矿区景观资源价值评价涉及的因素，按相互之间的联系和隶属关系进行不同层次的分类。本书将废弃矿区景观资源价值评价体系分为三层：目标层 A、准则层 B 和方案层 C。目标层是废弃矿区景观资源价值总体评价，即 AHP 所要达到的解决废弃矿区景观资源价值总体评价的目标；中间层为准则层，包括社会价值 B_1、经济价值 B_2、文化价值 B_3 和环境价值 B_4 个指标；共 4 底层为方案层 C，共有 16 个指标(见图 3-1)。

3.2.2 根据判断值设定判断矩阵及一致性检验

确定相对权重和一致性检验是层次分析法的重要环节。通过比较同一准则层各个指标因素之间的相对重要性，构造判断矩阵，其中相对重要性的大小按照托马斯·赛蒂的“1-9 标度法”(见表 3-2)。为使最终权重更具科学性，本书邀请废弃矿区再生研究专家、矿山管理人员共计 20 余人填写 AHP 调查表，对废弃矿区再生价值权重

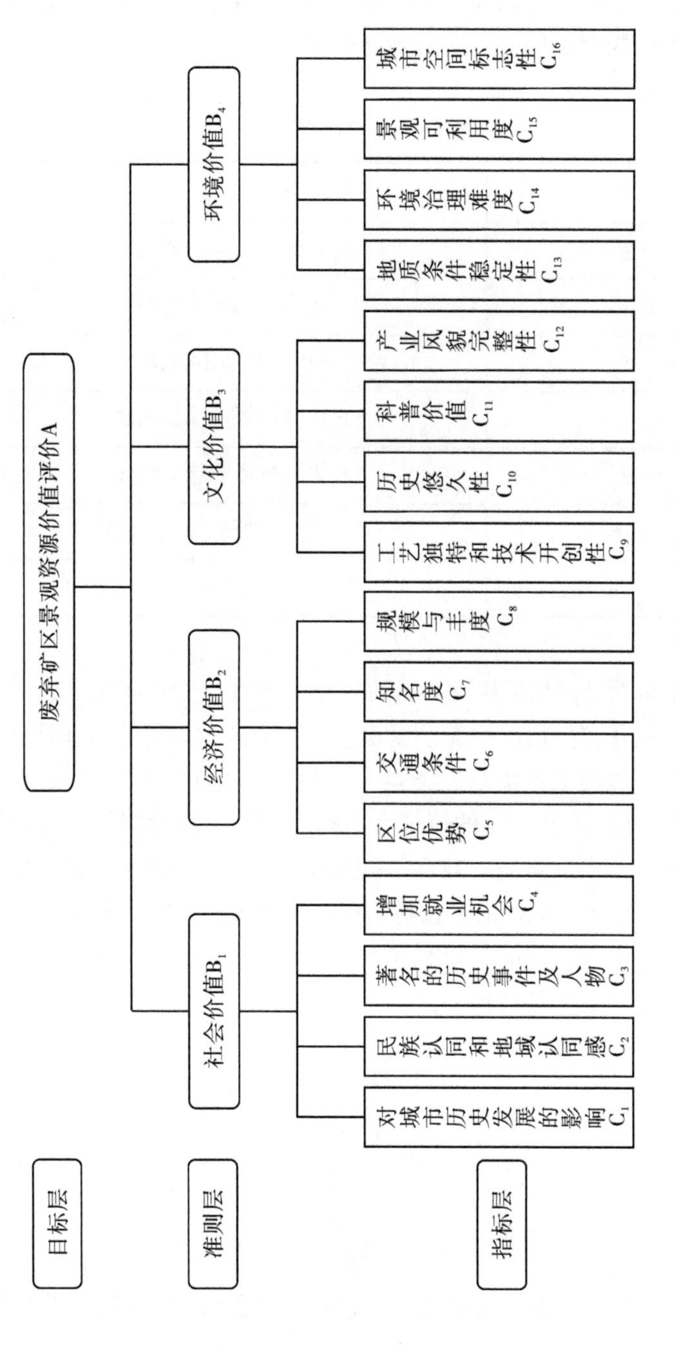

目标层
准则层
指标层
废弃矿区景观资源价值评价A
社会价值B1
经济价值B2
文化价值B3
环境价值B4
对城市历史发展的影响C1
民族认同和地域认同感C2
著名的历史事件及人物C3
增加就业机会C4
区位优势C5
交通条件C6
知名度C7
规模与丰度C8
工艺独特和技术开创性C9
历史悠久性C10
科普价值C11
产业风貌完整性C12
地质条件稳定性C13
环境治理难度C14
景观可利用度C15
城市空间标志性C16

图3-1 层次结构模型

进行判断。根据各专家和管理人员的判断结果，经过集体讨论确定权重，进而构建出所有层次的判断矩阵。

表 3-2 标度的意义

标度 a_{ij}	意义
1	B_i 比 B_j 的影响相同
3	B_i 比 B_j 的影响稍同
5	B_i 比 B_j 的影响强
7	B_i 比 B_j 的影响明显地强
9	B_i 比 B_j 的影响绝对地强
2，4，6，8，	为上述两判断值的中间值
1，1/2，1/3，…，1/9	B_i 与 B_j 的比值与上述相反

设矩阵为 A，如果矩阵 A 具有完全一致性，则矩阵最大特征根 $\lambda_{max}=n$，但在实际情况中无法实现。一般来说，构建的矩阵具有相对一致性，就能满足需求。衡量一致性指标为 CI，计算公式见式(1)和式(2)。其中，CI 的值越大，则矩阵的一致性越差，为判断矩阵是否有令人满意的一致性，需要将 CI 与平均随机一致性指标 RI 进行比较，CI 与 RI 的比值称为检验系数 CR，如式(3)所示。各层次相对于上一层次的向量表如表 3-4 至表 3-8 所示，通过 excel 软件计算权重和最大特征根 λ_{max}。

$$\lambda_{max} = \sum_{i=1}^{n} \frac{(AW)_i}{nW_j} \tag{1}$$

$$CI=\frac{\lambda_{max}-n}{n-1} \tag{2}$$

$$CR=\frac{CI}{RI} \tag{3}$$

式(1)中，CI 是一致性指标，是矩阵的最大特征根，n 为矩阵

A 的阶数。式(2)中，*A* 为判断矩阵，W_i 为相对权重。式(3)中，*RI* 的取值如表 3-3 所示。

表 3-3 平均随机一致性指标 *RI*

矩阵阶数	1	2	3	4	5	6	7	8	9
RI	0	0	0. 52	0. 89	1. 12	1. 36	1. 41	1. 46	1. 49

表 3-4 B_1—B_4 构成的四阶矩阵及其相对权重向量

A	社会价值 B_1	经济价值 B_2	文化价值 B_3	环境价值 B_4	W_i
社会价值 B_1	1	1/2	1/2	1/3	0. 120
经济价值 B_2	2	1	3	1/2	0. 294
文化价值 B_3	2	1/3	1	1/2	0. 170
环境价值 B_4	3	2	2	1	0. 416

注：$\lambda_{max}=4.164$，$CR=0.061<0.10$，此判断矩阵有较满意的一致性

表 3-5 C_1—C_4 构成的四阶矩阵及其相对权重向量

B_1	对城市历史发展的影响 C_1	民族认同和地域认同感 C_2	著名的历史事件及人物 C_3	增加就业机会 C_4	W_i
对城市历史发展的影响 C_1	1	2	3	1/2	0. 283
民族认同和地域认同感 C_2	1/2	1	3	1/3	0. 181
著名的历史事件及人物 C_3	1/3	1/3	1	1/3	0. 094
增加就业机会 C_4	2	3	3	1	0. 442

注：$\lambda_{max}=4.143$，$CR=0.053<0.10$，此判断矩阵有较满意的一致性

表 3-6 C_5—C_8 构成的四阶矩阵及其相对权重向量

B_2	区位优势 C_5	交通条件 C_6	知名度 C_7	规模与丰度 C_8	W_i
区位优势 C_5	1	2	1/3	2	0.239
交通条件 C_6	1/2	1	1/2	1/2	0.132
知名度 C_7	3	2	1	3	0.459
规模与丰度 C_8	1/2	2	1/3	1	0.169

注：$\lambda_{max}=4.215$，$CR=0.080<0.10$，此判断矩阵有较满意的一致性

表 3-7 C_9—C_{12} 构成的四阶矩阵及其相对权重向量

B_3	工艺独特和技术开创性 C_9	历史悠久性 C_{10}	科普价值 C_{11}	产业风貌完整性 C_{12}	W_i
工艺独特和技术开创性 C_9	1	3	1/2	2	0.274
历史悠久性 C_{10}	1/3	1	1/3	1/2	0.101
科普价值 C_{11}	2	3	1	5	0.486
产业风貌完整性 C_{12}	1/2	2	1/5	1	0.139

注：$\lambda_{max}=4.155$，$CR=0.058<0.10$，此判断矩阵有较满意的一致性

3.2.3 废弃矿区景观再生价值评价指标的权重的合成和总排序

根据上层次单排序的计算结果，确定最底层在总目标中的权重，计算方法为各指标判断矩阵的权重乘以其上一层次的权重，对其量化结果进行最终排序，得到其相对于总目标的重要性，结果如表3-8、表3-9所示。

表 3-8 C_{13}—C_{16}构成的四阶矩阵及其相对权重向量

B_4	地质条件稳定性 C_{13}	环境治理难度 C_{14}	景观可利用度 C_{15}	城市空间标志性 B_4	W_i
地质条件稳定性 C_{13}	1	3	3	5	0.516
环境治理难度 C_{14}	1/3	1	3	3	0.262
景观可利用度 C_{15}	1/3	1/3	1	2	0.137
城市空间标志性 C_{16}	1/5	1/3	1/2	1	0.085

注：$\lambda_{max}=4.131$，$CR=0.049<0.10$，此判断矩阵有较满意的一致性

表 3-9 总权重及层次总排序计算结果

层次	B_1	B_2	B_3	B_4	各指标相对于总目标的权重 W_i	指标排序
	0.120	0.294	0.170	0.416		
C_1 对城市历史发展的影响	0.283				0.034	12
C_2 民族认同和地域认同感	0.181				0.022	14
C_3 著名的历史事件及人物	0.094				0.011	16
C_4 增进就业机会	0.442				0.053	7
C_5 区位优势		0.239			0.070	5
C_6 交通条件		0.132			0.039	10
C_7 知名度		0.459			0.135	2
C_8 规模与丰度		0.169			0.050	8
C_9 工艺独特和技术开创性			0.274		0.046	9
C_{10}历史悠久性			0.101		0.017	15
C_{11}科普价值			0.486		0.083	4
C_{12}产业风貌完整性			0.139		0.024	13
C_{13}地质条件稳定性				0.516	0.215	1
C_{14}环境治理难度				0.262	0.109	3
C_{15}景观可利用度				0.137	0.057	6
C_{16}城市空间标志性				0.085	0.035	11

3.2.4 废弃矿区景观资源价值的计算

根据以上计算出的权重结果，结合各项专家的打分 V_i，可计算出废弃矿区景观资源价值：

$$V = \sum_{i=1}^{16} V_i \times W_i \tag{4}$$

式(4)中，V 为废弃矿区景观资源价值的综合值，是第 i 项指标专家的打分值，取值介于 1～100 分之间；是第 i 项指标的合成权重。V 的值介于 1～100 之间，值越高则表明景观资源价值越高；反之，表明景观资源价值越低。

3.3 废弃矿区再生模式

废弃矿区是由各种子系统耦合而形成的一个巨系统。这些子系统主要包括资源系统、经济系统和社会系统。有鉴于此，在废弃矿区再生过程中，可以根据不同的子系统提出针对性的再生模式。在对已有研究总结的基础上，结合国内外相关再生案例，废弃矿区主要包括三大再生模式：恢复型开发模式、初级开发模式和深度开发模式。并且，这三大再生模式在废弃矿区再生过程中并不是孤立存在，而是相互交织、复合共生。在对废弃矿区现状的环境、资源、文化、生态等各方面条件评价的基础之上，因地制宜地选择合适的再生模式，通常呈现以某种模式为主，其他一种或几种模式为辅的状态，从而共同促进废弃矿区的再生。

通过对废弃矿区整体景观资源价值评估，以打分的方式(满分为 100 分，最低分为 0 分)，划定废弃矿区综合得分等级，主要分为 0～40 分、40～70 分、70～100 分 3 个等级。然后以分值和等级为依托，结合废弃矿区实际情况，依次对应三大再生模式，即恢复型开发模式、初级开发模式和深度开发模式，三大模式下可以细分为五种具体的开发模式(见表 3-10)。

表 3-10 景观资源价值综合得分与再生模式对应表

综合得分	再生模式	具体开发模式
0~40 分	恢复型开发模式	复绿模式
40~70 分	初级开发模式	生态用地模式、复垦模式(农林牧渔)
70~100 分	深度开发模式	主题公园模式、文化产业模式、商业模式

3.3.1 恢复型开发模式

恢复型开发模式是指废弃矿区景观资源评估综合得分较低，处于0~40分之间，这类废弃矿区再生过程中，景观设计要以生态恢复为主要目标，实施最少的人工干预，从而达到区域生态恢复、环境优化的一类再生模式。

常见的恢复型开发模式是复绿模式。复绿模式是指在工程治理的基础上，采取生物措施(主要是植被恢复)，对废弃矿区环境进行修复，使污染得到治理、环境得到美化、生态得到恢复，从而使其成为城市绿色基础设施的重要组成部分。它对矿区资源要求较低，更确切的说，它是一种保护模式而不是一种开发模式，是国内目前矿区再生过程中最基本、最常见、最直接的修复方式。如山西长治潞安王庄煤矿在矸石山上采用绿化模式，混合种植了本地乔木、灌木和草本植物，并且成活率普遍较高，许多区域已封山成林(见图 3-2)。例如，北京龙凤岭废弃矿山由于无人管理，造成了严重的生态环境问题，为建设“新北京”和打造“绿色奥运”，于 2005 年开展水土保持生态恢复示范工程并取得了良好的成效(见图 3-3)。

矿山复绿是一项系统性的工程，从主体上看，涉及建设方、施工方、政府、镇村、群众等多方利益，如果处理不当，便会影响施工进程；从资金来源上看，矿山复绿主要包括地质环境治理备用金治理模式、矿山自筹资金治理模式、财政项目资金治理模式；从矿山复绿营造技术上看，分为废弃矿壁绿化技术、采矿平台和坑口迹地绿化技术、艺术景观再造技术三大营造技术；从矿区分区上看，主要有塌陷区复绿、污染区复绿、占压区复绿以及挖损区复绿，不同区域的复绿方式也存在差异。

图 3-2　山西长治潞安王庄煤矿矸石山绿化

图 3-3　北京龙凤岭废弃矿山生态恢复①

① 图片来源：http://www.mkaq.org,2017-07-11。

矿山复绿具有重要的现实意义。首先，植被具有涵养水源、保持水土、净化空气等作用，通过植被的合理搭配，可以有效地降低矿区地质灾害发生的可能性和改善区域生态环境。其次，复绿可以起到美化环境的作用，最明显的是改变了矿区“青山露白骨”的窘状，创造青山、绿水、蓝天、白云的景象。同时，矿山复绿工作的开展可以提高矿区和周边居民的生活质量，降低各种呼吸疾病以及其他疾病发生的可能性。最后，复绿也可以带来一定的经济效益，如种植具有经济价值的树种，为矿区的可持续发展提供一定的资金支持。

3.3.2 初级开发模式

初级开发模式是指废弃矿区景观资源评估综合得分处于40~70分，具备较好的开发利用价值，这类废弃矿区再生过程中，可以适当地进行人工开发，从而实现区域环境效益、社会效益和经济效益的统一。常见的初级开发模式如生态用地模式和复垦模式。

1. 生态用地模式

废弃矿区具备开发为生态用地的良好条件。一方面，采矿过程中，形成了大大小小的矿坑，成为天然的“蓄水池”。另一方面，随着采矿活动的进行，地下水位往往遭到破坏，从而渗透到较低洼的区域形成积水。① 与此同时，废弃矿区一般形成较大的开敞空间，且许多矿区位于城市边缘地带，因此，可以利用废弃矿区独特的区位和内部资源将其开发为生态用地。

生态用地模式即将废弃矿区通过功能置换，改变土地的利用方式，将其转化为生态用地的过程，这里主要是指转化为湿地公园、海绵公园以及城市绿色廊道的组成部分②，如峰峰矿区湿地公园和

---

① 王永生，郑敏. 废弃矿坑综合利用[J]. 中国矿业，2002，11(06)：65-67.

② 邓红兵，陈春娣，刘昕，等. 区域生态用地的概念及分类[J]. 生态学报，2009，29(03)：1519-1524.

唐山市大南湖生态公园等。在国外，生态用地模式是常见的废弃矿区再生的方式，这是由特定的历史、土地利用现状、经济发展水平、居民生活需求等条件共同决定的。在国内，由于土地资源的稀缺性和经济发展的需求，生态用地模式处于探索阶段，近年来，随着生态文明和可持续发展理念的提出，将废弃矿区改造为生态用地的模式越来越受到重视。①

湿地公园是生态用地的重要类型，是自然环境系统的重要组成部分。从类型上看，湿地系统种类多样，主要包括沼泽、湖泊、河流、沟壑等自然条件下形成的自然湿地，以及池塘、积水地带、水稻田、沟渠等人类活动影响下形成的人工湿地。② 从利用途径上看，湿地系统的用途多种多样，一方面可以发挥观赏作用，为人们提供游憩玩耍的空间；另一方面具有生态涵养的功能，为动植物提供良好的生存环境。从属性和特征上看，它是陆地生态系统和水生生态系统之外的一种特殊的生态系统，该系统具有生物多样性、生态脆弱性、生产高效性等特征。③

海绵公园建设借鉴了海绵城市的理念，即充分利用公园大量的绿地、丰富的地形等条件发挥吸水、渗水、蓄水、储水的功能。一方面，在暴雨季节起到缓解城市雨洪、降低城市雨污排水管道压力的作用；另一方面，又可以将雨水储存起来用于公园及周边城市园林绿化浇灌等公共设施服务用水，真正做到"变废为宝"。④ 废弃矿区在改造过程中，可以借鉴海绵公园的理念，以矿区原有环境为依托、以工程技术和景观设计为支撑、以打造公共开敞空间为目标，将废弃矿区打造为集生态保护、环境美化、休闲娱乐、游憩观

---

① 俞孔坚，乔青，李迪华，等. 基于景观安全格局分析的生态用地研究——以北京市东三乡为例[J]. 应用生态学报，2009，20(08)：1932-1939.

② 张毅川，乔丽芳，陈亮明. 城市湿地公园景观建设研究[J]. 土木建筑与环境工程，2006，28(06)：18-23.

③ 宋晓龙，李晓文，张明祥，等. 黄淮海地区湿地系统生物多样性保护格局构建[J]. 生态学报，2010，30(15)：3953-3965.

④ 陈晓刚，朱智，杨昆. 城市海绵公园的景观设计方法探析[J]. Agricultural Science & Technology，2016，17(04)：938-941.

赏为一体的海绵公园。

近年来，城市郊区绿色廊道和城市绿楔建设逐渐与城市内部生态网络体系建设融为一体，并成为其重要的组成部分。① 城市绿色廊道是当前快速城镇化背景下，城市绿色基础设施建设的重要举措，绿色廊道根据用途和功能具有不同的类型，如生态环境保护型、游憩观光型、遗产景观保护型等。城市绿楔是指农田、林地、绿地、山体、水系等从城市远郊向近郊逐渐由宽变窄向楔子一样深入城市内部的综合、大型的生态绿地。② 位于城郊的废弃矿区通过生态恢复、环境美化、设施改造等手段，可以成为城市绿色廊道和城市绿楔等线性绿带的一个重要节点，进而起到缓解城市热岛效应、改善城市环境、增强城市与郊区联系的作用。

废弃矿区如果是珍惜动物栖息地，可以再生为生态保护栖息地。澳大利亚千禧年公园的矿坑洼地原为石灰石采石场，1992 年发现有珍稀动物绿金钟蛙栖息，为了保护该栖息地，有关部门迅速调整了奥运会场馆规划，专门设立 $20hm^2$ 的栖息地保护区，修建了蛙类的地下通道以及蛙类防护墙；为了保证游览参观的同时不破坏生态环境，在水面上设计了高 20m、长 500m 的轻巧的钢结构环形高架步道。

废弃矿区再生为生态用地，真正做到了“因地制宜、变废为宝”，有利于矿区和周边区域生态环境的恢复，是生态环境的“优化器”。生态再生后的矿区，可以成为城市廊道和绿楔的重要组成部分，对于城市的发展具有重要作用。此外，生态用地也是一类独特的旅游资源，可以结合矿区发展生态旅游，实现矿区经济效益、社会效益和环境效益的有机统一。

2. 复垦模式

矿业开采往往对环境造成严重的损伤，尤其是露天开采对地表

---

① 余凤生，万聪，张勇. 生态绿楔的规划和建设——以武汉市府河绿楔为例[J]. 园林，2016(09)：38-42.

② 陈志诚. 快速城市化冲击下城市生态隔离区的规划应对——以厦门市后溪北部生态绿楔片区发展规划为例[J]. 规划师，2009，25(03)：34-38.

环境和景观带来不可逆的破坏，严重时，甚至会导致矿区大面积塌陷，进而造成一系列的经济损失。废弃矿区一般会形成较大的开敞空间，占用大量的土地资源。虽然矿区土壤大多数受到污染，土壤肥力和土地生产力严重降低，但是在采取治理措施后，仍然具备复垦的可能性，且随着城镇化进程的加快和城市的快速扩张，城市土地资源显得尤其紧缺，废弃矿区土地复垦十分迫切。

在废弃矿区治理过程中，复垦是最常见的治理模式，这是由目前我国土地稀缺、耕地不足、人地矛盾突出等实际情况所决定的。矿区复垦是指在工程措施和生物措施相结合的基础上，对矿区及周边区域遭到破坏的耕地、林地、草地、水域等自然资源进行修复的过程，它主要包括农业复垦、林业复垦、牧业复垦、渔业复垦以及农林牧渔综合复垦，这五大模式在矿区再生过程中可以交织进行，共同形成一个复合的生态系统。① 在我国已出现许多废弃矿区复垦成功的案例，如江苏省铜山县采煤塌陷地复垦、响堂山国家森林公园。铜山充分抓住振兴徐州老工业基地的国家政策，实施采煤塌陷地复垦工程，其中柳新镇是复垦的重点乡镇之一，通过四期复垦项目的开展，最终废弃地转化为了高产、稳产的良田(见图 3-4)。响堂山位于河北省峰峰矿区境内，截至 2015 年，已造林 3000 亩，实现了水、电、路三通，逐步与周边其他景区共同发展生态旅游。在很长一段时间内，复垦模式依然会是国内废弃矿区改造的主要模式，随着社会经济的发展和居民生活质量的提高，人们对环境提出更高的要求，废弃矿区的改造模式也将逐渐多样化和多元化。

考虑到矿区环境的脆弱性，在进行复垦时，要遵循适度原则和因地制宜原则。农业复垦是指在对矿区土壤改良、治理、恢复的基础上，充分利用矿区的大场地和梯田式的地形地势条件，结合区域自然条件，发展特色农业的模式，如都市农业、观光农业、立体农业等。林业复垦是充分利用矿区地形、地势和开敞空间，发展林业的模式，既可以美化环境又可以在一定程度上带来经济价值，如森

---

① 李娟，赵竞英，陈伟强. 矿区废弃地复垦与生态环境重建[J]. 国土与自然资源研究，2004(01)：27-28.

图 3-4 江苏省铜山区采煤塌陷地复垦

林公园、郊野公园等。牧业复垦是指在生态恢复的基础上，通过种植牧草进而发展畜牧业实现矿区再生的模式，牧业复垦在北方区域采用的较多。渔业复垦是在矿区采用“挖深垫浅”等工程措施，在地势较低的区域，以及矿坑和塌陷地等矿区积水的区域，发展养殖业的模式。

复垦模式对废弃矿区的再生具有重要的影响。首先，土地复垦是一项综合性的工程，既要考虑当前也要考虑矿区未来的可持续发展，通过农、林、牧、渔复垦模式可以有效地改善矿区生态环境，促进区域生态环境的良性循环。其次，土地复垦可以让退化的土地资源得到再利用，在一定程度上增加矿区可利用土地数量，使宝贵的土地资源得到有效保护与利用，从而有效地缓解人地矛盾。再次，矿区复垦可以在一定程度上实现第一产业、第二产业和第三产业的融合发展，从而实现矿区再生模式的多样化，促进矿区经济的可持续发展。

3.3.3 深度开发模式

深度开发模式是指废弃矿区景观资源评估综合得分较高，处于70~100分，具备良好的开发利用价值。在这类废弃矿区的再生过程中，可以加大人工开发力度。一方面，可以依据矿区自身资源禀赋，实现供给侧的特色化开发，提供新型的供给资源。另一方面，可以根据周边区域的需求，从需求侧出发，进行矿区的开发，从而实现矿区与区域协调再生。深度开发模式主要包括主题公园模式、文化产业模式、商业模式三大具体的开发方式。

1. 主题公园模式

现状资源价值评估较高的废弃矿区通常具有占地规模较大、开采历史悠久、遗迹丰富、文化深厚、特色突出等特点，而且由于矿区运送产品和原材料的需要，交通设施通常较完备。因此，具备建设矿山主题公园的良好条件。

主题公园通过围绕某个主题来营造游乐的形式与内容。废弃矿山主题公园是指以矿区类型、矿区文化背景、矿区开采历史、矿区设施等为主题，形成一个集游憩、游乐、观赏、科普教育、遗产保护开发为一体的主题文化公园。① 这种改造模式是基于矿业遗产保护思想提出的，是目前国内正在积极探索的模式，具体的开发形式主要有三类：地质公园、矿山公园和科普公园，如加拿大布查花园、中国黄石国家矿山公园。其中，矿山公园是对地质公园内涵的补充与扩展，更强调在人类活动影响下形成的矿业景观类型。

矿山公园是“矿山”与“公园”的结合体，它是在对矿区环境恢复治理的基础上，重点展示矿业生产过程中“探、采、选、冶、加工”等人类活动遗迹的场所。② 矿山公园从某种意义上讲，是一类特殊的地质公园，与地质公园最大的区别在于矿山公园突出强调和展示人类在产业领域对地质环境带来的改变，更注重文化遗产的保护与传承。基于我国人口多、资源缺乏、环境破坏严重等现实国情，必须加大对自然遗产和文化遗产的保护与开发，从而实现社会

---

① 杨晓曼，段渊古. 城市文化主题公园景观营造探析[J]. 安徽农业科学，2007，35(12)：3518-3519.

② 王永生. 对矿山公园建设相关问题的探讨[J]. 国土资源，2005(02)：21-22.

效益、经济效益与环境效益的有机统一。目前，我国矿山公园建设得到高度重视，从参与主体上看，以国家为主导，社会、企业、个人等主体积极参与，如2004年国土资源部提出了矿山公园改造计划。从设置管理上看，主要分为国家级矿山公园和省级矿山公园两级。

矿山主题公园最大的特点是在矿业遗迹保护的基础上，为周边居民和游客提供了开敞的游憩空间，并且将娱乐空间和学习空间合二为一，真正实现了娱乐性和教育性的有效结合。与此同时，主题公园的建设是恢复和保护矿区生态环境的良方。除此之外，当前面临旅游业发展的热浪冲击，矿山主题公园的建设拓展了旅游项目的类型，为游客提供了一种新型的旅游方式，促进了旅游业的发展，也为矿区带来了经济效益，促进了矿区的可持续发展。

2. 文化产业模式

文化产业模式对原有的历史文化遗存进行了合理的保护，延续了地域文脉，促进了废弃矿区文化产业的发展。文化产业的发展，可以给空间注入浓烈的文化气息，从而形成一种高雅的空间，丰富人们的精神世界，使矿业城市在经济转型过程中逐步实现经济、社会、文化的良性循环。科普教育的功能也是文化产业模式最重要的特点，露天博物馆对矿区原真性的保护与再现，成为青少年接受环境教育的理想场所。

废弃矿区既是一种物质空间，也是一种文化空间，它见证了矿业的兴起、发展与衰败，是矿业文化的重要载体。① 从历史角度来看，废弃矿区一般会经历探索期、开采期、鼎盛期、枯竭期四个主要时期。在这些时期中，矿区也同时积淀了丰富的文化资源，可以分为物质文化资源和非物质文化资源两大类。物质层面包括矿区开采设备、道路基础设施、厂房、采矿场地等；非物质层面包括矿区企业文化、矿工生活轨迹、矿区历史脉络等。总之，这些文化资源

① 杜娟. 矿区景观生态规划与文化构建综述[J]. 山东建筑大学学报, 2011, 26(06): 598-602.

的存在为废弃矿区从文化角度实现再生提供了良好的条件。

文化产业模式就是以废弃矿区的各种文化资源为依托，以保护和传承矿业文化为目的、以增加矿区活力为目标的再生模式。① 文化产业模式不同于其他的再生模式，它更强调和注重发挥废弃矿区的环境教育价值、历史文化价值和美学价值。文化产业开发模式主要分为两类：露天博物馆和创意文化园，其中创意文化园又包括图书馆、艺术展览馆、艺术家工作室等。

露天博物馆是文化产业模式中最常见的一种形式，通常情况下是在政府的主导下形成的，是一种自上而下的改造模式。② 露天博物馆是一种基于遗产保护的再生模式，它真实地展示了原始的露天矿场、采矿设备、基础设施、工人住宅等矿区环境，注重原真性和教育研究功能；也可将废弃矿山改造成露天剧院，如法国阿维尼翁将废弃的采石场改造成露天剧院(见图3-5)。

图3-5 由阿维尼翁采石场改造而成的露天剧院

① 张禾裕，赵艳玲，王煜琴，等. 生态艺术公园——我国废弃矿区治理新模式研究[J]. 金属矿山，2007，37(12)：122-125.

② [意]马西莫，克里斯多佛·埃文，大卫·凡蒂尼. 拉维·马尔希矿厂改造的公园和露天博物馆，加沃拉诺，意大利[J]. 世界建筑，2003(11)：22-27.

创意文化园与露天博物馆不同，它是艺术家的自发行动而形成的，是一种自下而上的改造模式。① 它主要是利用废弃矿区的工厂仓库区，经过艺术家的改造将其作为艺术创作的空间，并且发展艺术产业，从而形成一种自发的再生现象。经过艺术改造，这些空置的厂房重新焕发活力，使衰落的工业区得到经济和文化上的复兴。同时，由于艺术产业的发展，也带动了其他相关产业的发展，最终呈现出一条龙式的艺术产业链。例如北京原国营798厂等电子工业的老厂区废弃后，原址建设成为"798创意产业园"，吸引了大批艺术家和文化机构进驻，成规模地租用和改造空置厂房，逐渐发展成为画廊、艺术中心、艺术家工作室、设计公司、餐饮酒吧等各种空间的汇聚场所(见图3-6)。

图3-6 北京798艺术区
(图片来源：作者自摄)

---

① 隋晓莹，张琪，李季. 工业遗产与城市后工业文化景观构建研究——以北京798艺术区和沈阳铁西1905创意文化园对比为例[J]. 城市建筑，2015(35)：338-339.

3. 商业模式

废弃矿区由于资源的枯竭和矿业的衰败，面临着产业转型的挑战。同时，城市土地严重缺乏和建设用地的不断扩展，迫切地需要根据城市郊区废弃地的现状环境、物理状态等条件对其进行改造利用，增加城市新的建设用地。① 在此背景下，废弃矿区的商业开发模式应运而生。例如，“深坑酒店”位于上海松江国家风景区佘山脚下，有一座深达 80m 的废弃大坑，该深坑原系采石场，经过几十年的采石，形成一个周长千米、深百米的深坑(见图 3-7)。世茂酒店结合基地采石坑的特点。酒店配备水下情景套房、空中花园、人工瀑布、蹦极中心、水下餐厅、景观餐厅等适合崖壁和水上活动等多种设施，钢结构可抗 9 级地震(见图 3-8)。

图 3-7 上海佘山矿坑

① 吕拉昌. 废弃矿区生态旅游开发与空间重构研究[J]. 地理科学进展，2010，29(07)：811-817.

图 3-8 上海佘山世茂深坑酒店效果

3.3.4 小结

本节利用层次分析法从环境价值、经济价值、文化价值和社会价值对废弃矿区的资源进行综合评价，确定其综合开发价值，对综合分值划分等级，提出了恢复型开发模式、初级开发模式、深度开发模式三种再生模式，并对综合开发价值和模式进行了对应，0~40 分对应恢复型开发模式，40~70 分对应初级开发模式，70~100 分对应深度开发模式，为废弃矿区再生模式的选择提供依据。

研究发现，从废弃矿区资源价值综合得分上看，由于长时间开采的影响，废弃矿区整体生态环境质量下降，大多数矿区资源综合价值得分集中在 0~40 分和 40~70 分两个等级，废弃矿区数量随着分值的增高而逐渐减少，呈现“金字塔”形状。而从现阶段废弃矿区再生模式上看，较高分值的深度开发模式具有多样的开发方式，如主题公园模式、文化产业模式、商业模式，而较低分值的恢复型开发模式和初级开发模式这两个阶段对应的的具体开发方式都相对单一，只有复绿模式和复垦模式，废弃矿区具体开发模式随着分值的增加而更多元化，呈现“倒金字塔”形状(见图 3-9)。

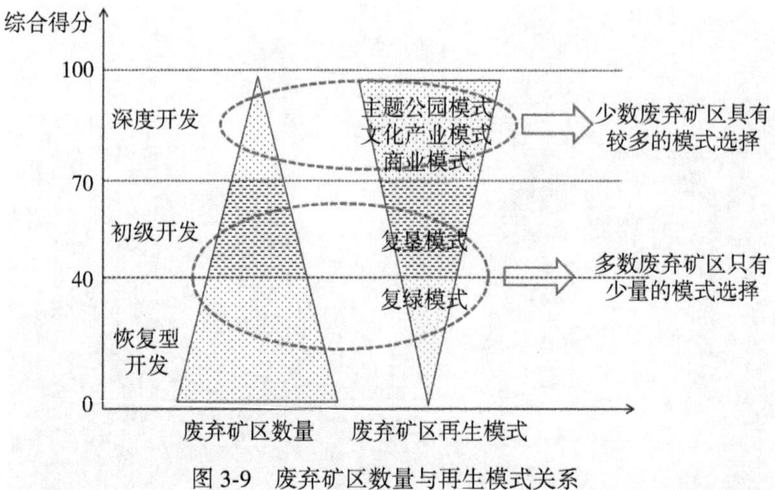

图 3-9　废弃矿区数量与再生模式关系

"金字塔"和"倒金字塔"形式的存在，说明废弃矿区资源价值和再生模式之间存在着严重的不均衡问题，这种现象严重制约了废弃矿区的再生和可持续发展。因此，现阶段，除了对资源价值较高的废弃矿区再生设计的研究外，也应加大对废弃矿区资源价值较低的再生模式的研究，提供更多的可供选择的开发模式，促进废弃矿区全面化、多元化的再生。

第4章　废弃矿区再生为绿色基础设施的可行性研究

近年来，绿色基础设施作为一种新的规划设计方法，支撑城市生命系统的可持续发展途径，已越来越受到国内外的关注，欧美国家及我国陆续开展了大量的理论和实践研究。绿色基础设施是一种灵活的规划设计方法，适用于多种尺度。在空间尺度方面，美国的绿色基础设施规划设计中将规划设计尺度分为区域尺度、次区域尺度、行政区/地区尺度和邻里街区尺度；国内学者也从不同角度对其进行了划分，刘滨谊等人在研究中把绿色基础设施的规划设计分为区域、城市、地段和场地4个空间层面，宗敏丽将绿色基础设施规划规划设计尺度分为区域级、此区域/县级、市区级和社区级4个尺度。综合国内外学者的划分，绿色基础设施可分为宏观、中观和微观3个层面，宏观层面涉及国家、跨行政区区域；中观层面指行政区级别，指市行政区域范围内的城市滨水区与河道岸带、绿色廊道、绿色斑块等人工设施，以及城市内的森林、河道、荒野、湖泊、沼泽等自然生态设施；微观层面指邻里街区尺度，包括私人庭院、街道、小型农场、林地等。绿色基础设施网络则贯穿在这三种不同层面之中，各种绿色空间共同发挥作用。

废弃矿区经过长期开采，生态功能受到持续破坏，但是仍然具有一定的生态潜力。这是因为长期以来废弃矿区处于闲置状态，人为活动干扰小，在一定程度上得到了自由发展，从而使得许多废弃矿区迎来了新的发展机遇，在原来的基础上形成了新的具有较高生态价值的核心区域，为丰富矿区的物种和生态恢复奠定了良好的基础。如德国的Lusatia露天褐煤开采地区，共有4900公顷的矿业废弃地，约占陆上总废弃地面积的15%，被划定为自然保护区，从而使这些区域自然演替形成新的生境,并且它们在功能、景观等方面不低于其他未开发区域,有些甚至更优于未受开发干扰的区域。①

许多学者分析对比了矿区开采前和开采后的区域的生态系统演化，尤其是对生物群落演变的研究，通过对矿区开采前后生物多样性的跟踪研究，发现废弃矿区后期具有显著而丰富的生物多样性。这主要是因为矿区废弃后，通过自我修复与完善形成了一种非人为的特殊环境，而这种环境正好为许多物种提供了新的栖息场所，使它们能够在此繁衍生息，有些甚至是许多濒危的珍稀物种的栖息地。如采矿形成的地下空间，矿坑、矿井等，就为鸟类、昆虫、爬行动物等提供了适宜的栖息地。同时，研究还发现，废弃矿区由于生态环境破坏严重，许多植被不能存活，但也有一些特殊植被在采矿导致的极端环境下具有极强的适应能力和修复能力。如美国本土的一种多年生植物柳枝稷，生命力极其顽强，在某些地方甚至被认为是有害的野草，但其对污染后的土壤环境具有极强的适应能力，并且具有种植费用低、维护成本低等优点，还是一种重要的能源作物。

基于此，在城市用地日益紧缺及绿色空间缺乏的背景下，废弃矿区可以成为绿色空间潜在的增长点，矿业废弃地的生态修复为绿色基础设施网络的完善与重构提供契机。不同类型的废弃矿区，如废弃采石场、煤矿、铜矿等，各具特色，可以营造不同特色和主体的游憩空间。不同规模和价值的废弃矿区，可以纳入国家、跨行政区、城乡不同尺度的绿色基础设施网络中。不同区位的废弃矿区，可以结合城市功能再生为绿色基础设施，如位于城市边缘区的废弃采石场，可以再生为城市的郊野公园，成为城乡之间的绿色缓冲带，构建一体化的城乡生态网络。

可见，废弃矿区可以纳入绿色基础设施的宏观、中观和微观三个层面之中，提供生态服务，发挥社会、经济、环境及文化方面的综合性功能。因此，本章基于以上三个层面，从宏观、城市和场地

---

①　冯姗姗，常江. 矿业废弃地：完善绿色基础设施的契机[J]. 中国园林，2017，33(5)：24-28.

尺度来分析探讨废弃矿区纳入绿色基础设施网络的可行性，以期为今后具体的废弃矿区的再生与绿色基础设施规划设计的结合提供一定的参考。

4.1 宏观层面可行性研究

4.1.1 宏观层面绿色基础设施的界定

绿色基础设施规划设计的宏观层面具体可分为国家级和跨行政区两种，国家级绿色基础设施包括国家公园、自然保护区、绿道、自行车网络、河道、文化遗产等；跨行政区区域绿色基础设施包括大规模的公共公园、自然保护区、河流廊道、文化休闲路线、重要海岸线等。

4.1.2 实施层面的可行性

1. 国家公园体系

国家公园是国家级绿色基础设施网络的重要组成部分。我国的国家公园体系主要包括国家自然保护区、国家重点风景名胜区、国家森林保护区、国家湿地公园、国家地质公园、国家矿山公园。国家公园具备公益性、国家主导性和科学性的特点，既能够为公众提供游憩空间，进行科普教育，还具备保护生物多样性、维持生态平衡等生态功能。国家公园体系纳入绿色基础设施网络，后可成为绿色基础设施网络中的枢纽，协同其他类型的绿色基础设施类型如国家绿道、河流廊道等，发挥国家生命支撑系统的功能。

其中，国家矿山公园是国家公园的重要组成部分，国家矿山公园同样可以成为国家绿色基础设施网络中的枢纽，发挥生态、游憩及文化方面的功能。我国矿山公园的建设始于2005年，国家矿山公园评审会通过首批28个国家矿山公园资格，拉开了矿山环境整治的序幕。建设矿山公园成为废弃矿区生态修复的重要手段，对矿山废弃地的生态修复、环境治理及景观更新有着重要的意义。具备较高价值、较大影响力的矿业遗迹的废弃矿区，可以申报建设成为国家矿山公园。我国首批有28处国家矿山公园，第二批有3处，第三批有11处，目前共有家国家矿山公园，矿山公园的建设和发展越来越受到重视，国家矿山公园体系也在不断完善。

2. 构建城乡生态网络

传统的城镇化重视城市建设，忽视生态保护，使人们越来越远离自然。绿色基础设施旨在重建人与自然的关系，尊重生态过程和自然规律，突出自然环境的"生命支撑"功能。绿色基础设施是一个系统，它将城市、乡村、社区不同的生态用地，包括公园、自然、人工绿地、湿地等串联起来，形成城乡一体化的绿色网络，既能为新型城镇化城乡发展提供生态系统服务功能，又能构建城乡连续的乡土生境和人文生态保护网络。绿色基础设施对城乡生态建设有重要作用，主要体现在社会、经济和环境价值三个方面，社会价值包括环境教育、提高身心健康等；经济价值包括降低环境治理的费用、减少基础设施的投入；环境价值包括维护生态多样性、改善空气、水、土壤的质量等。

城市边缘区及周边乡村地区的废弃矿区，可以成为城乡绿色基础设施网络中的枢纽或廊道，发挥生态服务功能。如大城市周边往往存在大量的废弃采石场，这些废弃采石场经过生态修复和景观再生，改造成为郊野公园、农业生态园等，成为城市与乡村缓冲带上的城乡绿色基础设施网络中的节点或是廊道，促进城市与乡村之间交流和联系，推动城乡的协同发展。

4.2 城市尺度可行性研究

4.2.1 城市尺度绿色基础设施的界定

城市尺度的绿色基础设施即中观尺度绿色基础设施，它是指城市行政区域范围内的城市滨水区与河道岸带、城市绿色廊道、城市绿色斑块等人工设施，以及城市内的森林、河道、荒野、湖泊、沼泽等自然生态设施。城市内的人工生态设施和自然生态设施相互交错，共同构成城市生态基础设施庞大的网络体系，为城市的绿色、健康、生态、可持续发展发挥作用。

4.2.2 城市绿色空间的缺失

1. 内忧——城市内部重建设、轻绿化

城市是政治、经济、社会、文化等活动高度集中的区域，而目前在城市建设时，往往以发展经济为目的，加上土地的稀缺性，导致许多城市在规划过程中，存在“重建设、轻绿化”的现象。这种规划思路，直接造成城市绿化不足、生态环境差、居民公共空间缺失等问题。随着经济的不断发展，人们对生态环境质量的要求也越来越高，尤其是对绿化空间等城市公共空间的需求与日俱增。在这种背景下，扩展城市绿化空间、增加城市绿量成为城市规划者和景观设计者急需解决的难题。

2. 外患——城市郊区自然区域破坏严重

城市郊区一直以来是城市的“后花园”，伴随着城市化的快速推进，城市郊区自然区域破坏日趋严重。这主要源于两个方面：一是城市郊区作为支撑城市发展所需的农产品、能源、矿产等资源的重要来源地，为了满足城市不断增长的需求，自然区域也不断被开发利用，郊区的环境承载力逐渐下降。二是城市“摊大饼式”的发展，城市用地范围不断外扩，郊区的农田、山林、河湖等自然区域被侵占，从而纳入城市建设的范围。城市这种粗放式的用地扩展方式直接导致了郊区自然区域的缩小，郊区作为城市“后花园”的功能不断被削弱，城市建设与自然区域的保护两者之间急需寻求一种最佳的平衡。①

---

① 徐昌瑜. 基于引力模型的城市郊区城镇土地利用增长及其空间耦合研究[D]. 南京：南京大学，2016：1-5.

3. 契机——废弃矿区成为城市绿色空间增长新载体

在城市绿化处于内忧外患的背景下，寻找城市绿化空间新的增长点，促进城市的可持续发展，显得十分重要。在城市土地日益紧缺的现实条件下，绿化空间增长正处于瓶颈期，而位于城市内部和周边的废弃矿区恰好提供了一个良好的绿化增长空间，从区位、类型、技术和主体四方面分析废弃矿区成为城市绿色空间增长的新载体的可能性。

从区位上看，城市内部和周边往往存在大量的废弃矿区，这些矿区在城市建设初期提供了城市发展所需要的物质与能源，对城市的建设与发展壮大发挥了重要的作用。随着开采时间的推移，大部分矿区面临着资源枯竭、闭矿的困境。鉴于其临近城市的优越区位，使其被改造为市民服务的新增绿化空间成为可能。从微观上看，单个废弃矿区成为局部的绿化空间；从宏观上看，城市整体废弃矿区改造为成片、成体系的绿化空间，不仅废弃矿区的绿化相互连接，也融入城市其他绿化空间体系之中。

从矿区类型上看，废弃矿区类型多种多样，主要包括废弃煤矿、废弃铁矿、废弃采石场等。废弃矿区类型的多样性为绿化空间多元化改造奠定了良好的基础，可以结合不同的废弃场所特性，打造多样化的绿色空间。采石场矿坑可以依据地形，改造为湿地公园，也可以改造为鱼塘，发展养殖业。采煤尾矿堆结合工程治理，然后种植合适的植物，改造为郊野公园或森林公园等。采矿设施可以有选择性地进行保留，成为城市独特的景观类型，既可以保留历史遗迹又可以发挥科普教育的功能。

从改造技术和主体上看，目前废弃矿区的再生已成为环境学者和景观学者关注的重点，在工程治理降低灾害风险、保证再生设计安全性的基础上，景观设计的介入为其生态化的再生提供了新的思路，废弃矿区的生态化改造日益成为一种趋势。一方面，学科合作不断加强，环境科学、景观设计、风景园林、城市规划、生态学、动植物学等学科不断实现跨专业合作，从不同方面对废弃矿区的再生出谋划策。另一方面，参与主体不断扩展，原本主要依靠政府统筹安排废弃矿区何去何从，现在广大市民和企业等也积极参与其中，为其合理的再生建言献策。

4.2.3　城市两类基础设施协同发展

1. 灰色基础设施功能单一化

灰色基础设施是常见的为城市发展提供服务的工程型和功能性设施，它主要包括道路、桥梁、管道、电网、防灾等保证城市经济正常运转的公共设施所组成的网络体。灰色基础设施属于专项投资，功能设计单一，如道路和桥梁设计是以满足汽车的运输功能为导向，排水管道建设是为了解决城市雨水和污水的排放问题，河道江堤等设计是为了城市防洪和城市安全等。灰色基础设施是为达到某一单独目的而设计的，它与城市开放空间是相互隔离的，如交通设施由于其自身的特性，强行采取人为措施将其封闭，往往成为城市公共空间的禁区。城市灰色基础设施仅仅注重了其功能性和服务性，而削弱了其社会效益和生态效益，因此，面对我国用地紧张、城市环境破坏等问题，如何改变灰色基础设施功能单一化的现状显得十分必要。

2. 绿色基础设施的多样化特性

绿色基础设施与灰色基础设施相比，具有层面多样化、类型多样化和功能多样化等特征。从层面上看，包括宏观层面、中观层面和微观层面的绿色基础设施，宏观的大规模的绿色基础设施能够对整个区域乃至全国、全世界产生重要的影响；中观层面的城市绿色基础设施，为特定的城市或城市的某一片区服务；微观层面的社区绿色基础设施，为某一特定的功能分区服务。从类型上看，绿色基础设施既包括山、水、农、林、河、湖等自然景观，也包括湿地公园、城市公园、道路绿化等人文景观，这两类景观并不是孤立的，而是相互渗透和连接，形成庞大的绿色基础设施网络体系。从功能上看，与灰色基础设施单一的服务功能不同，它具有多种功能，一方面为城市居民提供观赏、游憩、休闲、科普的场所；另一方面为野生动物提供栖息地和迁徙的通道；更为重要的是，还具有净化空气、美化环境、缓解城市热岛效应和洪涝灾害等功能。

4.2.4 废弃矿区成为两者融合的切入点

城市灰色基础设施和绿色基础设施的融合就是实现道路、桥梁、管道、线路等市政基础设施与绿地、广场、公园等绿色基础设施协同整合与建设。基于绿色基础设施多样化的特性，废弃矿区再生过程中可以充分结合这些特性，将废弃矿区改造与城市两大基础设施建设统一起来，将单一功能的市政工程融入更加综合的城市公共体系之中，使废弃矿区成为两类基础设施融合的切入点，从而实现两者的高度统一和废弃矿区的生态化再生。例如，城市周边采煤塌陷区可改造成湿地公园，在暴雨季节调节城市雨水，成为城市给排水系统的组成部分；废弃矿区可以改造成开敞空间作为城市紧急避难所，成为城市防灾体系的组成；废弃矿区也可改造成生态用地，成为城市的绿肺。

4.3 场地尺度可行性研究

4.3.1 场地尺度绿色基础设施的界定

场地作为绿色基础设施体系中的生态节点，对大型的区域和绿色廊道的联通起到了一定的维系作用，是微观层面的绿色基础设施构成要素。场地作为绿色基础设施规模面积最小、层级最为基础的有机组成部分，对生态系统的保护和人民生活的健康都起到了至关重要的作用，是场地范围内与灰色基础设施相对的绿色网络节点。

4.3.2 场地尺度废弃矿区的可行性分析

废弃矿区是一种经过人工干预后严重退化的生态系统，对周围环境带来较大的负面影响，运用绿色基础设施的理念和方法，分析场地尺度废弃矿区再生为绿色基础设施的可行性。

1. 自然导向和“海绵”理念下的场地重构

废弃矿区蕴涵着自然过程之美。矿区历经繁荣到衰退，资源丰富到枯竭，生态系统由健康到损害等一系列动态过程，体现出地方工业文明衰败后一种独特的荒凉之感。这些都成为设计灵感的源泉。此外，采矿活动产生了大量矿坑，形成了为数众多的天然海绵体，成为调蓄雨水的绿色基础设施。

2. 地域文化挖掘与大地艺术方法的运用

部分废弃矿区开采历史悠久，工业遗存较多，矿冶特色鲜明。在保护矿冶遗迹、修复生态环境的基础上，充分挖掘地域文化，再生为游客或市民活动的场所。如采矿活动塑造了废弃矿区独特的地貌特征，在生态和工程治理的基础上，可形成极具特色的户外运用场所。此外，大地艺术在大自然中创造出来，能够增强环境的感染力，提升矿区景观质量，在矿区场所精神的挖掘、矿业遗迹再利用、受损地表修复等方面作用明显，是废弃矿区再生设计的有效手段。

3. 矿区聚落绿色基础设施构建

矿区聚落是矿区的主要组成部分，由于矿产资源开发而兴起，矿业职工及其家属为居民主体，经济社会功能相对独立的区域。相对于生产区，矿区聚落是矿区居民生活的主要场所，其绿色基础设施构建与居民生活密切相关，其绿色基础设施构建主要从聚落风貌、公共空间以及植物等方面开展。

第5章　构建绿色基础设施的方法

从废弃矿区再生历程来看，再生方式已从早期的矿区复绿、复垦到矿区乃至区域生态系统修复与提升，从点状到网络化，从局部到整体。区域内废弃矿区修复的先后次序应由矿区在绿色基础设施网络体系中的位置、所起的作用等因素决定，而不是完全由矿区再生的成本和技术难度决定。如废弃矿区位于绿色基础设施体系的中心控制点或连接通道则应优先修复。再生后的废弃矿区是绿色基础设施的重要组成部分，与其他的绿色基础设施相互耦合、共生，共同构建绿色基础设施网络体系。因此，绿色基础设施的构建方法对于废弃矿区再生具有重要的指导意义。

构建绿色基础设施的方法总结成八个字：主动、保护、修复、融合。首先，分析城市空间布局及重点发展方向，在此基础上结合生态适宜性分析，确定禁止、限制、建设分区及绿色基础设施空间布局，积极保护生态敏感区，修复废弃地，以构建生态环境保护系统；其次，根据城市社会、经济发展目标，通过规划主导城市与绿色基础设施空间形态的优化配比，构建城乡多功能、多类型的绿色融合体系；最后，根据网络化构建需要和人们游憩需求，增设连通性绿道，增加游憩型绿色基础设施等方式，建立兼顾各层次的绿色基础设施网络体系。

5.1　建立绿色基础设施为先导的主动性

工业文明在创造了巨大的物质财富的同时，对生态环境的破坏也非常严重，已经危及人类的生存发展。因此，人类必须探寻可持续的利用自然资源的方式。在此背景下，基于绿色基础设施在提升城市形象、营造宜居环境、修复废弃地、保持生态系统平衡等方面作用明显，与道路、电、水等灰色基础设施一样是城市的重要支持系统，成为重新组织城市发展空间的重要手段。① 绿色基础设施要探求生态环境保护与社会经济发展之间的平衡，在规划过程中，会根据实际情况从整体战略角度出发，以牺牲某些局部利益为代价，获取整体利益。包括废弃矿区在内的废弃地，是绿色基础设施和城市建设用地的重要增量。由于利益等因素的驱动，大量废弃地转变为城市建设用地，使得绿色基础设施网络体系构建困难重重。因此要建立绿色基础设施为先导的主动性规划设计，特别是位于重要控制点和连接通道的废弃地应优先修复为绿色基础设施。美国巴尔的摩地区沃辛顿河谷是一个比较典型的例子。随着巴尔的摩城市建设用地的不断扩张，数条由城市中心放射的高速公路和环城道路穿过了位于地区西北的有着良好生态环境的沃辛顿河谷地区，随着交通条件的改善和大量的可建设用地的存在，此区的开发价值陡升。城市规模的扩大，使得发展不可避免，但如果不加控制，任其自由发展，则会产生严重的后果，该区优美的自然风光将不复存在。

因此，要研究该地区的自然演进过程，建立绿色基础设施为先导的城市空间格局，确定必须保护的要素和禁建区，进而明确可建设区域，进行适度的开发建设。根据沃兴顿河谷的自然条件分析，制定如下开发原则：对于没有森林覆盖的河谷阶地应禁止建设，种植树木；对于森林覆盖的河谷阶地，坡度在小于等于25%时，只有在长期能保持现有的森林面貌的情况下，才可进行建设。允许建设的最大密度应为每3英亩建一户住宅；对于河谷阶地和坡度大于等于25%的坡地禁止建设，同时加强植树；对于植林的高地，在高低的森林和林地上，建设密度应该不大于每英亩1户；对于隆起

① 陈洁萍，葛明. 景观都市主义研究——理论模型与技术策略[J]. 建筑学报，2011(03)：8-11.

的基地，在特定的种有林木的隆起地点，密度限制可以放松，允许施建建筑密度低的塔式公寓住宅；而空旷的高地则是适合建设的地方。按照此原则，在保护地区生态环境的同时，城市也可得以发展。因此，改变城市发展模式，建立以绿色基础设施为主导的空间格局，保障地区景观安全格局，可以实现生态环境保护与城市发展的双赢(见图 5-1、图 5-2)。

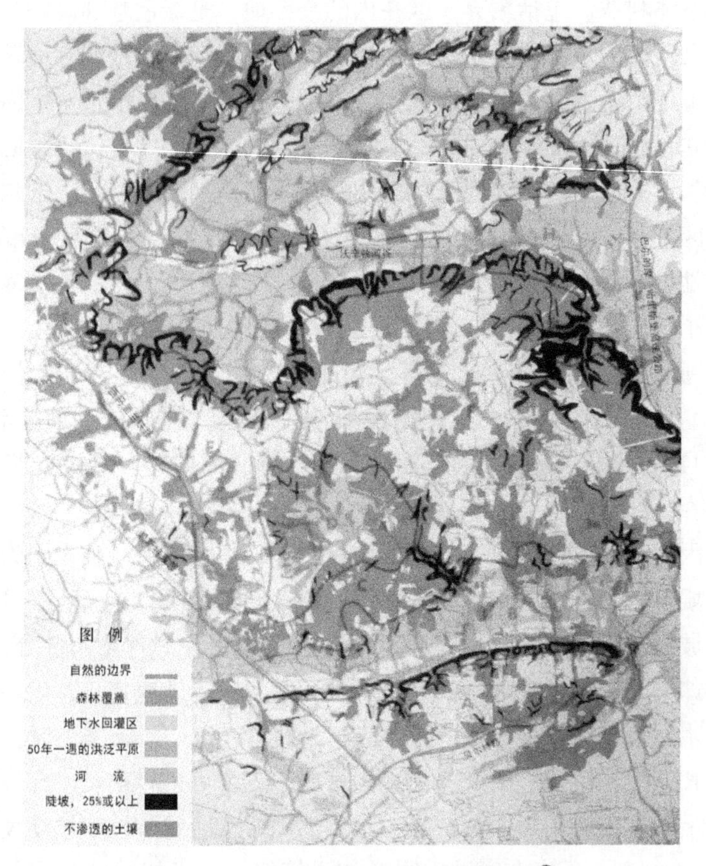

图 5-1　沃辛顿河谷地区自然地理特征①

---

①　[美]伊恩·伦诺克斯·麦克哈格. 设计结合自然[M]. 芮经纬，译. 天津：天津大学出版社，2006：108.

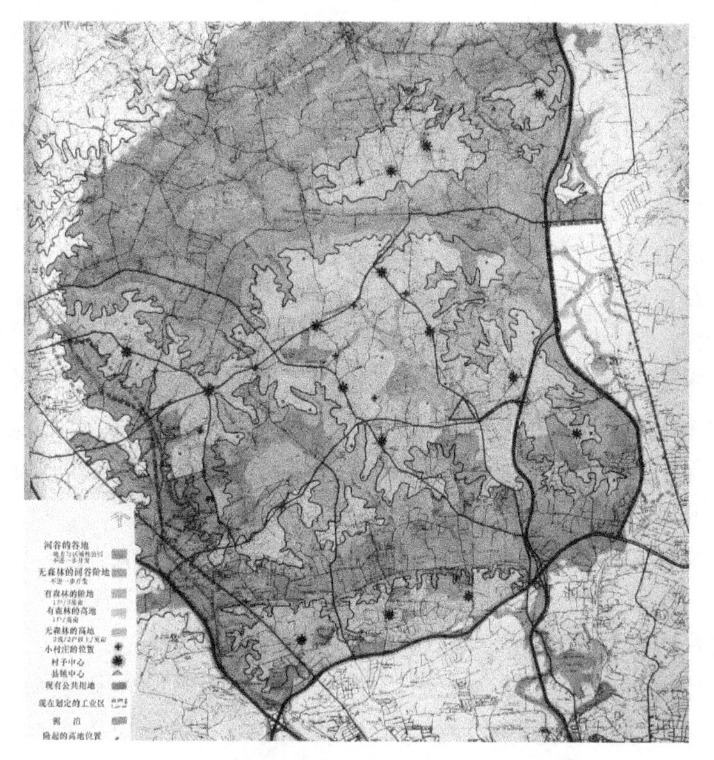

图 5-2 绿色基础设施主导的城市空间格局①

5.2 建立生态和环境保护体系

5.2.1 保护生态敏感区

绿色基础设施构建的重要目标是保护自然环境，特别是要保护生态敏感区。生态敏感区指对地区总的生态环境起关键作用的生态实体及要素，这些要素及实体抗干扰能力较强，其生长、发育、保护的程度对地区生态环境状况有着重要影响。生态敏感区是地区生

① ［美］伊恩·伦诺克斯·麦克哈格. 设计结合自然［M］. 芮经纬，译. 天津：天津大学出版社，2006：109.

态环境综合整治的重要区域，对于促进地区生态系统可持续发展有着重要意义。它对城镇体系框架的构建有着重要作用，约束着城市的发展方向、规模、用地结构和布局。生态敏感区通常是环境潜力大、生物栖息适宜性高的地区，可保障地区生态安全和生态稳定。依据景观生态学的原理，大型斑块能够承载更多的物种，小斑块则可能成为某些物种逃避天敌的避难地，同时也具有跳板的作用。因此，在构建绿色基础设施时要把这些需要保护的、生态敏感性强的地带纳入绿色基础设施网络体系，考虑其位置、形状、数量、尺度等要素，并确保其具备一定的面积，确立其在地区生态安全中的重要地位。必要时，应该进行空间管制，划定核心区范围，对其实施严格保护，同时在核心区外围设立缓冲区，允许一定的低强度开发，并制定控制性规划，对建设活动进行规范。

绿色基础设施构建的首要任务是保护自然生态环境，是对现有资源的积极保护，不能机械地设置禁、限、建分区，应该把保护资源与利用城市功能有机地结合起来，充分发挥各自的特色及优势，在功能上相互补充、相互促进，有益于挽救濒危物种，保持物种的多样性，发挥绿色基础设施的社会、经济和生态效益。

5.2.2 修复废弃地

生态修复是指停止对生态系统的人为干扰，依靠生态系统的自组织能力和调节能力，使其向有序的方向进行演化，或者适度地辅以人工措施，使遭到破坏的生态系统逐步恢复，向良性循环的方向发展。生态修复是一项系统工程，除了技术层面的问题外，还涉及政府行为、公众参与等很多因素。生态管理要从区域层面出发，调整人类的开发行为来适应生态系统，而不仅仅将重点放在调整生态系统来满足人类的要求。城市边缘区通常是生态环境保护较差的地区，湿地、森林、草地等通常破坏比较严重，采用生态修复的手段，同时加强绿色基础设施的建设，可恢复这些已经退化的生态系统，提升环境质量，增强城市的生态调节能力。由于垃圾处理和采矿等活动，很多绿色基础设施受到损害，从生态价值上看，这些地区往往有发育丰富的野生动植物，比植被受到人工严格控制的城市公园具有更多的生物多样性和娱乐游憩功能，具有保护自然的特殊意义，因此也是构建绿色基础设施时应重视的地区。

获得 2012 年 ASLA 奖的 De Creus 海角景观修复项目中关于生态修复的理念与方法值得借鉴。该修复项目位于西班牙伊比利亚半岛的东北端。在 1961 年的时候建造了 430 栋度假别墅，可以同时接待 900 人，该项目侵占了公共海岸线，破坏了生态环境(见图 5-3)。随着人们民主和生态意识的提高，在 1998 年此地宣布成为“自然公园”，2003 年经营活动停止。经过修复后该地区因为其杰出的地质环境和植被条件达到保护级别的最高标准。

图 5-3 De Creus 海角景观修复项目

从 2008 年 10 月起，此地被重新“解构”，恢复其生态和动态路径和网络，并成为地中海沿岸最大修复工程。景观师的工作使得场地的裸露岩石，原生植被，海以及风，都得到最佳的展现(见图

5-4、图 5-5）。

图 5-4　海角景观 2009 年 1 月 1 日影像图

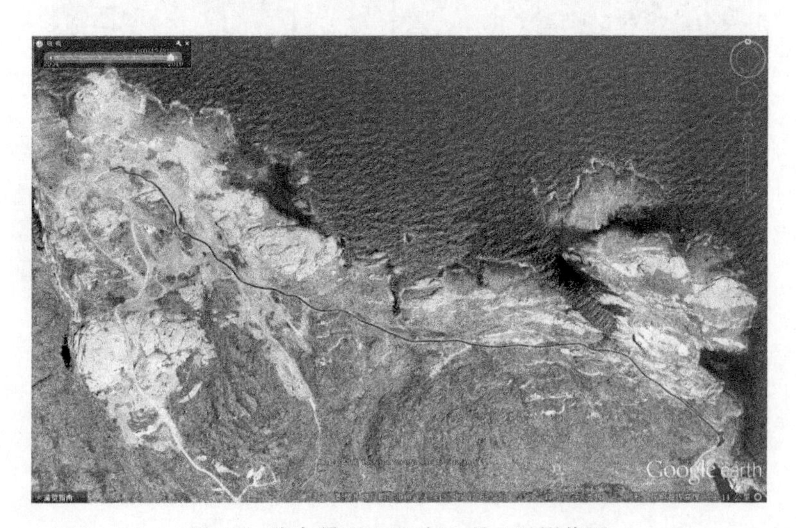

图 5-5　海角景观 2010 年 1 月 1 日影像图

修复工作主要围绕以下 5 项重点展开：

第一，去除外来入侵植物种类。涉及 90hm^2 面积内 10 个左右的植物品种(见图 5-6、图 5-7)。

图 5-6 外来植物

图 5-7 去除外来植物后

第二，对曾经的 430 栋楼进行选择性拆除。大约有 1.2hm^2 的改建和 6hm^2 的修整(见图 5-8、图 5-9、图 5-10、图 5-11)。

图 5-8 场地改造前

图 5-9 场地改造后

图 5-10 建筑原貌

图 5-11 改造后景观

第三，100%管理和回收由改建造成的45000m³ 建筑垃圾，将它们用于土方填埋，以及转化为民用外部建材。

第四，生态系统修复，重塑网站地形和排水系统，重建雨水径流，更好地参与海陆循环。

第五，探索挥发其社会意义。主要有以下方面：一是分层次的道路系统，循环的道路体系；二是将场地 2km 长的主路宽度由 7m 降至 3.5m。同时采用环保路面。在海滩上，将以前四分之一大约 250m 长的道路系统重建；三是从主路分支的二级道路将引导人们达到最好的观景点；四是化石鉴定。按照惯例，请当地的渔民和孩子对化石中动物进行识别，设计师将其系统归纳，并在化石的一侧作出标记以方便人们进行学习了解(见图 5-12)。

图 5-12　化石中动物意向标识

5.3 构建城乡统筹的绿色融合体系

构建城乡统筹的绿色融合系统是从构建绿色基础设施产生的一系列问题的反思中形成的。例如，一般环城绿带在保护乡村土地和限制城市的肆意扩张方面能够取得显著成效，但将城乡机械地划分开来的二元规划思想，则会导致一些负面问题的出现。由于城乡二元化规划思想的逐渐纠正和景观生态学的蓬勃发展，绿色基础设施构建应从建立绿色隔离体系、割裂城市、限制城市蔓延的规划转轨到建立绿色融合系统、促进城市和乡村协调发展。废弃矿区通常位于城市边缘区或乡村地区，是绿色基础设施增量的来源，其再生与重构是构建城乡统筹的绿色融合体系的重要组成。

5.3.1 构建多样化的城乡绿色融合体系

从城乡空间结构内在动力机制进行分析，影响城乡空间结构内在动力机制的因素有两种，一种是自下而上的，即自然萌发的力量。其实质是通过自身的发展颠覆系统平衡，并在新的层面上形成相对稳定的结构。另一种是自上而下的，即有主导的力量对整个过程进行控制。即通过规划和政策的引导和控制，让人类发展的意愿主导城市和乡村空间结构的演变。城乡空间结构演变是以上两种因素相互作用的结果，即通过自下而上和自上而下两种力量交替作用，逐步发展构成城乡空间结构。因此，构建绿色基础设施的核心动力就是以绿带、绿道、控制点等网络连接和城乡要素的互相渗透、融合等被组织手段，促使理性的发展城乡空间，充分发挥生态安全价值在城乡发展中的作用。因此，绿色基础设施应作为一项重要的手段来主导城市空间结构。

绿色基础设施涵盖的内容广泛，不仅包括具有生态平衡功能和有利于居民休憩生活的以自然或人工植被为主的用地，还包括用于连接各绿色空间的大面积水域和绿色廊道。换言之，绿色基础设施不仅仅局限于城市公园、森林公园、自然保护区、风景名胜区，大面积的水域、农田和林地以及修复后的废弃地也是其中的重要内容。远郊区大面积的农田、林地作为基质性的绿色空间，与贯穿城市的绿色廊道融为一体，并呈楔状渗入城市，能优化空间秩序，平衡与协调城市空间结构。修复后的废弃地可以再生为生态用地或郊野公园，成为绿色基础设施。因而，构建绿色基础设施应统筹兼顾，将地区范围内的农田、果园、森林、风景名胜区、防护林体系、湿地、废弃地等进行重点保护和利用，并纳入绿色基础设施的网络体系，保护城市边缘区自然开敞空间的连续性，以促进城市的可持续发展。

在意大利米兰，农业公园占用了都市发展区开敞空间面积的一半。南米兰农业公园成为米兰南部绿带的主体。从公元 7 世纪至今，该地区一直很好地保护着农村结构和农业用地使用格局。农业公园对于米兰南部乡村和保护区的保护具有重要意义。在米兰的城乡结合部，城市建设用地与农田犬牙交错，农业公园有效限制了城市的无序蔓延，同时以楔状形态将绿色空间引入城区。总体而言，米兰的绿色基础设施构建重视保护农业区和乡村等开敞空间，强调绿色空间应在区域层面上进行保护和维系(见图 5-13)。

图 5-13 米兰南部农业区示意图①

---

① 该图片为作者结合 Google 影像图自绘。

由于信息时代的到来以及交通的发展，城市和乡村之间的距离正在逐步缩小甚至消失，城乡要素相互融合将成为城市发展的趋势。因此，规划时不能消极地保护农田、水体、山林等绿色基础设施，而应该进行积极引导融入规划，结合保护与开发，统筹考虑建设用地与绿色基础设施用地，使城市能融入绿色基础设施之中。

5.3.2 建设融合多种形式和功能的绿道

绿道是联系城市空间和绿色空间的有效手段，作为绿色基础设施的基本形式，环城绿道的使用非常广泛。

环城绿道始于英国，在提高环境质量、限制城市无序蔓延和促进区域的可持续发展等方面发挥了积极的作用。英格兰的绿道规划政策中明确了城市绿道的功能，即：阻止城市的无序蔓延；限制相邻乡镇连片发展；鼓励城市通过对荒废地的再利用方式获得新的发展；保护特色历史名镇、名村等。① 然而，绿道的发展也存在一系列的问题，如机械地用绿道割裂城市和乡村的二元化的规划思想，就没有充分考虑自然与城市的发展规律。实际上，由于城市的扩张，在多方利益的驱使下，大量绿道被蚕食，而现有规划保护措施无法缓解发展与保护之间的矛盾，从而产生了许多问题。但是，在尚未找到更为科学合理的替代方法之前，绿道仍作为生态环境保护的基本措施。科学地开展环城绿道规划建设工作，主要从以下几方面着手：

1. 科学的规划与严格的管理相结合

绿道规划需要依照一整套科学的程序来完成，并不是在城市边缘区画一条限制界线那么简单。编制绿道规划前，要分析城市的土地利用状况、土地潜力以及景观格局等情况，并进行用地适宜性评价，作为绿道规划的依据。绿道规划的编制应有前瞻性，并以严格

---

① Elson M J, Walker S, Macdonald R. The Effectiveness of Green Belts[M]. London: HMSO, 1993.

的法律形式确定下来，同时应成立专门的管理机构，负责绿道的新建、修复和检查等工作。

2. 丰富绿道的功能

建设绿道起初是为了限制城市规模，但机械地隔离使得城市以“飞地”的形式发展，极大地增加了交通成本，带来了一系列的问题，因此，必须丰富绿道的功能，加强绿道的开放性，如增加教育和休憩等功能。在保持景观和自然属性的同时，将绿带纳入经济发展战略，鼓励对绿带的合理利用。如伦敦在绿带中设置了一些服务旅游、运动、休憩的设施。最为典型的是斯洛文尼亚首都卢布尔雅那(Ljubljana)的环城绿道。卢布尔雅那占地面积 170km^2，2006 年常住人口约 33 万，1957—1980 年建成总长度 33km 的环城绿带，绿道完整地环绕城市建成区，这在世界上是比较罕见的(见图 5-14)。①

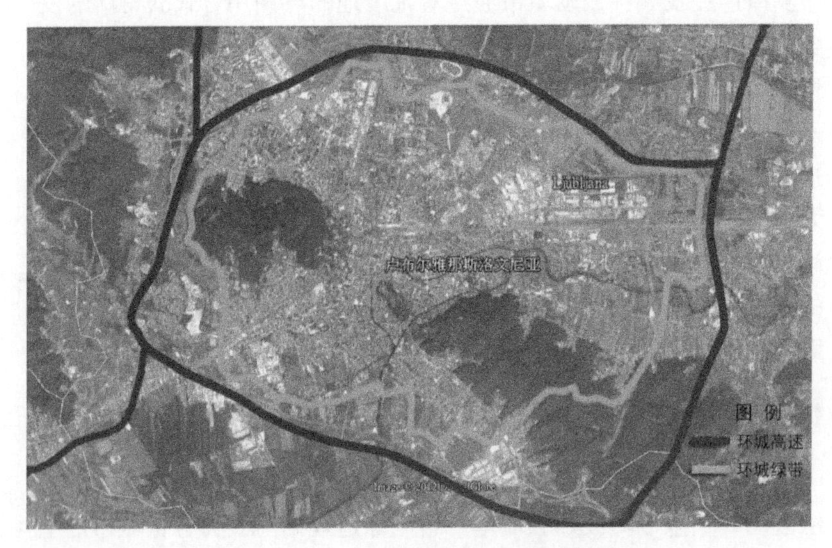

图 5-14　卢布尔雅那环城绿带图②

① 韩西丽. 实用景观：卢布尔雅那市环城绿道[J]. 城市规划，2008，32(08)：81-86.

② 该图片为作者结合 Google 影像图绘。

这种布局与卢布尔雅那特殊的建设背景有关，第二次世界大战期间，意、德法西斯军队相继用铁丝网及碉堡将卢布尔雅那包围，其被围困1170天后获得解放。1957年，卢布尔雅那为纪念被围困的历史，在拆除了铁丝和碉堡的沿线修建了休闲型散步道，并于1980年全部建成。在绿道的外围建设了环城高速公路，形成了两个绕城环。这条绿道具有历史纪念、休闲、生态、美学等多种功能，开放性和可达性强，市民在城市的任何地方均能方便地进入和离开绿道，该绿道还贯穿了山体及林区，可以为城市注入清新的空气，提高空气质量。对整个城市而言，该环城绿道象征的历史文化、休闲和环境意义是无法用价值去衡量的(见图5-15)。

图5-15 卢布尔雅那环城绿带景观①

① 图片来源：http://www.slovenia.info/? arhitekturne_znamenitosti=866，2017-07-11。

3. 多样化的绿道形式

绿道围绕城市建成区环形分布是国际上许多城市的基本格局，但具体的布局形式会因不同的城市形态特征、不同的地貌条件以及不同的功能需求而多样化，通常有廊道环形绿道、楔形环城绿道、多层环城绿道以及网络形等多种形态。巴黎最初由几个相互隔离的大面积绿地构成环城绿道，后通过规划廊道将它们联系在一起。20 世纪 90 年代编制的大巴黎绿色基础设施规划将绿道作为主要发展对象，将其作为连接城乡空间的纽带和空间组织的基础。以地区自然公园为核心，将其与城市绿色空间、林地、农用地等整合成一个绿色基础设施网络系统，规划目标是使地区自然公园占环城绿道总面积的 20%。该规划十分重视保护森林、农用地、空地等，为了控制城市的无序蔓延，为居民提供休憩场所以及促进农业生产等。该网络体系中主要以河流和道路等线性空间来组织。

城镇化进程的加快以及相关学科理论研究的深入，为多样化的绿道功能和形式提供了理论基础和实际需求。在进行规划时，应该避免绿道封闭地围绕城市，从而人为地割裂城市和乡村，这样会使城市发展与绿道建设失衡。而要让城市与绿道相互渗透、相互融合，从而实现城乡一体化发展，提升绿道的综合效益。

第6章　基于绿色基础设施的废弃矿区再生设计方法

由于大部分废弃矿区位于城市边缘地带或乡村地区等绿色基础设施密集区，因此，改造后的废弃矿区可作为绿色基础设施的重要来源，且极易纳入绿色基础设施体系。通过再生设计，可使废弃矿区重新焕发活力，发挥其作为绿色基础设施的生态平衡、涵养水源、防护隔离、产业经济和运动休闲等功能。

绿色基础设施是国家自然生命支持系统，不仅是一种理念同时也是一种设计方法。本章基于设计学的视角，立足绿色基础设施场地尺度，研究废弃矿区再生设计方法。废弃矿区再生应挖掘自然过程之美，尊重自然发展和生态演替过程，促进生态系统的健康发展；将大量位于城市边缘区的废弃矿区纳入绿色基础设施体系中，使其成为城市的"海绵体"，即可储存过剩的雨水，增强城市排涝能力，也可补充城市园林灌溉和消防用水等，使废弃矿区成为城市市政系统的补充；地域文化的延续通常能唤起人们共同的情感和记忆，地域文化传承是矿区再生设计之魂。废弃矿区见证了人类的矿业开采活动，具有一定的遗产价值，在再生设计中应予以充分挖掘，保护和合理利用，使矿区废而不弃，降低改造成本；自然生态环境被工业化和人类其他活动破坏的场地是进行大地艺术创作的理想场所，通过艺术手段使受损的环境和看似毫无价值的工业遗迹重新焕发了活力，为废弃矿区再生提供了新方法；矿区村镇是矿区的重要组成部分，运用生态设计的方法，从村镇风貌、公共空间和植物等方面入手，使衰落的矿区村镇重新焕发活力，成为矿区再生的引擎。

废弃矿区再生需要基于绿色基础设施重构资源、经济和社会三大系统及其子系统，从而摆脱当前的环境退化问题。本章从设计学的角度探寻了基于绿色基础设施的五种再生设计方法，每种方法不局限于一种子系统，而是基于多个子系统相连后的再生，共同构建了网络状的再生设计(见图 6-1)。

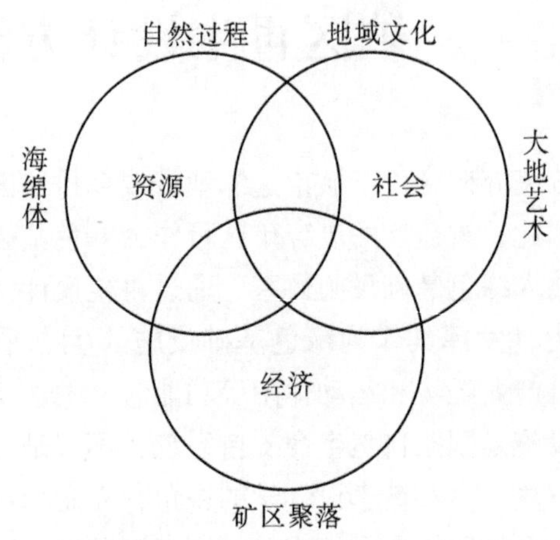

图 6-1 基于绿色基础设施的废弃矿区再生设计方法图

6.1 自然过程导向下的设计方法

《辞海》对自然的定义，“即自然界，广义指具有无穷多样性的一切存在物，狭义指与人类社会相区别的物质世界，通常分为生命系统和非生命系统”。对于自然过程，唯物辩证主义认为自然是不依赖于意识而存在的统一的客观物质世界，处在永恒运动、变化和发展的过程中，世间万物一直处于不断运动和发展过程，“自然过程”就是指这些运动和发展所历经的程序。从狭义角度来看，自然过程是指物质世界中，天然或是自然中有形的和无形的力，包括重力、风、水等，对环境产生作用所形成的发展和变化状态。

景观也处于一个动态过程中，构成景观的要素如植被、水体、土壤等都是富有生命的，它们不是一成不变的，而是会随着季节、时间、气候的变化而产生形态、结构及质量等的变化。影响景观的基本自然过程可分为两个部分：生物过程和非生物过程。生物过程包括动物、植物、微生物的生长及自然演替等各种生命过程；非生物过程指各种自然界有形或无形力，如阳光、水、风、重力、火、氧化等。这些自然过程对景观的影响是随处可见的，景观中的生命需要雨水的滋养，雨水汇集所产生的径流会侵蚀土壤，土壤养分的流失会不利于景观植物的生长，植物的光合作用利用水和阳光制造有机质，是生物界赖以生存的基础。

因此，在景观规划设计当中，应意识到自然过程的重要性。在景观规划设计之前，认识到水、土壤、风、生物等的自然规律，在尊重自然规律的基础之上，对自然过程进行合理的引导和利用，营造生态的、可持续的景观。废弃矿区是由于人类的开采活动破坏了原有自然环境后所形成的废弃地。西方发达国家在废弃矿区再生中十分注重尊重自然规律，使得再生后的矿区与自然环境和谐共生。如美国环境法要求采矿破坏的土地必须修复到原来的地形地貌，英国对于露天矿采用内排法，边采边回填再复垦，复垦时注意与原有地形、地貌的协调，形成一个完美的整体。

6.1.1　自然过程引入景观规划设计的研究

1. 现代景观与自然

19 世纪中后期，随着工业化和城市化的发展，环境污染问题日益显著，并威胁着人类的生存，以奥姆斯特德为首的美国景观规划设计流派异军突起，在英国景观规划设计的基础之上奠定了现代景观规划设计的基石。奥姆斯特德极为推崇自然，并从生态的高度将自然引入城市中。他开展的一系列风景园林、城市规划、公共广场等规划和设计，推动了美国全国性城市公园的设计和建设的发展。他的著名作品——纽约中央公园，成为现景观规划设计史上里程碑式的作品。①

---

① 曹庄，林雨庄，焦自美，等. 奥姆斯特德的规划理念——对公园设计和风景园林规划的超越[J]. 中国园林，2005，21(08)：37-42.

19 世纪 60 年代，以伊恩・伦诺克斯・麦克哈格为首的学者率先发出"设计结合自然"的倡议，呼吁人们正确认识和处理人与自然的关系。他出版的《设计结合自然》一书，唤起了景观规划设计师们对自然和生态的关注，因此他被誉为"生态设计之父"。麦克哈格提出在规划和设计中，应充分尊重自然的演变和进化过程，尊重自然规律，合理利用土地等各种自然资源。① 设计结合自然的内涵主要体现在三个方面，即协调好人与自然的关系、协调社会与环境的关系、协调好设计与场地的关系。他的这种生态设计思潮在世界范围内产生了广泛的影响，推动了现代景观规划设计中革命性的变革。

2. 风景过程主义

(1)风景过程主义的发展

20 世纪 70 年代，在生态设计思潮席卷美国大地的时候，美国著名的景观规划设计大师乔治・哈格里夫斯并没有随波逐流，他坚持将艺术放在景观规划设计的首位，认为艺术是其灵魂，积极探索艺术与科学在景观中的融合，为景观规划设计提供了一种新的思路。

美国的评论家曾评价哈格里夫斯是"风景过程的诗人"。虽然他的作品不多，但其艺术的原创性和强烈的艺术感染力受到广泛的好评和认可，如烛点台文化公园、拜斯比公园、2000 年悉尼奥运会公共区域设计、广场公园等。

哈格里夫斯的作品注重营造大自然的动力性和神秘感，让人们感受到场地特定的人与水、风等自然要素的互动，以及历史和文化因素的变迁。与欧洲园林"如画般""封闭式"的传统式构图所不同的是，他认为开放式的构图更为重要。他致力于探索和挖掘文化和生态两方面的联系，从基地的特点出发，寻求风景过程的内涵，搭建与人相关的框架，并将这种方法誉为"你建立过程，但不控制最

---

① 李伟. 关于《设计结合自然》的历史叙事——从历史的角度看伊恩・麦克哈格与景观设计学[J]. 新建筑，2005(05)：64-67.

终产品”。他在自然的物质性与人的内心世界搭建起一座桥梁，让人们对景观规划设计的艺术精神有更加深刻的认识。①

(2)典型案例

拜斯比公园位于加州帕罗奥多市的海边，是由一块占地约 30 余亩的垃圾填埋场改造设计成的一座特色鲜明的滨水公园。设计师哈格里夫斯非常注重废弃地的利用，在公园的设计过程中，他发现场地有大量废弃的电线杆，他将位于同一水平线上的电线杆顶部削掉，通过电线杆顶部形成的虚的斜面与山丘形成的实的曲面，虚实结合，营造出一种强烈的场所感。山坡处的土丘群使人联想到当年印第安人猎鱼时填起的贝壳堆，蜿蜒的自行车道也是由贝壳铺设而成。高速公路上的隔离墩按“V”形序列排列，与附近机场跑道相呼应，与周边的环境相融合。整个公园由大面积草地覆盖，每当雨季来临时，大片荒草被染上生机勃勃的绿色，形成一种人工难以营造出的壮观的自然美景(见图 6-2)。

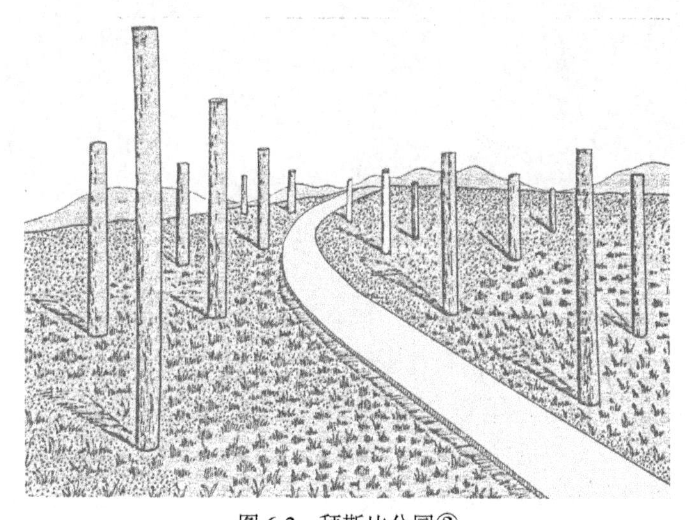

图 6-2 拜斯比公园②

---

① Hargreaves G. Post-Modernism Looks Beyond Itself + Building Design[J]. Landscape Architecture, 1983, 73(04): 60-65.

② 本图片为赵丹绘。

烛台点文化公园，位于加州旧金山市的海湾，是由城市一处垃圾填埋场上设计改造而成的一座城市文化公园。设计师哈格里夫斯挖掘了场地主要的元素，如风、水、船、码头等，构成一种新的设计语言，以此表达基地的场所精神。在设计概念中，他在城市的主导风向上设置了一排弯曲的人工风障山，并在最里侧风障山留出一个开口，作为公园的主入口。他设置"U"形人工水湾连接海湾和公园腹地，并在U形水湾的两个端点设置观景台。① 游客置身于公园中，能沐浴到迎面而来的海风，体验惊涛骇浪，感受自然动态之美(见图6-3)。

图6-3　烛台点文化公园②

都江堰建于公元前256年，距今已有2000多年的历史，它是由秦国蜀守李冰设计建造的长江流域水利开发的首项巨大工程。它巧妙地利用岷江的自然环境，合理布局渠首建筑物，因地制宜地进行施工和维修，至今仍发挥着巨大的社会、经济、环境和生态效益。

都江堰主要的工程分为鱼嘴、飞沙堰和宝瓶口三大工程。根据

---

① 刘晓明. 风景过程主义之父：美国风景园林大师乔治·哈格里夫斯[J]. 中国园林，2001，17(03)：56-58.

② 图片来源：http://hargreaves.com/projects/PublicParks/Candlestick/，2017-11-12。

岷江河床的走势，及枯水期和丰水期来水量和来沙量的不同，合理巧妙地布置安排工程的位置、结构、尺寸、方向、角度等，以构成一个完整有机的整体，达到引水、分水、泄洪的目的。鱼嘴的设计和工作原理，尊重和利用了“大水走直、小水走弯”的自然规律，它与上游的百丈堤及下游的内外金刚堤发挥联合作用，丰水期按“内四外六”的比例，枯水期按“外四内六”的比例分水，引入灌区。飞沙堰高程设计比内金刚堤和人字堤低，当内江水超出需要时，水会从飞沙堰顶部溢入外江。飞沙堰工作原理尊重和利用了弯道环流中凹冲凸淤的自然规律，其修筑成微弯的形状，与上游的内江河段形成一道微弯的形态，在弯道环流的作用下，水流所携带的泥沙会从凸岸的飞沙堰顶部翻出，进入外江。且飞沙堰的飞沙效果与内江水流量成正比，内江水流量越大飞沙效果越好，当水流超过某一最大值，水流会被飞沙堰冲毁，几乎所有上游来水会进入外江，保证了灌区的安全。宝瓶口是灌区的总取水口，与鱼嘴、飞沙堰巧妙配合，是进入灌区的水量保持稳定，枯水期和洪水期均能保证程度平原的灌溉用水(见图 6-4)。①

图 6-4　都江堰

① 李可可，黎沛虹. 都江堰——我国传统治水文化的璀璨明珠[J]. 中国水利，2004(18)：75-78.

6.1.2　自然过程引入废弃矿区景观再生设计

自然过程下的动态景观设计蕴含着生命的暂时性以及自身转化的可能性，展现出一种新的美学，即过程之美，这种新的美学思想可以用来解决废弃地的问题、城市多重空间的利用问题。① 废弃矿区中蕴含着这种自然过程之美，矿区历经繁荣到衰退，资源丰富到枯竭，生态系统由健康到损害等一系列动态过程，体现出地方工业文明衰败后一种独特的荒凉之感。在废弃矿区景观再生设计中，合理引入自然过程，能更好地营造一种自然、荒凉、沧桑之美，延续矿区及周边地区的历史文化脉络。

1. 价值与意义

(1)遵循自然规律

在矿区景观再生设计中引入自然过程并发挥作用，是一种遵循自然规律、与生态过程相协调的设计方式。这种设计方式尊重了自然发展和生态演替的过程，顺应了自然进程的发展；能够发展和维护矿区生物多样性，维持植物的生境和动物的栖息地，有利于生态系统的健康发展。

(2)经济价值

自然过程中蕴含着巨大的力量，能取得靠人类自身的力量难以实现的效果，如尼罗河三角洲，就是由尼罗河携带的泥沙冲积而成，土壤肥沃，河网纵横。三角洲集中了埃及 2/3 的耕地，灌溉农业发达，由此孕育了灿烂的埃及文明。在当时的技术条件下，仅靠人力来创造这么一块肥沃的平原几乎是不可能实现的。我国的黄河三角洲也是黄河携带的泥沙在入海口不断堆积、不断填海造陆而成，为黄河三角洲地区发展提供土地资源。因此在废弃矿区景观再生设计过程中，合理引入自然过程，可以用少量的人工干预产生较高的社会、经济和生态价值。

---

① 黄艳鹏，王江萍. 从哈格里夫斯看风景过程主义[J]. 园林，2016(06)：67-69.

(3)维护成本低

自然资源是有限的，在营造景观过程中，应尽可能地节省水、生物、土地、植被等资源的投入。传统的造园活动，为了维持一种稳定的景观，往往耗费大量的人力、物力资源去维护，这些养护工作不仅耗时耗力，还浪费了大量的资源。设计遵从自然规律，可以大大减少能源和资源的耗费。在矿区景观再生设计中，合理引入水、风、光等自然元素，可以降低维护成本，节约物力和财力。如在矿区植被修复上，可以选择使用乡土植被，减少外来引入的树种，可以提高成活率，降低养护成本。

(4)环境教育价值

把自然过程引入废弃矿区的景观再生设计中，可以在人与自然之间架起一座桥梁，增强人类与自然的情感联系。现代社会在城市中生活的居民，正与自然渐行渐远，人们只知道自来水从管道中来，却不知水从何处来，又将排放到哪里去。大自然中的青山流水、鸟语花香、飞禽走兽，已越来越远离人们的生活，人们只能从电视上、动物园或是自然保护区中见到。改造后的废弃矿区可以成为绿色基础设施的重要组成部分，成为人们感知自然的场所，使人们明白人是自然的一部分，更加尊重自然、保护自然，起到环境教育的作用。

2. 方法

(1)土壤污染的处理

矿产资源的开采促进了经济的发展，但同时也对地区及周边的环境造成了严重污染。矿井废水中含有的大量悬浮物和有毒物质，直接排放到环境中会污染水质和土壤；露天堆放的废弃物中含有大量的有毒元素，会随着雨水冲刷和地表径流渗入地下，造成土壤的污染和退化，影响植物的生长。矿山废弃地土壤原有的良好结构遭到破坏，有机质含量降低，植物生长所需要的养分流失，重金属含量增高，土壤 pH 降低或是盐碱化程度增高等问题，会破坏生态系统，影响动植物的生长，造成生物多样性生物下降。

土壤污染的处理是废弃矿区景观再生需要解决的重要内容，在治理矿区土壤污染之前，要对矿区土壤的种类、结构及形成过程进行科学客观的分析，掌握土壤形成和演变的自然规律。

对基质的改良也同样重要，根据矿区土壤的状况，采用改良或是覆盖新土。在选取土壤改良材料上，可采取“以废治废”的方式，选用动物粪便、生活污水、污泥等，因为它们里面含有大量有机质，可以缓慢释放以缓解金属离子的毒性，并在一定程度上提升土壤持水保肥能力。此外，还可以用固氮植物或是菌根植物来改良矿区土壤，以便实现良好的生态和经济效益。① 如在著名的西雅图煤气厂(Gas Work Park)(见图6-5)的设计和改造中，理查德·哈格(Richard Haag)采用生物方法来降解土壤污染，利用土壤底层中的矿物质和细菌，并在深层耕作层中引入可以消化石油的生化酶，添加下水道中沉淀的淤泥等其他可以用作肥料的废物，促使泥土中的

图6-5 西雅图煤气厂②

① 刘海龙.采矿废弃地的生态恢复与可持续景观设计[J].生态学报，2004，24(02)：323-329.

② 图片来源：https://upload.wikimedia.org,2017-07-12。

细菌消化长期积累的化学污染物，以达到净化土壤的目的。①

(2)植被的恢复

矿产资源的露天开采剥离表层土壤，破坏地被，导致采矿区原生生境被破坏，大型的植被斑块不断破碎化，影响了物种的迁移和信息传递。乡土植物群落被严重干扰和破坏，植被急剧向下演替，这会对矿区内部物种的数量和结构造成破坏，最后造成矿区物种生物多样性的下降。

矿区植被生态系统的恢复可以通过生态演替实现，在自然状态下，植被会缓慢地向上演替；在不利人工干扰下，植被会快速地向下演替。一般来说，通过自然演替达到良好的植被覆盖效果需要50~100年的时间，所需要耗费的时间比较漫长，如果停止人为干扰并封山育林，植被会进行缓慢地、长期的向上演替过程。

在植被种类选取上，应优先采用乡土植物来恢复植物群落。在废弃矿区上生长的植被具备极强的耐性和可塑性，能够适应矿区恶劣的条件，可以与栽培植物组成多层次的植物群落。如殷柏慧等在安徽省淮南大通矿生态区改造中，在充分尊重自然规律的前提下，以地带性植物为主，优先使用乡土植物，结合矿区现有的植被类型，并进行局部调整，形成多层次的植被群落，恢复后的植被群落能够自我维持，并不断向上演替，逐渐形成稳定的顶级群落。李斌在湖南冷水江锑矿区中，选用冷江当地自然群落中抗性较强植物种类作为先锋树种，选择各群落的建群种和灌木层优势种，构建地带性特色与地域特色的植物群落；采用构建“复层林”方式，速生树种与慢生树种相结合，常绿树种与落叶树种相结合等，营造多层次的植物群落。② 例如，柳枝稷固碳能力强、维护成本低且能适应污染后的土壤环境，可用于废弃矿区场地修复中，成为重要的能源

---

① 孙晓春，刘晓明. 构筑回归自然的精神家园——美国当代风景园林大师理查德·哈格[J]. 中国园林，2004，20(03)：8-12.

② 李斌，陈月华，童方平，等. 采矿废弃地植被恢复与可持续景观营造研究——以湖南冷水江锑矿区为例[J]. 中国农学通报，2010，26(09)：273-276.

作物。

此外，在矿区生长的杂草也可以作为一种景观资源，杂草等自然生长的植物也是工业环境发展进程中的一个重要组成部分，杂草的荒凉之美与废弃矿区的沧桑之美是相融合的，且杂草具有顽强的生命力，能在废弃矿区这种恶劣的环境中顽强生长。如弗尔克林根钢铁厂(Völklinger Hütte)景观改造与设计中，场地中自然生长的野草被保留下来，作为一种景观资源展示给公众(见图 6-6)。

图 6-6　弗尔克林根钢铁厂中的野草景观

(3)地形的重塑

矿产资源开采剧烈地改变了原有的地形，其再生设计的一项重要工作就是重塑地形，运用流域地貌理论、景观生态理论、3S 技术和设计学方法在对矿区区域环境和自然地理环境调查基础上，将破坏严重的地形重建为与水系、土壤、植被等自然环境要素和人工要素相互耦合的有机整体。废弃矿区的地形重塑是一种基于自然系统的自我有机更新能力的再生设计，在尊重自然过程与自然格局的基础上，注重安全，突出可持续发展，利用自然本身的自我更新、再生和生产能力，辅以人工手段，使重建的景观地貌更加接近于原自然地貌景观形态，能够与邻近未扰动的景观相协调。

露天开采和地下开采都会对地表的景观造成破坏，露天开采剥离表土，地下开采会造成采空区，引起地面塌陷，造成较大的安全隐患。土地面貌变得支离破碎，会影响景观的环境服务功能。本节以露天矿坑地形重塑为例进行分析。露天矿坑地域地表，形成凹陷的矿坑，通常由开采边坡、开采平台与坑底三部分组成。露天矿坑具有多样变化的地形，而且在矿坑内部视线较为封闭，有利于营造相对安静的环境，通过景观设计的方法可以营造功能和趣味兼备的空间。

露天矿坑边坡主要修复方法如下，一是岩面垂直绿化技术。该技术以普通垂直绿化技术为基础，针对台地状高边坡坡度大、岩石表面坑洼、裸露等特征设计。在坑洼部位设置藤蔓攀援植物的容器苗，结合工程措施按照星形等布局模式在坑洼部位栽植藤蔓植物进行垂直绿化。二是岩质边坡植生基材生态防护技术。该技术将铁丝合成网与活性植物材料结合，利用喷射装置将植生基质均匀播撒到岩质边坡，形成一个自主生长的植被系统，进而实现对边坡的复绿。三是生态棒防护技术。生态棒具有柔性的特点，由不可降解材料制成，棒体内填满植生基质材料。在岩质边坡上按照一定距离布置，起到稳定植生基质和促进边坡植物生长的作用。四是植被垫防护技术。该技术与生态棒配合使用，铺设在生态棒防护框内，植被垫可以将所需水分保持在岩面坑洼内，也可以排出植生基质多余的水分。利于植物根系生长和基材层的稳定。五是生态袋防护技术。生态袋适用于台地岩质修复，由高强度合成材料制成，具有保土、透水的作用，袋内放置种植土，有利于植物根系的穿透，且与平台基础贴服良好，利于成规模敷设。

生态学家布拉德肖(Bradshaw)认为，将蓄水的废弃露天矿坑再生为湿地是一种有效且成本低廉的修复方式。运行 10 年后于 1989 年被关停的法国 Biville 采石场再生设计由法国景观设计师 Anne Sylvie Bruel 和 Christophe Delmar 完成。该采石场位于雨量充沛的峡谷顶部，具有体量大、高差大、生态退化严重的特点。采石场开采平台距谷底约 40 m 深，坑底呈长方形，长边达到 450m，贫瘠且凹凸不平的边坡呈 45°。有如下手法值得借鉴：设计师认为场地的采石痕迹是历史的见证，应该予以保留和展示；系统分析了场地的排水情况，通过建设了一系列的设施来引导水流，将其汇入坑底；采用了固氮能力强和耐贫瘠土壤的金雀花和荆豆作为先锋植物对坑壁进行了修复；在倾斜的坑壁旁建设阶梯，游客可从谷底爬到山顶，阶梯旁敷设排水沟，可以将山顶的径流引入谷底的湖泊中，避免了地表径流对坑壁的侵蚀；谷底湖泊边设计了一系列休息和垂钓设施，以提高游览的趣味性。经过再生设计和建设后该采石场成为一座具有 3.5 hm^2 湖泊的休闲区，成为世界采石场再生的典范。大地艺术的方法也常用于露天矿坑修复。1979 年，西雅图肯特郡艺术协会举办针对废弃地的创作活动，邀请 8 名著名的艺术家共同参与，其中大地艺术家莫里斯在一块废弃的矿坑上创作了“无题”(Untitled)这一艺术作品(见图 6-7)，将矿坑打造成一个绿色剧场，

图 6-7　无题(Untitled)大地艺术作品①

---

① 图片来源：http://china-landscape.net/info_detail.asp? param=25273，2017-07-21。

剧场内只能看到天空，在剧场外可以远眺肯特郡的乡村景观及连绵的群山，形成一种荒凉、浪漫的景观。① 此外，还可以将矿区引入城市绿色基础设施网络当中，将雨水引入矿坑中，形成湖面，将矿区打造成为城市公园，为市民提供游憩空间。

此外，"底泥填浅"的方式也常用在露天开采形成的矿坑修复中。该方法将坑底的淤泥挖出，填入矿坑中较浅的地方使之成为农田或果林等农业用地，而拓展后的坑底则可改造成湿地或鱼塘，形成立体的农业生态系统。

6.2 "海绵体"理念导向下的设计方法

城市建设初期，为了满足城市建设与发展的需求，城市边缘区往往分布大量的矿区，为城市提供物质与能源，而随着城市的发展，矿区的资源趋于枯竭，为城市服务的职能逐渐消失，最终矿区大多被废弃。与此同时，破败的废弃矿区不仅影响了城市景观，还遗留了诸多的安全隐患。因此，城市边缘区废弃矿区的再生设计刻不容缓。

废弃矿区失去了为城市提供资源的功能，但由于其特殊的区位、地形、地貌等条件，可以在其他方面继续发挥为城市服务的职能。城市周边废弃的矿区，尤其是露天的煤矿、铁矿、采石场等，由于低洼的地势，在丰水季节，通常会大量积水，可视为天然的"海绵体"(见图 6-8)，基于此，海绵城市理念应用到废弃矿区再生设计中，着力将城市周边的若干单个矿区纳入绿色基础设施体系中，使之成为城市绿色基础设施的重要组成部分，让废弃矿区成为城市的"海绵体"，解决日益严重的城市内涝问题。

海绵城市理念的应用，从宏观上看，一方面可以让废弃矿区在暴雨季节储存城市过剩的雨水，降低城市的排洪压力；另一方面在

---

① 王向荣，任京燕. 从工业废弃地到绿色公园——景观设计与工业废弃地的更新[J]. 中国园林，2003，19(03)：11-18.

图 6-8　武汉军山采石场

干旱时节还可以将雨水释放，以补充城市园林灌溉、消防用水、工厂中水等城市用水之需。从微观上看，可以让矿区内部减少洪涝之灾，自身形成良好的生态环境，让开发后的水文循环尽量恢复到开发前的状态，实现矿区的可持续发展。

6.2.1 “海绵体”理念与废弃采石场相结合的可行性

第一，我国对废弃采石场环境恢复治理的问题越来越重视，环保部多次下达治理的相关文件，国内学者也借鉴国外相关资料开展研究。

第二，理念方面，海绵体理念是新兴的研究学科，欧美发达国家已建立较成熟的低影响开发理论及方法体系，具备了较强的理论基础。

从某种意义上讲，虽然“海绵体”是新兴的理念，但是由于这个理念是以低影响开发和绿色基础设施为基础而完善提出的，所以具有坚实的理论基础。废弃采石场所面临的环境问题、生态修复问题，也急需更专业、更生态的理论指导。“海绵体”是在保持场地功能的前提下，研究适宜采石场的布局模式、植物种类以及周边环境等，再引入低影响开发技术，能够大大提高场地的雨水管控能力，从而提高废弃采石场的经济、社会、人文价值。

第三，效益方面，“海绵体”理念强调的是让场地“弹性适应”环境变化与自然灾害。它改变了传统铺设大量的灰色排水管网、经济成本高且容易破坏场地的生态结构的技术方法，将原先的人工管道换成雨水设施，既保护了自然环境，又提升了场地的观赏价值，在各个方面实现了生态、经济、人文等效益多重化。

第四，技术方面，一些发达国家已发展并完善了一套比较完整的“海绵体”理论体系及相关技术，而且能够很好地应用到景观设计和城市建设中。在我国，近几年来也一直致力于研究海绵城市建设技术和方法，北京等一线城市也开始进行城市雨水管理方面的研究与试点工作，并取得了较为理想的成绩。

6.2.2 适用于“海绵体”理念的采石场特征研究

1. 废弃地类型

废弃地种类繁多，按性质可分为金属废弃地、非金属废弃地、能源废弃地三种主要类型。金属废弃地是指对黑色金属(如铁、锰等)、有色金属(如铜、锌、铝等)和贵重金属(如金、银等)开采后形成的废弃地。金属废弃地多分布于我国的丘陵地区，其地质条件复杂，岩层坚硬，容易因为矿山坡边失稳诱发地质灾害，此外，大量矿渣和尾矿不合理地堆放破坏土地，排放的废物中的重金属污染物污染水土环境，容易引发泥石流。非金属废弃地主要是指开采非金属化工原料形成的废弃地、开采非金属建材原料形成的废弃地以及开采非金属冶金辅助原料形成的废弃地。这些非金属废弃地大多采用爆破开采的方式，容易造成山体被破坏，植被大量减少，水土流失加剧，从而导致山体崩塌、滑坡等地质灾害；而且此类废弃地一般经过大量的开采，严重破坏了山体结构，遗留下大量的矿坑，使岩体裸露，当地生态环境遭到严重的破坏。能源废弃地主要分为油气类废弃地和煤矿废弃地。油气开采活动容易造成区域地面沉降、地下水层被破坏、原油污染土壤和浅层地下水、矿口附近植被遭到破坏。煤矿开采中的露天开采方式则使山体和植被遭到破坏，造成水土流失问题；而井工开采则会将山体挖空，容易引起地面塌陷等问题。

经过分析可知，金属废弃地和能源废弃地受到的环境污染程度大，同时开采后的地质条件不稳定，存在极大的安全隐患，水土流失和环境污染较为严重，生态恢复难度大、成本高，且容易被地质灾害所破坏，运用“海绵体”理念进行景观再生成本高。非金属废弃地环境污染、水土流失程度较轻，不易发生地质灾害，虽然非金属废弃地的山体土方受破坏较严重，土壤贫瘠，但这些问题可以经过生态修复的手段进行恢复，较适合运用“海绵体”理念进行生态修复。

2. 地理位置

废弃采石场的地理位置不同，其进行转型时的功能定位也不同。采石场根据其所处地理位置的不同一般分为“无依托采石场”和“有依托采石场”。无依托采石场是指在远离城市的地区进行开采的采石场；有依托采石场是指在城市附近进行开采活动而形成的采石场。

无依托采石场大多远离城市，要对这些采石场进行改造，则面临强度大、成本高的困境。一般来说，无依托采石场因为地理位置偏僻、利用率低、重点改造的意义不大，因此重塑远离城市的废弃采石场通常采用低成本的单一边坡复绿技术。

有依托采石场的产业转型相较于无依托采石场而言，经济成本较低，景观再生力度较小。并且，靠近城市的废弃采石场的重塑可利用的资源丰富，如附近城市的人文环境、自然环境、历史文化、工业遗迹等，通过结合场地资源，使得这些采石场转型后利用率高。在有依托采石场的地理位置优势进行重点开发和景观再生的同时，也需要注重提升采石场周边区域的环境质量，建立区域绿色海绵系统，打造城市的“后花园”。

3. 规模

并不是所有的废弃采石场都能在生态转型过程中能成功地融入“海绵体”理念的措施，可进行转型的采石场应具备以下条件：首先，采石场所在区域规模不宜过小，要有足够的空间布置“海绵体”理念下的各项低影响开发措施；其次，不宜在水资源短缺、远离河流湖泊的地方选址，否则许多低影响开发设施将无法布设；最后，采石场内还应有与附近城市或河流湖泊相连接的水流通道，以保证其能发挥调节雨洪的功能。另外，废弃采石场进行景观再生设计之后，很有可能作为公园、休闲娱乐等场所，要推动区域经济的发展，应有便利的交通条件，且政府要对该项工程有高度的重视和支持，群众对生态修复工作具有积极性，有利于社会宣传和示范推广作用。

4. 功能定位

废弃采石场转型的功能定位是根据其所在地理位置而确定的。有些采石场位于农村，其中大部分为有依托采石场，且数量最多，这类采石场在被开采之前一般是耕地或者林地，所以在转型过程中，应以发展观光农业园为方向进行功能定位。有部分废弃采石场位于城郊，这类采石场大多面临着水土流失、植被破坏、环境污染等一系列生态问题，容易引发城市“热岛效应”等问题，对这些废弃采石场首先要恢复其生态功能，然后结合场地历史文化和地理位置，对其进行场地规划和功能定位，如作为城市扩张的备用空间，也可以将其设计成休闲公园、旅游景点等。除了乡村和城郊废弃采石场，还有一部分采石场地处城市内部，其具有较高的地块价值，可以将其改建成房地产项目、休闲公园、生态示范园、工业文化博物馆等。

6.2.3　低影响开发

1. 概念

低影响开发(Low Impact Development，LID)是国外针对城市雨水管理问题而提出的新模式，是一种创新的雨水管理方法。它具有以下四个基本特征：①

一是LID旨在实现雨水的资源化。该理念认为雨水也是一种资源，而不是负担和灾害，城市内涝问题出现的根源不是雨水，而是对雨水的不合理利用。它主张通过布置合理的生态设施从源头上对雨水进行开发利用，使整个区域开发建设后的水循环尽量接近开发前自然的水文循环状态。

二是优化设施布局。LID采用各种分散的、均匀分布的、小规模的生态设施，主要包括屋顶花园、雨水花园、植被浅沟、透水铺装等软性设施，实现对雨水的渗透、拦截、滞留和净化，从而实现区域水文的可持续发展。

三是系统化。LID的系统化主要包含两个方面，一方面是LID内部设施的系统化。内部单项设施之间并不是孤立的，而是相互连接，共同形成一个系统。另一方面，LID作为一种柔性的雨水管理方式，与雨水管道系统及超标雨水径流排放系统等刚性措施是相互

---

① ［美］阿肯色大学社区设计中心．低影响开发——城区设计手册［M］．卢涛，译．南京：江苏科学技术出版社，2017：1-10.

统一的，共同构成雨水管理的巨系统。

四是提倡"微循环"。LID 与其他的雨水管理方式最大的区别在于，它提倡在区域内部实现雨水的微循环，通过区域内部的生态设施将雨水资源化，就地解决洪涝问题。区别于其他的雨水管理方式，如通过管道及其他工程措施，把雨水输送出去，将雨水压力转嫁到其他地区。

2. 功能及设施

LID 作为一种新型的雨水管理模式，主要目标是实现径流总量控制、径流峰值控制、径流污染控制、雨水资源化，从而降低城市的内涝风险，实现城市的可持续发展。① 同时，其还具备渗透、调节、储存、净化雨水的功能，这四大主要功能之间相互协调，为实现对雨水的控制而共同发挥作用。为了达到这些目标和实现对雨水的管理，LID 设计了许多具体的生态化设施，主要包括屋顶绿化、雨水花园、植被浅沟、透水铺装、雨水湿地、蓄水池、景观水体、生态树池等，这些设施可以单独运用，也可以组合成体系共同发挥作用。

3. 应用情况

LID 作为一种成功的、新型的、生态的雨水管理模式和方法，在国内外以及不同空间尺度得到了广泛的应用。从国际视角看，由于 LID 最初在美国提出，加之美国随后也出台了许多相关的政策和法规，因此 LID 在美国应用得最为广泛。② 我国一直沿用快排防涝为主的思路，直至 2004 年，LID 理念才被引进国内，率先应用于深圳市光明新区的建设。从应用尺度上看，LID 尺度适用性广

---

① Damodaram C, Giacomoni M H, Prakash Khedun C, et al. Simulation of Combined Best Management Practices and Low Impact Development for Sustainable Stormwater Management [J]. Jawra Journal of the American Water Resources Association, 2010, 46(05): 907-918.

② Coffman L S, France R L. Low-impact Development: An Alternative Stormwater Management Technology[M], 2002, pp. 1-12.

泛，虽然是针对城市雨水管理提出，仍然适用于其他空间尺度，大到一个区域、城市，小至广场、社区、公园以及其他特殊场地等，但是目前 LID 在废弃矿区再生应用的较少，没有形成完整的体系。

6.2.4 海绵城市

1. 概念

海绵城市，顾名思义是指城市能够像海绵一样，在适应环境变化和应对自然灾害等方面具有良好的“弹性”，下雨时吸水、蓄水、渗水、净水，需要时将蓄存的水“释放”并加以利用(见图 6-9)。海绵城市具有如下四个方面的深层次含义：①

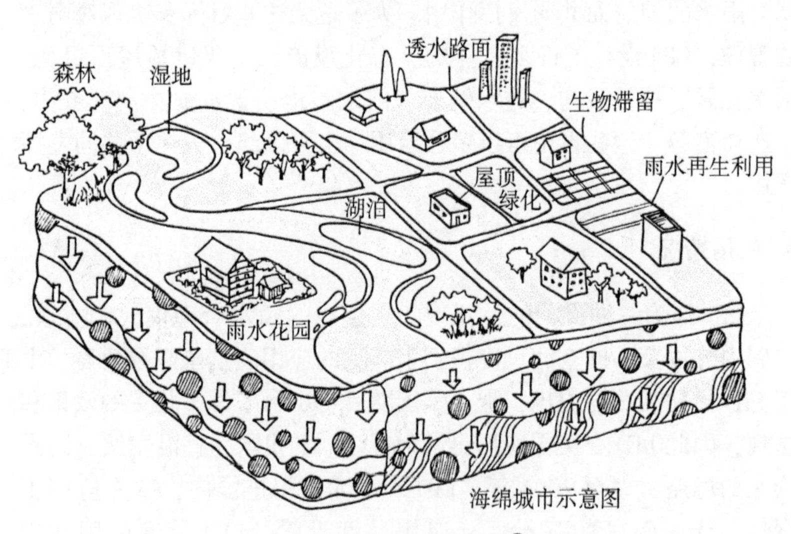

图 6-9 海绵城市示意图②

① 中华人民共和国住房和城乡建设部. 海绵城市建设技术指南——低影响开发雨水系统构建(试行)[M]. 北京：中国建筑工业出版社，2015：1-10.

② 该图为赵丹绘制。

第一，海绵城市理念与国外的LID雨水管理理念一脉相承，它是中国化的LID。因此，LID的许多技术手段都可以运用到海绵城市建设的过程中。

第二，海绵城市从本质上要剔除传统城市粗放式的建设方式，旨在实现城市发展和环境保护的协调，建设生态型城市，从而实现城市的可持续发展。

第三，海绵城市充分尊重自然规律，在管理城市雨水时，遵循三个"自然"原则，即自然积存、自然渗透、自然净化，主张在城市建设过程中，维持水文原有的自循环。

第四，实现绿色基础设施和灰色基础设施的有效衔接。海绵城市建设并不是完全只要"绿"，而摒弃传统的"灰"，它是基于我国国情提出的，就必须考虑到我国正处于快速城镇化阶段，纯粹依靠"绿"来解决城市雨水问题是理想化的。

2. 建设途径

海绵城市是生态城市建设的重要组成部分，为实现城市的"海绵体"效应，能够弹性地应对城市雨水问题，建设过程中主要包括三大途径。首先，没有人类活动介入的自然界本身就是一个巨大的循环系统，遵循着物质能量守恒定律。而伴随着人类对自然的影响越发严重，当务之急就是要保护原有的生态环境，发挥河流、湖泊、沟渠、湿地、坑塘等自然水体调蓄雨洪的作用。其次，在城市化快速推进和传统粗放式的建设模式影响下，许多区域的生态环境已遭到严重的破坏，在这些区域最迫切的要求就是要采取生态措施和工程措施实现生态恢复与修复。最后，在当今城市建设过程中，要遵循低影响开发的理念，努力实现开发前与开发后城市水文特征基本接近的目标，尽量维持自然的水文循环系统。

3. 设计方法

海绵城市理念导向下的废弃矿区再生设计，首先必须明确其出发点不仅仅是解决矿区内部的雨水问题，对于城市周边露天开采的废弃矿区而言，更重要的是要将矿区纳入整个海绵城市体系建设中，既要接纳城市过剩雨水，也要在城市缺水时实现再利用价值。基于此，在设计过程中，就必须从宏观和微观两方面进行综合考虑，结合海绵城市建设的要求、途径、技术等，本节主要从废弃矿区的绿化、水体、建筑和道路四方面进行设计。考虑到水体和绿化的低影响开发设计对雨水的收集、储存、净化能力更强，这两者的设计目标更强调发挥为城市服务的功能，而建筑和道路的设计更多的是解决矿区内部的雨水问题。

(1)绿化设计

废弃矿区的绿化设计旨在实现土地资源的多功能利用和绿地功能的扩展。首先，废弃矿区植被破坏严重，以复绿的形式可以达到保持水土、涵养水源、减少灾害的目的。其次，在通常情况下，绿地景观可发挥观赏、游憩、休闲、娱乐等功能，营造良好的矿区环境和城市周边环境。更重要的是，暴雨时节，通过低影响开发设施与城市雨水管道的衔接，矿区绿地能够发挥调蓄功能。废弃矿区绿化设计内容主要包括植物选择、竖向设计、生物滞留设施。

①植物选择。废弃矿区绿化植物选择上，出发点是要通过植物的合理搭配，实现雨水的自然净化，同时兼顾观赏性。首先，要选择适应性强的本地植物，以水生植物为主，一方面可以保证存活率，减少维护成本；另一方面，可以体现地域特色。其次，考虑场地存在塌陷、滑坡、泥石流等隐患，需要选择根系发达、具有较强土壤黏聚力的植物，稳固土壤，为灾害防治增效。同时，矿区填埋了大量的尾矿，需要选择能够适应土壤贫瘠，抗旱、抗寒、抗病虫，对填埋物化过程所产生的不良毒物和气体具有强烈抗性和净化能力的绿化树种。

②竖向设计。竖向设计即地形设计，这里主要是指用于绿化的地形设计，目前大多数设计中，绿化用地和周围建设用地高度一致，这导致建设用地产生的径流由于坡度原因不能很好地传输到绿地中，从而不能通过绿地渗透、储存和净化。在废弃矿区设计中，充分利用现有高低不平的地形，在低洼处设计绿地，凭借雨水的自流，引导硬化地面的径流流入绿地、水体等。

③生物滞留设施。生物滞留设施是指在低洼地区利用植物、土

壤、微生物等自然要素，实现对小范围内雨水的收集、储存、净化，常见的有下沉式绿地、雨水花园和植草沟三大类。

废弃矿区由于长时间的开采，地面通常凹凸不平，可以充分利用凹面设计下沉式绿地，同时矿区开采面积大，凹凸面间隔分布，正好可以布局自然的无规则的小规模绿地，形成一道独特的风景。下沉式绿地是指高程低于周围硬化地面高程 5~25cm 的绿地系统，主要包括渗透花池和生态树池两类，并在其底部设置排水管和雨水排放系统相衔接。其在景观设计中应用广泛，如美国华盛顿的 Canal Park 一共设计了 41 个生态树池，地表径流经过生态树池过滤后，用来灌溉、冲洗马桶和绿化(见图 6-10)。

图 6-10　Canal Park 生态树池①

废弃矿区一般具有规模大、地形起伏明显等特征，采矿场、加工区、洗涤区和废弃物堆场等区域地形相对平坦开阔，适合在此处通过对地形、土壤和植物的设计布局雨水花园，尤其是矿区周边的

① 图片来源：http://www.jdland.com/dc/canalblocks.cfm,2017-08-23。

聚落空间，可以通过雨水花园美化环境、减少污染。雨水花园是一种小规模的花园，相对其他 LID 设施，一般布局在地形平坦的开阔区域，通过设计和植物的种植来储存、净化雨水，它是许多 LID 设施的集合体。雨水花园对地表径流的渗透、滞留、净化、收集及排放作用极强，如位于俄勒冈州的波特兰雨水花园（Portland Rainwater Garden），巧妙地解决了每年几乎持续 9 个月大雨的雨水排放和过滤问题，同时还形成了优美的景观环境空间（见图 6-11）。

图 6-11 波特兰雨水花园①

矿区在开采过程中以及后期受滑坡、泥石流等自然灾害的影响，往往会形成许多沟渠和低洼地等；同时，矿区内部遗留大量的废渣、碎石等材料，可以充分利用这些有利条件设计植草沟，尤其是在道路两侧，从而达到减少道路径流的作用。植草沟是种有植被的沟渠，是一种特殊的景观性地表沟渠排水系统，主要用来解决面源污染。其一般分布在道路两侧和绿地内，具有减少径流、补充地下水、净化水质、输送雨水等功能，通常与雨水管网联合运行（见

① 图片来源：http://www.calid.cn/,2017-08-23。

图 6-12)。按照是否常年保持一定的水面依据，又可以划分为干式植草沟和湿式植草沟。

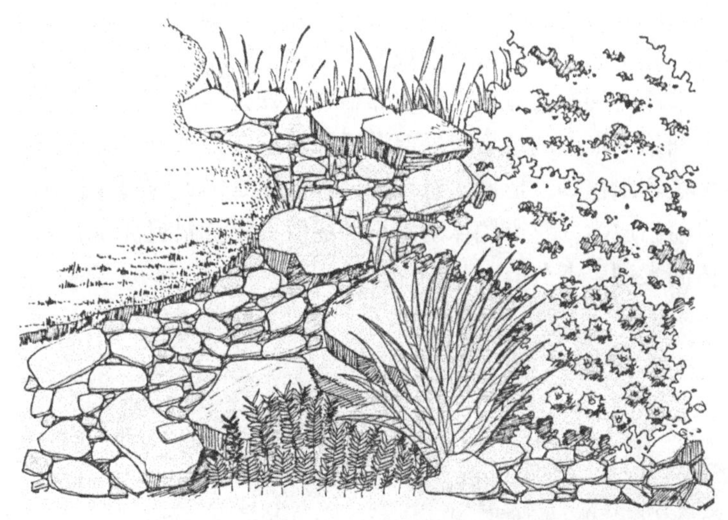

图 6-12 干式植草沟①

(2) 水景设计

矿区在开采时期，由于对地形、地貌、地下水等自然系统破坏严重，因此废弃矿区水体景观的设计要充分考虑现状地形以及遗留场地的特性，最大限度地利用开采后产生的蓄水空间，如塌陷地、矿井、矿坑、沟渠等要素，以此为依托合理布局景观水体、蓄水池、湿地公园等具有雨水调蓄功能的低影响开发设施。②

①塌陷地。许多矿区，尤其是地下采矿如煤矿等，由于长时间的挖掘，采空区上方的原始平衡被破坏，地表出现沉降现象，加之废弃后受降雨的影响，往往形成近似椭圆形盆地的塌陷地。塌陷地具有多种危害，包括对国土面貌和生态环境的破坏、耕地锐减、人

---

① 该图为赵丹绘制。

② 户园凌. 低影响开发雨水系统综合效益的分析研究[D]. 北京建筑工程学院，2012：50-51.

民的生产生活被打乱等；同时，塌陷地治理成本高，复垦难度大。

从景观设计的角度出发，结合海绵城市理念，充分利用塌陷地形，将其打造成为湿地公园，能够实现经济效益和环境效益的双赢。唐山南湖公园就是将采煤塌陷区改造为湿地公园的成功案例，原本塌陷区生态环境和自然景观遭到了严重破坏，人迹罕至。后综合设计采用多种改造方法，保留和整合沉降区的水景，贯穿于各个水坑，利用场地内的垃圾对局部进行回填，在未来可能塌陷积水的区域种植耐水植物，形成生态环境良好、风景优美的湖区景观。该地块目前已成为一座市民休闲娱乐的场所、集游憩观赏和水上活动于一体的大型生态公园(见图 6-13)。

图 6-13　唐山南湖公园①

城市周边废弃矿区改造成为大型湿地公园，具有多方面的积极意义。首先，直观地改善了城市周边的景观，改变了“青山露白骨”的窘状，既改善了矿区的环境也提升了城市的整体环境质量。

① 胡洁. 唐山南湖：从城市棕地到中央公园的嬗变[J]. 风景园林，2012(04)。

其次，从雨水调控的角度看，湿地公园可以成为城市的“海绵体”。丰水季节，吸纳城市雨水降低内涝频率；干旱季节，释放雨水补充城市用水。最后，从气候角度分析，城市周边废弃矿区打造多个湿地公园，可以在一定程度上缓解城市热岛效应。

②矿坑。废弃的矿坑是采矿区常见的一类矿业遗迹，矿坑是露天开采在地面留下的直观景观。在传统观念里，采矿后形成的矿坑、矿井等遗迹是不可抹去的“地球疤痕”。但是随着人们观念的转变，逐渐对废弃矿坑进行二次开发利用，目前针对废弃矿坑的改造方式主要有两类，一是原状保留，如黄石国家矿山公园、美国犹他州宾汉姆峡谷铜矿坑(Bingham Canyon Copper Mine)；二是覆土种植，如法国穆斯托采石场(Musto Mining)、中国河南义马露天矿坑土地恢复。

海绵城市理念的提出，为城市周边的废弃矿坑再开发提供了一种新的改造思路，即利用自然水景或因采矿而形成的水体，结合地形条件人工构造水体，营造主题环境，利用水景的流动性串联贯通整个矿区水环境系统。目前，国内外在矿坑改造方面涌现了许多优秀的设计，如摩尔多瓦首都克里科瓦大酒窖(Cricova Large Cellar)，原本克里克瓦是地下采石场，形成无数相连的地下坑道，最后改建成酒窖，国内的上海世茂集团投资建设的世界上第一个位于矿坑内的上海天马山深坑酒店等。但是这些设计也存在人为干扰痕迹严重，资金投入大、维护成本高、过度重视商业开发等缺点。

结合海绵城市理念，充分利用矿坑低洼的地势，存在自然积水或具备引水条件的矿坑，可以通过利用水资源优势将其建设成为湿地公园和雨水花园，这相对是一种生态化、低成本的改造，能够实现环境效益、社会效益和经济效益的统一。如芝加哥帕米萨诺公园(Palmisano Park)(见图 6-14)，原是一处采石场，芝加哥许多建筑石材曾经采自此处，随后矿坑沦为垃圾场。在对其的改造设计中，保留部分垂直开采面，将矿坑改造为鱼塘，为了预留雨水花园的场地，区域内的垃圾全部南移，增强了整个矿区高差变化的错落感。国内改造矿坑较成功的案例如浙江绍兴东湖，利用采石场筑起围墙，人工拓宽水面，形成了宛如天成的山水大盆地。

图 6-14　帕米萨诺公园①

③沟渠。矿区开采时，由于洗涤用水和工业用水的需要，往往会形成许多人工的、自然的、小型的沟渠。从微观角度来看，矿区被废弃后，降雨引发的泥石流、滑坡等自然灾害，也会形成诸多的冲沟。这些沟渠和冲沟，正好是雨水汇聚的通道，通过合理地整治、疏通、引导，让其成为雨水排放的通道，发挥输送、储存、净化雨水的作用；从宏观的角度，采取工程措施和生态措施，将矿区内部的沟渠、冲沟与周边自然的河道、池塘、沟壑、溪流相连接，让其成为自然水循环系统的组成部分，使得矿区内部的水循环与周边城市的水循环组合成一个大的水循环系统。

(3)建筑设计

废弃矿区建筑主要包括遗留的生产型建筑和矿区周边聚落的生活型建筑。在海绵城市建设理念指导下，建筑一般通过控制坡度、断接、建筑材料等，采取立面绿化和屋顶绿化的方式来收集、存

---

① 图片来源：http://scenariojournal.com/strategy/palmisano/,2017-08-23。

储、净化雨水。目前，墙面绿化、屋顶花园等形式在商业建筑、公共建筑、城市小区等建筑中应用广泛并取得了良好的成效，而在乡村建筑和工业建筑中应用较少。因此，可以尝试将该技术运用到工业建筑中，如福特公司在美国工业区工厂建立了世界上最大面积的绿色屋顶。需要注意的一点是，考虑到采矿对矿区生产型建筑和生活型建筑造成不同程度的破坏和污染，在设计过程中需要因地制宜地采取不同的设计策略(见图 6-15)。

图 6-15　福特 Dearborn 工厂绿色屋顶

①生产型建筑。矿区生产型建筑一般距离采矿区较近，包括办公建筑、材料储存建筑、工人居住建筑等类型，受矿区开采影响大。由于距离矿区较近，不仅污染较严重，而且许多墙面和屋顶都出现了裂痕。因此，在工程措施修复的基础上，可以结合海绵城市理念的绿色屋顶和墙面的设计，一方面可以对其外立面形成保护层且具有艺术感；另一方面，也可以收集雨水，减少径流，如常熟科创园区的屋顶绿化。生产型建筑收集的雨水，存在一定程度的污染，可以引导其流入建筑周边的雨水花园、植草沟等绿色设施内，经过植物初步净化，渗透到土壤，进而补充地下水

(见图 6-16)。

图 6-16　常熟科创园区屋顶绿化①

②生活型建筑。矿区生活型建筑是指矿区周边的村镇聚落，一般这些聚落建筑连片、集中分布，规模和分布密度较大，并且这些建筑或多或少地受到了矿区开采的影响。矿区废弃后，为了保证这些建筑能够继续安全使用，需对其安全性和美观性进行再设计。在工程措施加固保证其安全性的前提下，可以类比生产型建筑，对墙体和屋顶进行绿化，降低雨水的冲刷力度。与生产型建筑不同的是，生活型建筑与绿地连接，收集的雨水流入绿地内的植草沟、雨水花园、下沉式绿地等设施，并在这些设施周边设计雨水桶和雨水池等，将雨水收集后再利用。从生活型建筑收集的雨水主要有两个用途：一是家用，如牲畜用水、清洁用水等，减少对自来水的依赖；二是农用，可以在枯水季节缓解农林牧渔对雨水的需求(见图 6-17)。

① 图片来源：http://www.hannor.com/wudinganli/59.html,2017-07-11。

图 6-17 德国城镇建筑屋顶绿化①

(4)道路设计

矿区原本是一个小系统，内部拥有完整的交通体系。矿区废弃后，一方面可以在原有交通线路的基础上进行改造设计，建立联系高差的立体交通，创造丰富的游览体验；另一方面充分利用矿区废弃的碎石、碎渣等资源，结合低影响开发的设施，打造绿色交通网络。废弃矿区道路设计内容包括机动车道、人行道和停车场，其中，停车场主要的服务对象为矿区周边聚落的村民和外来游客。

①机动车道。许多矿区被废弃后，逐渐成为区域交通系统的重要节点。在矿区机动车道的设计时要改变被动的雨水处理方式，充分利用原有的运输线路、地形，打造能够净化、利用、存储雨水的道路系统。具体来说，第一点，选择透水材料，如沥青、混凝土等，充分利用矿区的碎石、尾矿等建设路基，打造透水沥青路面或透水水泥混凝土路面。第二点，道路两侧布局标高要低于路面的绿化带，如下沉式绿地、植草沟等，以便在雨水季节将道路径流引入

① 图片来源：http://www.yuanlin8.com/gongcheng/7219_2.html,2017-07-12。

低影响开发设施进行净化、过滤、收集。第三点，在绿化带底部空间，安装排水管道，设置雨水调蓄系统。

②人行道。矿区人行道可以采取阶梯式、景观桥式和悬梯式的设计方式，一方面丰富矿区的竖向交通形式和避免雨水的淤积，另一方面，可以为行人和游客提供独特的欣赏视角，如英国伊甸园工程项目(Eden Project)设计“之”字形路线，引导游客进入矿坑参观。在矿区人行道设计中具体考虑以下四个方面：一是铺装材料选择上，尽可能多地使用可渗透材料，考虑到安全性因素，最好以紧密透水砖为主。二是打造立体交通和保留原有的道路轨迹，尤其是矿业遗迹，如运输原材料的铁轨等，使人们在行走时能够感受到一种艺术氛围。三是人行道两侧的绿化设计，在路边设置生态树池等设施，起到蓄水、去污、美化环境的作用。四是由于矿区存在滑坡、泥石流等安全隐患，需要在人行道周边采取边坡防护措施(见图 6-18)。

图 6-18　伊甸园“之”字形道路①

① 图片来源：http://www.coolplaces.co.uk/places/uk/england/cornwall/fowey/660-eden-project,2017-05-15。

• 停车场

废弃矿区规模较大，可以适当地设置生态停车场为游客及周边居民服务。在设计过程中，将停车场看作一个小型的雨水花园，而不是一个普通的公共基础设施。在停车场表面，布置透水性铺装如紧密、中空透水砖、植草砖等，在透水砖内种植绿色植物。在停车场边缘区，设置生物滞留设施如雨水花园等，使停车场成为一个渗透空间，同时发挥景观和服务的双重功能。

6.2.5 结语

废弃矿区再生设计过程中，海绵城市理念的引入，为其提供了一种生态化的再生方向。海绵城市理念针对城市雨水管理而提出，同样适用于其他不同空间尺度的雨水管理，尤其是在城市周边的部分矿业废弃地，它改变了废弃矿区传统的商业开发、注重经济效益的模式，转向以生态修复和开发为主，强调社会效益和环境效益。海绵设施在废弃矿区的优化配置，使之不仅是矿区的“海绵体”，更是城市的“海绵体”，尤其对于许多缺水城市，周围缺乏江河湖泊等自然河流作为城市的调蓄空间，废弃矿区海绵体建设就显得尤为重要。海绵矿区与城市雨水管道系统及超标雨水径流排放系统相衔接，成为城市等不同尺度空间内涝防治系统的重要组成部分，从而促使废弃矿区和周边城市实现可持续发展，这将是研究未来废弃矿区改造的重要方向之一。

6.3 矿区地域文化传承与设计方法

废弃矿区再生是一项系统工程，不仅涉及物质空间重构，也涉及文化层面传承。当前，大量城市公园设计的方法被运用到矿区再生设计中，造成了景观同质化和场所精神的丧失，削弱了废弃矿区作为一种特殊类型景观的价值。废弃矿区作为一种工业遗迹，见证了工业文明的历史。矿区遗迹中包含的生产和生活性建筑、场地肌理、历史记忆等都属于地域文化。这种文化内涵已经融入地方居民的生活与记忆中，当矿区再生时，地域文化应该被尊重和唤起。

6.3.1　地域文化与景观设计

地域文化有两个主要特征，即动态性和差异性。地域文化的发展是一个动态演进的过程，地域文化随着人类发展和社会进步而不断地进化，在不同的历史阶段表现出不同的内涵和外在特征；随着文化的交流、碰撞使得地域的边界具有动态和模糊性的特点，在不同的空间领域，地理景观和地域文化具有差异性。地域文化是景观设计的创作源泉，运用设计方法可将地域文化包含的民俗习惯、风土人情等以物质载体的形式予以表现，就景观设计而言，地域文化不单指场景等物质空间，也包括透过物质空间所反映的价值观、审美意识和文化心理等。

6.3.2　废弃矿区景观再生设计中地域文化的传承与融合方法研究

本节探究了多样统一、有限触碰和语汇转换三种文化传承与融合的景观设计方法，力求追寻理想中的文化传承与融合模式。

1. 多样统一

关于多样统一设计方法的解读可参考我国遗产保护的演变历程。我国遗产保护通常有三种方法：

第一种是修旧如新，即修复后的面貌展现的是刚建成的状态。修旧如新中的“新”是指用新材料置换原有的材料，同时整饰外观，使之焕然一新。这种做法在获得崭新的面貌的同时，却破坏了历史信息的原真性。随着我国逐步引入西方历史遗迹修复思想，保持全部层面历史信息的修复观念为更多人所接受。

第二种是“修旧如旧”，这是新增的语汇，采用“做旧”的方法与原语汇协调统一，从外观上好像没有修补一样。该方法正是《中华人民共和国文物保护法》所规定的“不改变文物原状”原则的体现。“原状”，不仅指文物外貌，还包括文物蕴含的历史信息。“修旧如旧”需要在保护遗产价值的前提下，保护文物的原真性。

第三种方法则是“新旧共生”，即修补的部分采用与原来不同的形式，如颜色、材料、肌理等不同，使得修补的部分遵循可识别的原则，与原有部分很容易区别开。“共生”不是新语汇对旧语汇的简单延伸，而是融合了原有的内涵、要素，进而对其改进和优化。黑川纪章的“新共生思想”是具有代表性的理论，该理论从空间、文化和环境出发，提倡“部分为整体共生、内部与外部共生、不同文化的共生、历史与现实共生”的思想(见图 6-19)。

图 6-19 工业综合体原貌

巴塞罗那有一处建于 1900 年左右的废弃水泥厂，包括 30 个储料罐、地下仓库和机房。建筑师里卡多・波菲(Ricardo Bofill)将其改造成建筑事务所。储料罐被改建成工作室，厂房被改成“大礼堂”，建筑周边种植了橄榄、棕榈、柏树等植物。在废弃水泥厂再生设计中大量运用了“新旧共生”的方法，新材料、新工艺随处可见，与此同时，历史信息也得以保留和延续(见图 6-20)。

前面两种方法遵循的是和谐统一的原则，而新旧共生则是采用对比的手法，产生矛盾冲突。这些方法也同样适用于废弃矿区再生设计。

在废弃矿区景观再生设计中，将受损场地按照原有地形、地貌加以恢复，类似于修旧如新。对于一些有着较高价值的采矿遗址也可采用修旧如旧的方法，如铜绿山古矿冶遗址保存了大量的竖井、平巷与盲井等，采用木质支架防护，并有通风、排水和提升设施。

图 6-20　改造后的景观①

在遗址修复中主要采用“修旧如旧”的方法，保持历史信息的原真性（见图 6-21、图 6-22）。

图 6-21　铜绿山古铜矿遗址

① 该图片由 Ricardo Bofill 工作室提供，为作者自摄。

图 6-22 铜绿山古铜矿遗址修旧如旧案例

相比较前两种，新旧共存的方法在矿区再生中运用更加广泛。通过设计产生的新“语汇”与原有“语汇”虽然属性不同，视觉上存在差异，但两者能有机共生，形成多样统一的系统。新“语汇”的出现使语汇由三维空间演变成四维空间，增加了时间轴。矿区蕴涵的地域文化信息被新“语汇”激发出来，通过多种“语汇”的碰撞，在矛盾冲突中达到和谐统一(见图 6-23、图 6-24)。

图 6-23 矿坑再生设计

图 6-24　矿坑景观小品①

在石嘴山矿坑设计中，在岩壁生态修复中保留了部分采矿痕迹，使新设计的语汇如瀑布、亲水栈道、生态修复后的崖壁与原有采矿痕迹形成多样的统一，使游客在体验美景的同时也能唤起曾经的采矿记忆。

2. 有限触碰

有些废弃矿区的场地和遗留物极具特色，应充分解读场地环境与文化，发挥艺术创造力去激发场地活力。新的设计语汇应对场地有限触碰，尽可能地保存场地原有遗存，从自然环境和历史文化中提取特征并加以强化，这种推波助澜的创作思想可保持矿区地貌的鲜明特色。废弃矿区再生是一个缓慢的过程，特别是生态系统的恢复需要时间，在这个过程中，设计对于场地应该是有限触碰。正如英国景观设计师 Joseph Spence 所说：“存在即是对设计最好的指导。对历史的尊重，对现实的好奇和对未来的憧憬，成为设计的驱动力。设计完成后，自然接管一切，而我们只管耐心等待。

---

① 该图为作者主持的石嘴山矿区再生设计项目。

请注意，你只是漫漫时间长河中影响这一小部分世界的人群中的一个。”①

德国科特布斯是一个资源枯竭型城市，市郊遍布着数十个巨大的矿坑，地面满目疮痍。在矿区治理中该市遵循低影响设计的原则，聘请多位艺术家，在研究地域文化的基础上，运用自然材料进行艺术创作，创作的作品由于由自然材料构成，且对场地扰动较小，随着时间的推移，这些作品将逐渐消失，场地生态系统将逐渐恢复(见图 6-25)。

图 6-25 德国艺术家 Herman Prigann 矿坑旁的大地艺术作品②

希腊狄俄尼索斯采石场(Dionysos Quarry，Greece)修建于 15 世纪早期，位于希腊彭德利孔山(Pendelik)(见图 6-26)。该山盛产大理石，雅典大量历史建筑材料来源于此。该处见证了雅典的历史，是营造纪念性景观的绝佳场地。公共艺术师内拉·戈兰达(Nela

① Peter Montin. Studies in the History of Gardens & Designed Landscapes，1983，3(02)：121-129.

② 王向荣. 西方现代景观设计理论与实践[M]. 北京：中国建筑工业出版社，2002：1-10.

Golanda）和建筑师阿斯帕西娅·库祖皮（Kouzoupi）将该处精心打造成一处露天博物馆，其中最具特色的是采矿用的斜划道。由于当时生产力水平低下，没有大型设备，借用古埃及的采运方法，开采出来的大理通过些滑道运送出来。该处滑道和原有的采石地貌特征得到了最大限度的保留，露天博物馆内设计了一系列的参观路径，人们沿着该路径可以身临其境地感受采矿的过程。建设过程没有使用任何现代材料，采用的都是原来开采剩下的碎石，历史印记得以最大限度地保留（见图 6-26）。

图 6-26　希腊狄俄尼索斯采石场①

巴塞罗那 TURÓ DE LA ROVIRA 山，原是一处采石场，在西班牙内战期间成为防空高射炮阵地，内战结束后，发展成一处名为“Els Canons”的棚户区，由于举办奥运会，该棚户区被拆除，2006—2010 年场地开始被重新发掘，2011 年正式成为巴塞罗那城市历史博物馆（MUHBA）官方的历史遗址（见图 6-27、图 6-28）。在该项目设计中，对内战遗址，以及棚户区和采石场的遗址进行了

① 图片来源：http://www.athenshash.com,2017-08-23。

图 6-27 TURDE LA ROVIRA 山鸟瞰

图 6-28 山顶炮台遗址

充分保留，新的设计语汇仅对场地进行有限的触碰，正如 2012 年欧洲城市公共空间奖评审团评语所说："它没有用任何过度的提示，就唤起了人们对内战、采矿和棚户区自建历史的回忆。也因此，这个边际空间悄无声息地融入了巴塞罗那城市的意识中。"①

---

① 图片来源：http://www.publicspace.org/。

3. 语汇转换

这里，语汇指的是设计语汇，与语言类似，设计语汇也包含"语素""语法"和"章法"，类似于文章的起始、尾声、过渡、高潮等。设计作品的过程也是用设计语言"讲述"一个空间主题的过程，其语汇包括了空间中各种自然和人工的要素。通过设计语法将其组织成多维的空间结构，就像写出一篇优美的文章一样。

原有语汇景观效果不佳或格局混乱，运用多样统一和有限触碰的方法，增加新语汇则会放大缺陷，这时就需要运用设计方法转换原有语汇，生成新的设计逻辑。语汇的转换不同于再造，而是在创造新语汇的同时，充分尊重原有语汇，通过转换延续地域文脉。

巴塞罗那 Montjuic 山顶的采石场具有深厚的历史底蕴，建设老城区所需的大量建筑石材来源于此，此地可以说是巴塞罗那城市精神之所在(见图 6-29)。设计师将其改造成一处公墓，用来纪念 1936 年至 1939 年期间西班牙内战时期逝去的人们。空旷的草坪、肃穆的纪念碑、沧桑的采石遗迹共同绘制了一幅历史画卷。通过设计将采石场语汇转化成一处纪念性的场地，在延续原有文脉的同时，将其与城市历史和精神结合起来(见图 6-30)。

图 6-29　Montjuic 山内战公墓

图 6-30 Lluís Companys 墓

绍兴东湖的箬篑山是一座具有千年历史的采石场，矿区废弃后，当地人按照传统园林造景手法，将其改造为一处巧夺天工的景点。原有混乱、碎片化的语汇转换成有序的、充满地域风情的语汇，同时保留了崖壁、洞穴等人工采矿的痕迹(见图 6-31)。

图 6-31 东湖景观①

① 图片来源：http://www.sxdonghu.com,2017-04-12。

4. 区域共生

地理环境是地域文化的主要物质载体，其通过影响地域人类活动，对文化施加作用。地域独特的地理环境形成的空间限制性，产生了异质性的地域文化。废弃矿区场所和文化是区域地理环境与文化的组成部分，是局部与整体的关系，其景观设计中地域文化的传承不仅要考虑矿区本身，场所的外围环境也是影响设计的重要因素。要综合协调矿区内外环境，从城市乃至区域角度着眼，综合统筹经济、社会、环境、文化等因素，通过再生设计后的新语汇协调矿区内外矛盾和内外环境的逻辑结构，使矿区要素与区域环境共生为有机整体。

在笔者主持的金湖矿区景观再生设计项目中，从区域视角出发，综合考虑矿区及周边环境因素，以生态修复为基础，以楚文化、民俗文化、青铜矿业文化为脉络，将区域建设成集矿冶遗址保护、矿山生态修复、矿区城镇复兴和乡村环境重塑等于一体的示范区(见图 6-32)。在此理念指导下，废弃矿区重构为四大功能区(见图 6-33、图 6-34)。

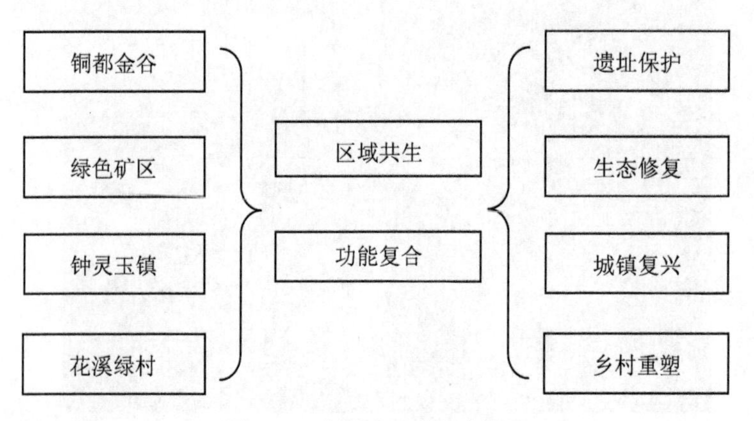

图 6-32 金湖矿区再生功能区

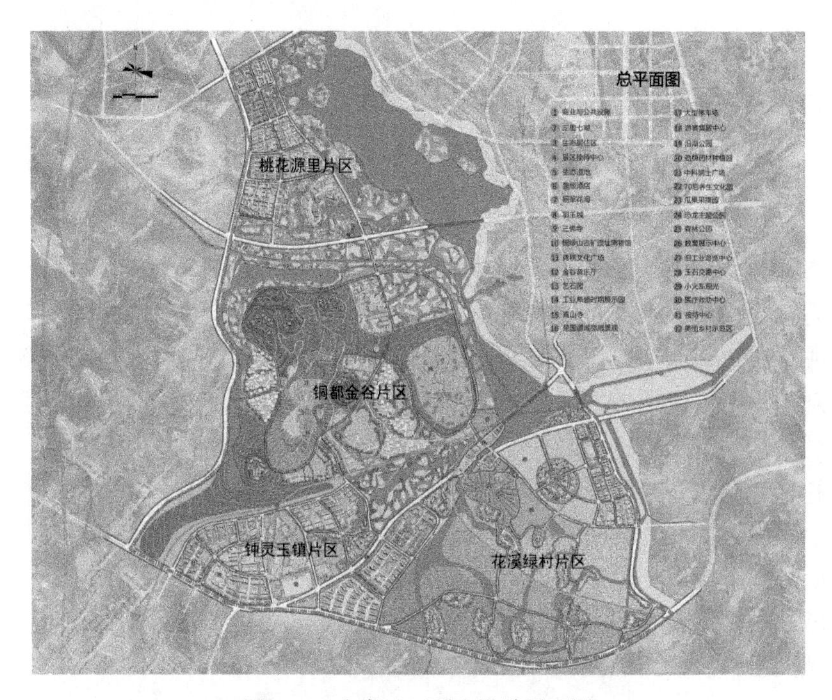

图 6-33 金湖矿区再生设计平面图

图 6-34 金湖矿区再生设计鸟瞰图

①铜都金谷片区位于金湖区域中部，围绕楚文化和青铜矿冶文化，以遗址和历史故事为主线，依托楚国鄂王遗址和数个矿坑展现大冶古铜矿采冶文化的深厚历史底蕴和现代铜矿先进的工业技术。

②绿色矿区片区位于金湖区域东南，场地内分布十余处废弃矿坑，采用生态修复的方法恢复生态环境，进而对废弃矿坑复垦或综合利用。

③钟灵玉镇片区位于金湖区域以北，紧邻大冶城区，区内有数座规模较大的工业遗迹。重点是对工业遗迹进行整治改造，并合理利用，建设以孔雀玉石为主题的创意文化街区。

④花溪绿村片区位于金湖区域西南，以矿区农村居民点为依托，发展花卉和中草药种植为特色的生态休闲农业。

四大功能区将矿区再生与城乡功能建构耦合起来，在生态修复的基础上，保护与合理利用矿冶遗址，引入文化创意产业实现工矿城镇的复兴，利用废弃矿区资源发展特色农业以重塑乡村，实现区域共生，使金湖矿区成为区域复兴的引擎。

5. 结语

地域文化具有独特性，这种独特性是在特有的社会、政治、经济和文化背景下形成的，地域文化的个性最充分地反映在物质空间上，包括建筑、聚落和城市及各类景观，所以景观对于展现一个国家和一个民族的身份是显而易见的。然而，在全球化浪潮的吞噬下，地域文化逐渐被侵蚀，千城一面、乡村和景区景观城市化等问题日益严重。因此，在设计中传承与融合地域文化，营造具有地域个性的作品意义重大。在废弃矿区再生这一建设美丽中国的重要领域，更应当挖掘地域文化、重塑场所精神、加强遗产保护与再利用，实现自然与人文景观的和谐共生。

6.4　大地艺术方法运用与废弃矿区再生设计

废弃矿区是人类过度攫取矿产资源，对生态环境造成严重破坏后，弃置不用的区域。由于过度开发，废弃矿区的生态和人居环境破坏严重，生态失衡、地质灾害频发、污染严重、景观资源受损，进行环境再生设计迫在眉睫。废弃矿区景观再生设计是一项系统工程，除了涉及环境科学和工程等学科外，艺术学科的重要性也逐渐凸显。废弃矿区有一种荒凉、凄美、神秘的原始感觉，较易塑造艺术个性。大地艺术在大自然中创造出来，能够增强环境的感染力，提升矿区景观质量，在矿区场所精神的挖掘、矿业遗迹再利用、受损地表修复等方面作用明显，是废弃矿区景观再生设计的有效手段。大地艺术形式多样，有些大地艺术注重凸显艺术作品本身，忽视与自然环境的融合；另外一些作品则遵循自然的演进规律，以最小的场地扰动展现场所精神。后者与废弃矿区再生设计理念一脉相承，是本书强调的再生设计的重要方法。

6.4.1 大地艺术的概念

大地艺术(Land Art 或 Earth Art)是艺术家们以大地上的平原、丘陵、山体、水体、沙漠、森林等自然景观以及日月星辰、风雨雷电等自然环境为背景，对地表自然物质和人工痕迹进行创作的艺术形式。① 大地艺术家受极简主义、观念艺术、行为艺术等影响，突破了在室内进行艺术创作的传统模式，在广袤的大地上，以简单质朴的方式，创造超大尺度的艺术作品，同时诠释场所精神和艺术感悟。

6.4.2 大地艺术表现手段

大地艺术表现形式主要分为两种。一种是“自然式”。创作时，多采用自然界本身的材料，融合自然与艺术，使人与自然的沟通更加直接。大地艺术作品在大自然中创作出来，观赏者也要到大自然中去体验艺术作品与自然融合的魅力。“自然式”大地艺术作品注重与自然环境的融合，实现对环境的最小扰动，人的创作仅是大地艺术的一小部分，更多的创作是由大自然遵循自然规律来完成。

---

① Michael Lailach. Land Art: The Earth as Canvas (Taschen Basic Art Series)[M]. Germany: Taseherl, 2009, p. 3.

“自然式”大地艺术代表作品有罗斯(James Rose)的“星轴：星迹”、松菲斯特(Alan Sonfist)的“处女地之池”等。

另一种是“人工式”。这类作品由人工材料和装置组成，作品表现力通过人工材料来展现。“人工式”大地艺术作品更加突出艺术作品本身，希望通过艺术作品传递作者的思想或对社会问题的思考。① 代表作品有著名“包裹大师”克劳德夫妇(Christo and Jeanne Claude)的“包裹国会大厦”“门”，奥本海姆(Dennis Oppenheim)的“年轮”等。

当前对于大地艺术的评价主要有两种观点：一种观点认为，大地艺术是对场地的生硬破坏，“是男性强权强加给地球母亲的生硬断言”。另一种观点则认为，大地艺术创作类似于耕作或园艺，是对大地的美化或矫正。② 废弃矿区是一种受损的环境，环境再生的主要目标是重构生态系统，保护和利用工业遗产，实现生态价值、美学价值和社会经济价值的多赢。基于这样的目标，废弃矿区再生设计中的大地艺术应该取其精华、弃其糟粕，摒弃不符合自然演进规律的部分，充分吸取“自然式”和“人工式”的优点，实现绿色设计的目标。在进行废弃矿区大地艺术创作时，不能机械地将作品与场地割裂开，不能为凸显作品而破坏生态环境。应尽量挖掘场地工业遗存的价值，充分利用场地现有材料进行节约型设计。大地艺术作品应该符合环境美学理念，是“可持续性”的设计，要运用简洁的形式和自然的材料，采用对场地最小扰动的方式创作出符合自然演进规律的作品。

6.4.3　废弃矿区景观再生中大地艺术设计方法

大地艺术是废弃矿区修复和再利用的有效手段之一。大地艺术家史密森(Robert Smith)认为自然生态环境被工业化和人类其他活

---

① 廖沙泥. 中国大地艺术实践与理论研究[D]. 广州：广东工业大学，2011：19-24.

② 陈望衡. 自然与人共同的创造——大地艺术的美学思考[J]. 艺术百家，2008(01)：X13-X16.

动破坏的场地是进行大地艺术创作的理想场所。大地艺术联系了历史和近现代文明，通过艺术手段使受损的环境和看似毫无价值的工业遗迹重新焕发了活力，为废弃矿区再生提供了新方法。废弃矿区的历史、文脉以及自然和人工要素成为大地艺术创作的源泉。艺术家运用这些素材唤醒了人们对于工业文明的记忆，促使人们反思这种利用自然资源的同时也对自然环境造成了严重破坏的模式。废弃矿区景观再生中大地艺术设计方法主要有：挖掘矿业遗产美学价值，运用原始的简单形式，采用自然材料进行艺术创作，对场地的干扰最小，注重时间和空间因素的运用以及凸显暗喻的思想等。

1. 挖掘矿业遗产美学价值

传统的美学认为废弃矿区景观是丑陋的。贫瘠的土地、裸露的岩石、锈迹斑斑的金属、残缺的建筑、横流的污水以及残垣断壁，这些场景很难与美或艺术相联系。但大地艺术家们认为废弃矿区是一种文化景观，见证了工业文明的缘起、辉煌与衰落。矿业遗产具有时间之美，建筑和机械上斑驳的锈迹在诉说着曾经的辉煌，引起人的无限遐想；矿业遗产具有技术之美，代表性的工业建筑和设备见证了工业技术发展的历程；矿业遗产具有情感之美，其承载了矿区建设者的情感，包含了一代代建设者的心血和智慧。矿业遗产具有多种美学价值，是大地艺术创作的灵感源泉。

2. 运用原始的简单形式

抽象性是大地艺术的重要创作原则和方法，需要提炼最具典型的形式，挖掘场所精神，形成艺术原型，并运用简洁而质朴的元素来进行表达。抽象几何是大地艺术中常用的形式，看似单调，实则形式简练、特点突出，具有可变性和多样性，易于唤起人们的集体记忆。贡布里希(E. H. Gombrich)在著作《秩序感》中提道，单调的图形使人感到乏味，而过于复杂的图形则使人迷茫。① 因此，在大地艺术创作中，通常会在简单几何形的基础上进行拉伸、旋转、交

① 侯伟. 极简主义与大地艺术中的符号学意象[J]. 美苑，2007(12)：77.

叉、切割，创造出富有动感的形体。

抽象几何形体之所以在大地艺术中广泛应用，除了抽象几何形体原型具有较强的可塑性外，更重要的是抽象几何形体是一种承载着历史和文化的符号。这些符号或使人联想到具体的自然形象，或使人会意，或具有某种象征性。由希腊艺术家 Danae Stratou 和 DAST 工作室在 20 世纪 90 年代中期创作于埃及和红海之间的沙漠，这种土方艺术被称为“沙漠呼吸”(Desert Breath)，该作品由许多规则的圆洞组合形成螺旋形的形状。整个项目覆盖 10 多万平方米，并花费数年时间创造而成，颇为美丽壮观。①

图 6-35 沙漠呼吸②

废弃矿区的环境是杂乱无序的，由抽象几何形体构成的大地艺术作品极易成为矿区场所精神体现的载体。例如，日本著名的建筑设计师安藤忠雄的淡路梦舞台的“百段苑”花坛是运用抽象几何形体形成的大地艺术作品使废弃采石场华丽转身的代表作(见图 6-36)。

---

① 刘沁炜. “沙漠的呼吸”：埃及沙漠神秘环境艺术品[J]. 风景园林，2014(02)：13.

② 图片来源：http://www.en.wikipedia.org,2017-08-11。

图 6-36 淡路梦舞台的“百段苑”花坛①

日本于 1989 年开始在大阪湾东部填海建设关西国际机场，建设工程所用泥土和沙子大部分来自于淡路岛，岛东临海的山体几乎都被挖掉，只留下一块裸露坡面的陡峭基石，就像是一块伤疤，景观效果很差。在安藤忠雄的精细设计下该处被改造成了一处以恢复自然为宗旨，实现人与自然环境的对话的场所，成为一处集会议、旅游、休闲、度假为一体的综合性设施。其中，“百段苑”花坛是该处最耀眼的景观。该花园有着 100 级楼梯，由一个个 100 平方米的小花圃，构成三组大方形的，每一块种植的都是不同品种的花，四季的花期不一样，呈现的景致也不同。“百段苑”是安藤忠雄“大地艺术”手法的又一杰作，它吸收了欧洲古典庭院的布局形式，与陡峭的山势巧妙结合，可谓是一处几何化的自然，融于更为博大的自然之中。水景是该公园的一大特色，成为各功能空间的黏合剂。中央区千盏喷泉组合和用百万枚贝壳铺砌的水池底成为整个景观的高潮。

3. 采用自然材料

大地艺术家运用泥土、植物、石头乃至自然现象作为创作素

---

① 图片来源：http://www.ja.wikipedia.org,2017-08-11。

材，通过艺术化加工，使这些自然材质的独特性得到发挥。在废弃矿区大地艺术设计中，应在符合生态要求的前提下巧妙地运用自然材料，使材料与矿区环境共同作用，创造丰富宜人的空间。德国科特布斯市附近由于100多年来煤炭开采留下了数十座巨大的露天矿坑。为了尽早恢复地区活力，地方政府不断邀请世界各国的艺术家以废弃矿区为背景，创作大地艺术作品。矿坑、废弃工业设施和大地艺术作品交汇在一起，形成荒野的、浪漫的景观，震撼人心。由于这些大地艺术作品由自然材料构成，随着时间的流失，作品将逐渐风蚀、变异或消失，废弃矿区也将恢复成生态环境良好的场所。

景观设计师 Charles Jencks 将位于苏格兰 Sanquhar 小镇旁的一处废弃露天采煤场改造成占地 55 英亩的大地艺术公园。公园名为"宇宙思考花园"，其设计灵感源自宇宙和科学，建造者充分利用地形来表现黑洞和分形等概念，展现了一种奇幻效果。如同星球运行轨道状的曲线形的湖面搭配着各种奇形怪状的桥梁，结合着多变的地形，带你进入一个又一个惊奇的世界。

图 6-37　宇宙思考花园①

① 图片来源：http://www.uk.wikipedia.org,2017-07-11。

2017 年，ASLA 专业组获奖作品欧文斯湖大地艺术(Owens Lake Land Art)项目采用了自然材料营造大地艺术作品，同时也产生了很好的生态效应。欧文斯湖位于加州内华达山脉东侧的欧文斯峡谷，在 1913 年之前水量一直较充裕，随着南加州城市人口的剧增，该处大量水资源被用作城市用水。到 1926 年，由于过度抽取水资源，该湖逐渐干涸，并成为美国最大的灰尘污染源。景观设计师通过实施引水、砾石覆盖和管理植被等缓解措施，实现了显著的降尘效果。同时为了使场地更加具有魅力，设计师从时速 80 英里的大风吹过 100 平方英里的湖泊产生的波浪效果中提炼意向(见图 6-38)，采用大地艺术的方法改造场地。

图 6-38 湖面波浪意向提取①

运用场地自然材料设计成一系列堆叠的岩石龛，为候鸟、哺乳动物和无脊椎动物提供了栖息地，保护它们免受风和掠食者的袭击(见图 6-39)。同时，设计者设计了公共通道和徒步旅行路线，创造鸟类和哺乳动物栖息地，并保存文化资源。

① 图片来源：http://www.asla.org,2017-11-12。

图 6-39　堆叠的岩石龛大地艺术①

4. 最小的场地干扰

进行大地艺术创作前，需要透彻地分析废弃矿区的气候、地形、地貌、植被、水文、历史文化以及遗留的人工痕迹等现状条件，挖掘场地的自然和人文精神，让大地艺术作品在尊重自然和人文特征的基础上展现矿区的个性，同时实现对场地的最小干扰。美国大地艺术家吉姆·戴温（Jim Denevan）在创作时充分考虑了场地的自然和人文特征，他在西伯利亚贝加尔湖冰冻的湖面上制作大型沙画，设计的时候尽可能地利用场地现有的地表特征，保留了冰冻的雪地和沙滩的痕迹，徒手运用木棍等工具营造大地艺术，期望唤起早期南极探险家的冒险精神（见图 6-40）。

① 图片来源：http://www.asla.org,2017-11-12。

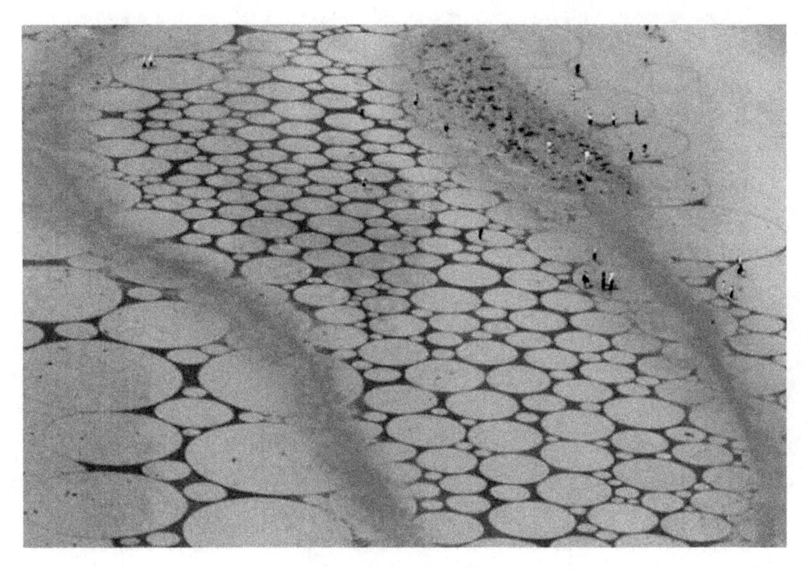

图 6-40 戏游大地

5. 把时间因素融入艺术创作

大地艺术是一门多维空间艺术，不仅有物质性的空间，还有时间维度，并且时间对于作品与周边环境的融合正发挥着重要的作用。马里奥(Walter de Maria)也强调大地艺术中用时间来创作，因为时间会赋予艺术作品更强的生命力。如著名的大地艺术家毛里，他在作品的创作中，将自然与艺术融合，按照自己的意愿去修剪植物。每当冬天来临时，冰雪覆盖的大地艺术总会有另外一番景象(见图 6-41)。

废弃矿区的场地和工业遗存见证了矿业采掘和加工活动使原生自然环境遭受破坏的过程，这种在时间轴上的场地变迁是大地艺术很好的题材，可以展现矿区的历史，也可以警醒人们，工业文明在给人类带来了丰富的物质财富的同时，也破坏了我们赖以生存的家园。此外，废弃矿区的环境修复往往是一个漫长的过程，在这个过程中矿区生态系统逐渐重建，场地由荒芜渐渐恢复生机。大地艺术

图 6-41　毛里的大地艺术

可以融入矿区修复的全过程，提升矿区景观质量，为单调、破损的环境增添魅力。

6. 暗喻思想的表达

暗喻是修辞语。在设计领域，暗喻即设计师通过暗示传达思想、观念或情感。暗喻是连接环境与人情感之间的桥梁，其通过作品传递给受众。暗喻是大地艺术创作中常用的手法，思想的蕴涵是大地艺术之魂，也是评判大地艺术作品优劣的重要标准，造型、材料和色彩都是其载体。设计者应从矿区历史、文化和场地特征中去提炼精髓，通过作品展示矿区场所精神，表达作者情感和对社会问题的思考；应重新审视人与自然的关系，是无尽的索取还是可持续的发展。

美籍日裔设计师野口勇在洛杉矶康斯塔梅斯镇所做的加州情景剧场是一个典型的暗喻思想在大地艺术中运用的例子。作品所在场地只有 120m×120m，但设计师将其变成一座具有深刻寓意的场地雕塑。从干燥、空旷和阳光灿烂的加州自然环境中提取意向，运用石头、植物和水来展现。大理石表面经过高度打磨像镜面一样反射光线，暗喻着诱使太阳神走出洞穴的古老传说。点缀着仙人掌的沙地和美洲杉围合的“森林步道”生动地记录了加州的自然风景(见图6-42)。

图 6-42 加州情景剧场

6.4.4 结语

废弃矿区再生设计是一项系统工程，需要多学科的通力合作。进行再生设计时不仅要追求功能、社会和生态意义，还需要运用艺术手段来增强环境的感染力。正如美国大地艺术家史密森(Robert Smith)所说，全国有大量的矿区、废弃地和被污染的水体，一个有效的解决办法是运用大地艺术使这些被破坏的场地再生。应摒弃背离可持续性设计的大地艺术形式，遵循自然演进规律，以废弃矿区的自然和人工环境为背景，采用原始简单形式，运用自然的材料进行艺术创作，在深入挖掘废弃矿区典型特征的基础上，塑造废弃矿区独特的艺术个性，提高景观质量，为人们提供多维的艺术体验方式，重建矿区人与环境空间的关系。

6.5　废弃矿区聚落生态设计

6.5.1　矿区聚落的概念

矿区聚落有两种划分方法。一是根据矿业类型，可以分为石油型、煤炭型、有色金属型、冶金型和化工型等多种类型的矿区聚落。二是通过区位划分，可分为依托矿业发展而成的聚落和无依托矿业发展的聚落。有依托矿区聚落是指原先没有聚落，因矿业而兴起的；无依托矿区聚落指原先就有聚落，后因矿业的发展而壮大的区域。① 基于生产和生活需要，矿区中通常包括工厂建筑、矿工宿舍、道路等。矿区与聚落融合后，与聚落功能相配套设施的种类和规模必然增加，如社区中市场、银行、会堂等建筑，此外，还有非物质文化遗产。综合以上分析可知，矿区聚落是矿区的主要组成部分，由于矿产资源开发而兴起，矿业职工及其家属为居民主体，经济社会功能相对独立。

6.5.2　矿区聚落存在的问题

随着我国产业升级转型，一些传统的矿业企业由于自身资源枯竭、劳动力外流、开发技术落后、环境承载力过大等问题不可避免地走向了衰落。目前，我国矿区聚落的发展存在以下几个问题。

1. 产业结构单一

矿区聚落过于依赖矿业，产业结构单一，随着矿产资源逐渐枯竭，矿业产业衰退，村镇发展难以为继。

---

① 戴湘毅，刘家明，唐承财. 城镇型矿业遗产的分类、特征及利用研究[J]. 资源科学，2013，35(12)：2359-2367.

2. 人员外流

随着矿业衰落，聚落配套设施落后，企业薪资无法保证居民的生活需求，导致大量的人员外流，矿区聚落面临着空心化和老龄化的窘境。

图 6-43 山西太原桃杏村白家庄矿空心化和老龄化聚落①

3. 污染严重

矿业开采、加工破坏了生态环境，恶化了矿区聚落的人居环境。

① 该图为米佳摄制。

图 6-44　山西太原桃杏村白家庄矿环境污染①

4. 矿业文化逐渐消失

随着矿产资源逐渐枯竭，很多矿区村镇聚落逐渐废弃，相应的矿业文化逐渐消失。矿业文化是矿区聚落的精神内核，包括历史、传统、记忆等内容，是矿区聚落复兴的精神源泉。

6.5.3　矿区聚落生态设计方法

1. 矿区聚落风貌设计

聚落风貌主要通过自然景观和人工景观来体现，也包含在聚落形成过程中的非物质文化，例如传统习俗、人文历史、当地杂艺等。矿区聚落风貌是基于矿业文化，在矿业环境的影响之下形成的环境特征。

(1)空间布局形式

在矿区聚落发展过程中，有一部分聚落原本就独立存在，其区

① 该图为米佳摄制。

位、空间格局和建筑形态随着时间的发展已形成一定的规模，后由于矿产资源的开发，对聚落原本的布局形式和结构都造成了影响。而另一部分聚落则完全依托矿业开采发展而成的，其村镇聚落的空间布局主要服务于矿业开采和加工。因此，应依据聚落的区位条件和形成原因进行空间布局优化。对于无依托型矿区聚落，应保护其原有的空间布局，在其基础上进行适当的改造和整治。对于由于矿业开采等原因遭到破坏的地区，应在优化聚落整体布局的前提下进行复原和重建工作，确保居民的生存环境得以改善；对于有依托型矿区聚落可依据所处的地形地貌条件和矿区特色进行空间布局。例如，矾山镇位于浙江省苍南县东南部山区盆地，境内因盛产明矾而得名，素有“世界矾都”之称，是浙南最悠久的矿山聚落。随着技术进步，矾的作用降低，矿区逐渐废弃，聚落逐渐转型发展旅游业。浙江矾山镇福德湾与矿区融为一体，空间布局具有特色，矿业遗址、村湾和自然环境融为一体。村湾改造中应该保护原有的空间布局形式和历史建筑，增加配套设施，提升整体人居环境品质(见图 6-45)。

图 6-45　浙江矾山镇福德湾村庄空间布局①

① 图片来源：http://www.cnfs.gov.cn,2017-08-12。

(2)矿区聚落色彩风貌

首先，应从当地的地域文化和历史建筑中提取色彩元素符号；其次，宜使聚落风貌色彩与当地的地理环境遥相呼应，创造出人工建筑环境与自然环境和谐统一的色彩景观；最后，应注意体现矿区聚落的矿业特色，营造矿业特色鲜明的矿区聚落色彩风貌。例如，日本石见银山矿区在 16 世纪至 17 世纪上半期的鼎盛时期，是日本主要的银矿来源，矿产枯竭后，经过保护和修缮成为亚洲首个登录世界遗产的矿山遗址，其范围包括银矿山遗迹及鞆浦道和温泉津冲泊道等矿区聚落。小镇保留了较多十六七世纪的历史建筑，聚落色彩风貌协调，与周围保护完好的森林资源和矿山遗址形成了自然与人文景观相融合的效果(见图 6-46)。

图 6-46　日本石见银山聚落

(3)建筑立面风貌

矿区聚落建筑立面改造主要有如下方法：一是对于具有一定历史价值的民居应进行保护和修缮；二是对于能够代表矿区历史的建筑应予以保留；三是对于质量较差并且影响聚落整体风貌的建筑应予以拆除。浙江矾山矿区内福德湾村的建筑极具地域特色，材料来自于地方石材，与自然融为一体。部分建筑年久失修，需要修缮，也有部分建筑与整体风貌冲突较大，需要进行外立面整治或拆除。经过建筑立面风貌整治后，整个聚落地域特色更加鲜明，有力地推动了旅游业的发展(见图 6-47)。

图 6-47 浙江矾山镇福德湾①

2. 矿区聚落公共空间设计

矿区聚落公共空间主要包括街巷、广场等。

(1)街巷空间设计

街巷是聚落居民活动的主要场所，也是整个聚落的脉络和肌理。由于建筑的布局和地势的影响，形成弯曲、笔直、狭长、宽敞等形式不一的空间。街巷和沿街立面的改造也会形成虚实统一的变化效果。对于矿区聚落的街巷景观来说，应结合其矿业文化的特色，在铺地材料、植物配置、空间形式等因素中融入当地矿业文化的景观元素，增强矿区聚落的可识别性和协调感。

(2)广场设计

广场是矿区聚落公共空间的重要组成部分。从功能上划分，矿

① 图片来源：http://www.cnfs.gov.cn,2017-11-12。

区聚落的广场主要分为两类：一类为生活性广场，其主要功能为日常交流、健身休闲、娱乐等。这类广场在设计过程中应空间划分合理、动静分区明确，满足各类人群的需求，特别是在空心化和老龄化严重的矿区聚落，应考虑到老人、儿童和妇女的使用需求。另一类为文化性广场，主要用于展示村镇的历史和举行集会等。广场一般位于村庄的入口区域，可用雕塑、浮雕墙、多媒体技术等形式展示矿区聚落的历史和矿业文化。例如西班牙桂尔工业区聚落的中心广场设计中以桂尔先生的雕塑作为广场中心景观，周围空旷的空间成为居民们游憩活动的场所(见图 6-48)。

图 6-48　西班牙桂尔工业区小镇中心广场

3. 矿区聚落植物景观设计

矿区聚落植物景观应充分结合聚落风貌、公共空间及道路进行设计。遵循乔灌草搭配、因地制宜的原则，注重季相变化和造景效果。

在矿区聚落的植物景观设计中，不仅要考虑到乡土植物的特性，还应考虑到矿区废弃地的特殊性。在选择植物种类的时候，应选择适宜在矿区种植的植物，不仅可以改善生态环境，也可实现空间造景的功能。可选用生长力顽强的植物进行种植。例如沙棘、狗牙根、胡枝子、芒草等先锋植物，逐渐形成针叶林和针叶混交林。景观效果较差的矿区建筑和构筑物可栽植攀援植物形成垂直景观带，起到藏拙的效果。

第7章　大冶铜绿山矿区再生设计

大冶市位于湖北省东南部，长江中游南岸，东临长江，北靠黄石、鄂州，西接咸宁、武汉，南邻阳新县。大冶市是全国县域经济百强县，中国铜都，世界青铜文化发源地，素有"百里黄金地，江南聚宝盘"的美誉。全市户籍人口96万，其中城镇人口50.47万，城镇化率51.4%。从区位条件看，大冶市位于武汉鄂州、黄石、九江城市带之间和湖北"冶金走廊"腹地，是武汉城市圈上重要的节点城市。

大冶市属亚热带大陆性季风气候，地势南高北低，兼有山地、丘陵、平原等地貌类型，农、林、牧资源比较丰富。境内物华天宝，矿藏丰富，且品种多、品质好、品位高、储量大。境内已发现和探明的矿产有65种，其中探明资源储量的矿产42种，包括能源矿产1种，金属矿产12种，非金属矿产29种，大小矿床273处。大冶是全国6大铜矿生产基地，10大铁矿生产基地和建材重点产地。其黄金、白银产量居湖北省之冠，硅灰石储量居世界第二。方解石、陶瓷土、水泥用灰岩的储量也十分丰富，是大冶未来矿业发展的新生和后续力量，是全国重要的建材生产基地。国家重点冶金企业大冶有色金属公司、武汉钢铁公司的主要矿源均在大冶市境内。①

大冶市历史悠久，文化积淀丰厚，拥有古矿冶遗址和鄂王城遗址两处国家级文物保护单位，铜绿山古矿冶遗址堪称世界第九大奇迹；大冶的革命历史文化丰富，中共大冶中心县委驻地、南山头革命纪念馆、红三军团旧址、鄂皖湘赣指挥部旧址等。此外大冶号称

---

① 数据来源：大冶市人民政府网站，http://www.hbdaye.gov.cn/zjdy/。

中国龙狮之乡，中国诗词之乡，中国石雕之乡，中国楹联文化城市等。

当前，大冶以资源开发为主导的产业仍占较大比重，经济结构性矛盾仍然突出，资源型特征仍然较为明显，随着资源逐渐枯竭，城市面临较大转型压力。

7.1　现状概况及规划范围

7.1.1　现状概况

金湖示范区是大冶城市远景发展区，位于金湖街道办事处辖区范围内，常住人口约4万(含矿区人口)，金湖示范区自然地形以丘陵为主，高程14.5~58.15m，地形高差在30m左右，内有村庄、居住区、淤积的余修七湖和少量农田，其中冶炼厂、采矿区和废矿区占了相当的比重(见图7-1、图7-2)，生产企业主要有有色铜绿山矿、新冶特钢等几家大型企业。由于长期的矿山开采和冶炼，除少量植被生长较好外，大量植被破坏严重，地表裸露，水土流失严重，露天采矿场、冶炼厂以及其他企业排放的废气、废水、废渣和工业粉尘严重影响了周边环境，居住环境恶劣。示范区内有连接市区和金牛镇的大金省道自东向西穿过，还有城区道路马四线和金井路，大广高速从其西侧穿过，其中，大广高速口与大金省道连通，区域内交通便捷。

图7-1　铜绿山矿坑

图7-2 矿区聚落

7.1.2 规划范围

金湖示范区位于湖北省大冶市西南方向。规划范围：北抵金阳路；南达迎宾大道；东到金井路；西至城关路；规划总面积为18.48km²(见图7-3)。

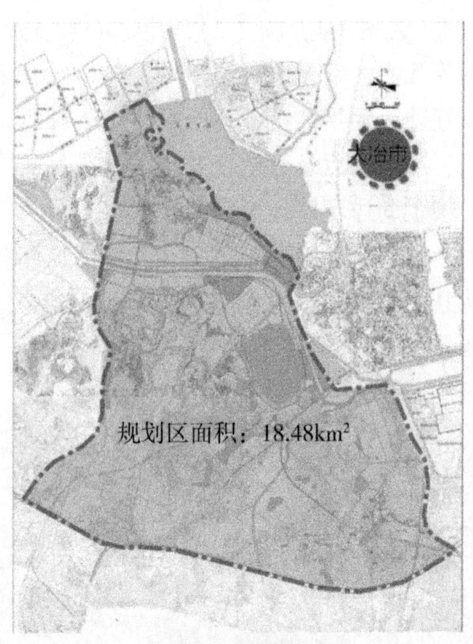

图7-3 规划范围图

7.2 旅游资源研究

7.2.1 大冶旅游业发展分析

大冶市依托武汉城市旅游圈的发展势头，结合黄石打造矿冶文化旅游名城的契机，积极推进文化旅游融合发展，将矿冶遗迹文化旅游和山水田园生态风光旅游纳入全省旅游线路，把大冶的文化旅游资源推向武汉等周边市场，打造辐射鄂湘赣皖的休闲观光旅游品牌。目前，大冶市拥有几处优良旅游资源，如被评为国家 4A 级旅游景区的雷山风景名胜区，被列为国家 3A 级景区的青龙山公园(见图 7-4)。

图 7-4 大冶市旅游资源分布图

7.2.2　规划区旅游资源分析

1. 规划区文化资源

(1)大冶文化之魂——楚文化

大冶西周时称鄂，是鄂王属地，是湖北简称“鄂”的源头。湖北是故楚之地，其以大冶鄂文化为代表的鄂东文化融合其他文化，形成了璀璨繁荣的楚文化。楚文化也深深地影响了一代代大冶人，荜路蓝缕、锐意进取、兼收并蓄等楚人优秀的品质和精神一直深深地根植于大冶人灵魂里。楚文化是大冶文化之魂。

(2)大冶文化之源——青铜矿冶文化

青铜矿冶文化是大冶地区最具代表的地域文化。历史悠久、根深蒂固的青铜矿冶文化已然深入大冶精神之中(见图 6-3)。根据文献记载和考古发掘，在中国的先秦时期，有三大铜矿冶基地：以大冶为中心(包括阳新、鄂州、江西瑞昌等)的铜绿山基地；以安徽铜陵为中心(含贵池、青阳等)的大工山基地；以山西恒曲为中心的中条山基地。在这三大基地中，冶炼及开采水平最高的是铜绿山古矿冶基地。

1973 年，在铜绿山古矿冶遗址中，发现了大规模的古代采铜矿井、炼炉和大量的炼铜遗留的炉渣。在古矿井内还发现了大批木铲、木槌、铜斧、铜锛、铁斧、铁锄等采矿工具和陶制生活用品。遗址中还清理出西周晚期至春秋早期的炼铜竖炉八座。古矿井最深处距地表达 50 余米，不同时代、不同结构采用不同木构井巷炼渣的分析证实，当时已成功进行了还原冶炼。由此说明，当时的冶炼技术已达到很高的水平。初步估算，从铜绿山大约炼出了 12 万吨粗铜，这代表了我国古代劳动人民在采矿和冶炼技术方面的伟大成就。铜绿山古铜矿遗址已列入全国重点文物保护单位，并进入国家世界文化遗产保护名录预备清单，比列入《世界文化遗产名录》的挪威勒罗斯铜的冶炼和铸造早两千余年(见图 7-5)。

图 7-5 大冶铜绿山古铜矿遗址

(3)大冶文化之脉——民俗文化

大冶的民俗文化非常丰富，包括传说典故、节庆活动和音乐等，具体形式有“哭嫁”“土主节”以及铁拐李金湖洗澡和真武大帝金湖淘金等。

(4)大冶文化之韵——玉石文化

孔雀石有着悠久的使用历史，“青琅玕”“绿青”等都是孔雀石在我国古代时的称号。玉文化是中国传统文化的重要组成部分，也是中国传统文化的重要载体，记录着中华民族灿烂辉煌的历史，反映了中国古代人民的审美观念，深刻地影响了一代代古人们的思想观念和生活方式。作为孔雀石玉主要产地之一的大冶，这种玉石文化是大冶矿冶发展的一个缩影，虽不及青铜矿冶文化那样绚丽多姿和影响之深，但是它也让大冶文化变得更加厚重和具有韵味。作为大冶文化传承载体之一的孔雀玉石文化，是大冶的文化之韵(见图7-6)。

图 7-6　孔雀石①

2. 景观资源价值评价

大冶铜绿山矿区有着较为优越的资源条件，在确定其再生产的设计模式之前，先对铜绿山矿区现状的资源条件进行深入的调查分析。根据上文废弃矿区景观资源价值评价体系，采取德尔斐法对其社会价值、经济价值、文化价值和环境价值中的各项评价因子进行赋分，进而得出铜绿山矿区景观资源价值的综合得分(见表 7-1)。

表 7-1　铜绿山现状资源价值评价表

层次	B_1	B_2	B_3	B_4	各指标相对于总目标的权重 W_i	得分
评价指标	0. 12	0. 294	0. 17	0. 416		
C_1 对城市历史发展的影响	0. 283				0. 034	85
C_2 民族认同和地域认同感	0. 181				0. 022	83
C_3 著名的历史事件及人物	0. 094				0. 011	90
C_4 增进就业机会	0. 442				0. 053	87
C_5 区位优势		0. 239			0. 07	90
C_6 交通条件		0. 132			0. 039	85
C_7 知名度		0. 459			0. 135	89

① 图片来源：http://www. hsdcw. com,2017-11-12。

续表

层次	B_1	B_2	B_3	B_4	各指标相对于总目标的权重 W_i	得分
C_8 规模与丰度		0.169			0.05	82
C_9 工艺独特和技术开创性			0.274		0.046	87
C_{10}历史悠久性			0.101		0.017	89
C_{11}科普价值			0.486		0.083	96
C_{12}产业风貌完整性			0.139		0.024	85
C_{13}地质条件稳定性				0.516	0.215	80
C_{14}环境治理难度				0.262	0.109	82
C_{15}景观可利用度				0.137	0.057	89
C_{16}城市空间标志性				0.085	0.035	88
最后得分						85.86

3. 铜绿山矿区再生模式

根据数据打分，计算得出铜绿山矿区景观资源的综合得分为85.86分，结合第三章废弃矿区景观资源识别、价值评价与再生模式的内容，可以得出铜绿山矿区适合采用深度开发模式。考虑到铜绿山矿区占地规模较大、开采历史悠久、遗迹丰富，尤其是青铜矿冶方面特色突出，综合了多种文化类型，如大冶文化之魂——楚文化，大冶文化之源——青铜矿冶文化，大冶文化之脉——民俗文化，大冶文化之韵——玉石文化等。因此，具体来看，铜绿山矿区再生模式可以以“文化产业模式为主，主题公园模式为辅”的再生方式，以文化资源为依托，发展特色文化产业，打造露天博物馆和创意文化园，进而整合资源成为大冶国家矿山公园的组成部分。

7.2.3 铜绿山旅游资源评价与分类

按照《旅游资源分类、调查与评价》(GB/T 8972—2003)，将大冶市铜绿山矿区内旅游资源划分为7个主类，13个亚类，22个基本类型。

根据《旅游资源分类、调查与标准》(GB/T 8972—2003)的旅游资源分类体系，现评定本区域拥有1处五级旅游资源，3处四级旅游资源，11处三级旅游资源、15处二级旅游资源，8处一级旅游资源(见图7-7)。

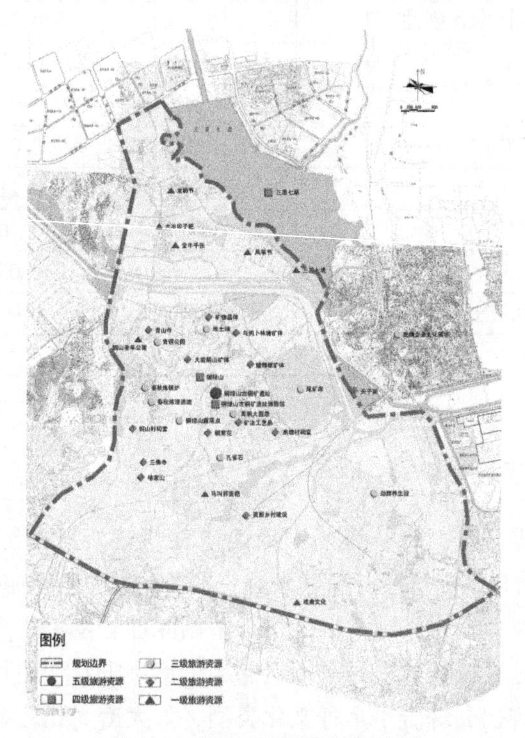

图7-7 规划区旅游资源评价图

7.3 基地现状认知

7.3.1 高程分析

规划区内地形高差较大，最高点高程为海拔200m，最低海拔-120m。规划通过对现状地形的整理和分析，评价范围内用地高程基本在海拔15~30m，由东北向西南地势逐渐升高(见图7-8)。

图 7-8 高程分析图

7.3.2 坡度分析

规划区内将场地的坡度分为 5%以下、5%~25%、25%~50%和 50%以上四个等级，其中低于 25%以下的用地占整个用地面积的 69.3%(见图 7-9)。

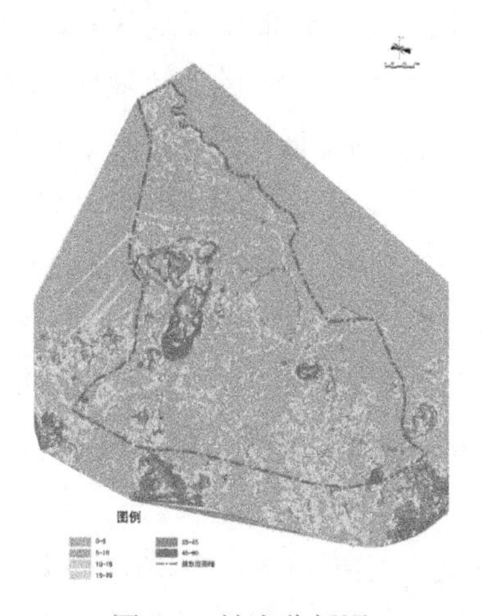

图 7-9 坡度分析图

7.3.3 用地适宜性评定

在充分考虑用地的自然条件、建设条件以及人为因素等的基础之上，将用地的综合评定共分四类(见图 7-10)。

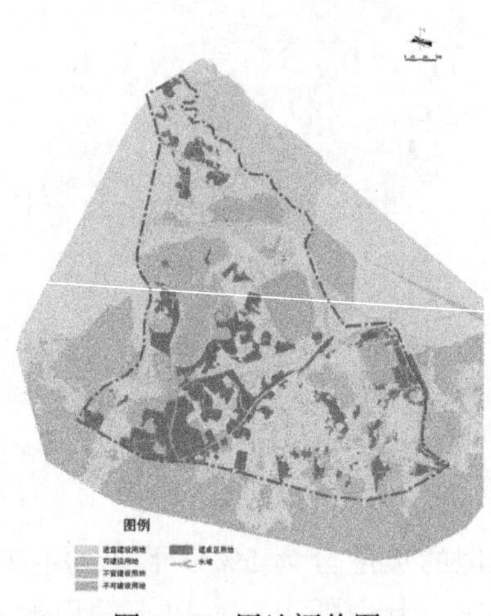

图 7-10　用地评价图

(1)适宜建设用地。主要分布在规划区北部和东南部，高程在海拔 15~30m，而坡度在低于 10%的丘陵坡地。该区生态敏感性较低，地质条件较好，高程高度低，地形平整，适宜城市建设。

(2)可建设用地。主要分布在规划区东北部和西南部，高程在海拔 0~15m 和海拔 30~50m，而坡度在 10%~25%的丘陵坡地、水体缓冲区协调区等区域。

(3)不宜建设用地。主要分布在规划区东部；高程在海拔-20~0m 和海拔 50~70m，而坡度在 25%~50%的丘陵坡地、生态高敏感区。

(4)不可建设用地。主要分布在规划区中部，高程小于海拔-20m 和大于海拔 70m，而坡度大于 50%的山地丘陵区、风景名胜核心区、水体缓冲核心区等。

7.3.4 土地利用现状

规划范围内现状用地混杂，建设用地与非建设用地面积大约各占一半比例，用地发展潜力较大。规划区内非建设用地包括水体、农林用地以及空闲地；规划区内建设用地以采矿用地和城乡居民点建设用地为主。规划区内有两处矿坑遗址、一处较大尾砂坝，矿坑高差较大。由于多年的开采、工厂建设和居民生活等原因，规划区内破坏严重且整体地势复杂凌乱，为规划设计带来了较大挑战(见图 7-11)。

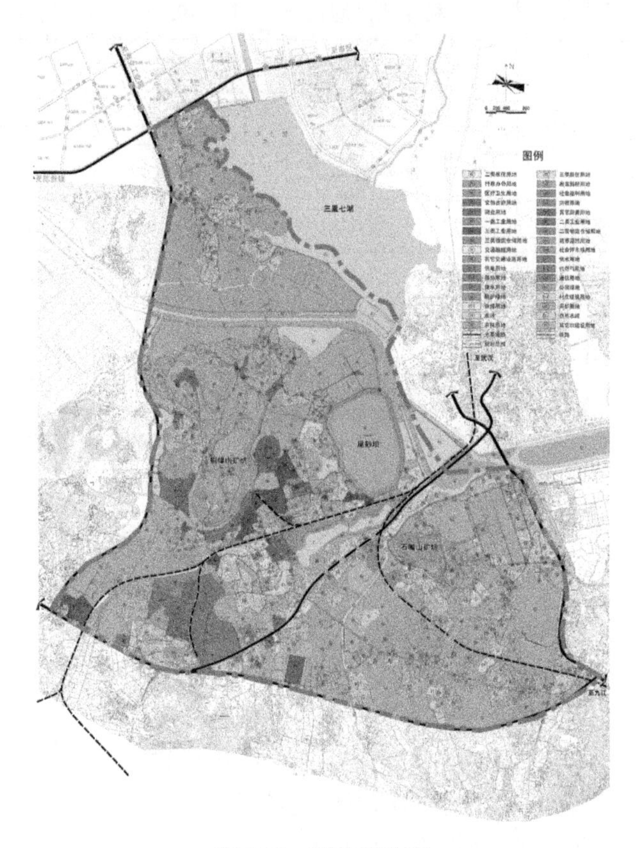

图 7-11 现状用地图

表7-2 现状城乡用地平衡表

现状城乡用地构成模式					
用地代码			用地名称	用地面积（hm^2）	占城乡用地比例(%)
大类	中类	小类			
H			建设用地	915.04	49.53
	H_1		城乡居民点建设用地	486.30	26.32
		H_{11}	城市建设用地	292.49	15.83
		H_{14}	村庄建设用地	193.81	10.49
	H_2		区域交通设施用地	19.42	1.05
		H_{21}	铁路用地	19.42	1.05
	H_5		采矿用地	409.32	22.15
E			非建设用地	932.56	50.47
	E_1		水域	138.11	7.47
	E_2		农林用地	724.28	39.20
	E_9		其他非建设用地	70.17	3.80
城乡用地				1847.60	100.00

7.3.5 现状道路分析

矿冶大道东西向横贯规划区且在规划区西侧与大广高速通过互通口相连接；金井路紧贴规划区东南角；马四路连接矿冶大道和金井路，三条主要道路呈三角形式布局。规划区内部衔接道路等级较低，路幅较窄，质量一般且凌乱复杂，整体呈树枝状尽端状布局。铜绿山及其周围片区现状道路系统混乱无序，且对外出入口极少，出行和运输较为不便(见图7-12)。

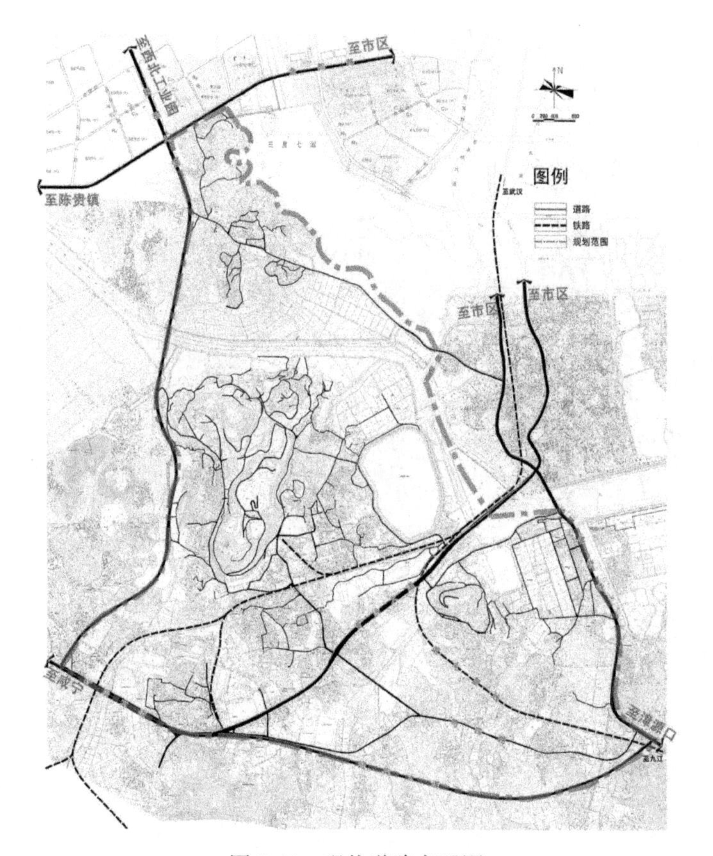

图 7-12 现状道路交通图

7.3.6 现状水系分析

基地现状水体较多，主要为长流港、尾砂坝蓄积的大面积水体、鱼塘、藕塘和灌溉渠。三里七湖和天子湖有小部分在基地内。长流港自西向东横穿基地流向三里七湖。基地外有三里七湖、红星湖、天子湖、大冶湖等大面积水体。基地内有很多工矿企业，污染物的排入造成基地整体水质较差，水质富营养化呈现逐渐加重的趋势；底泥污染也很严重(见图 7-13)。

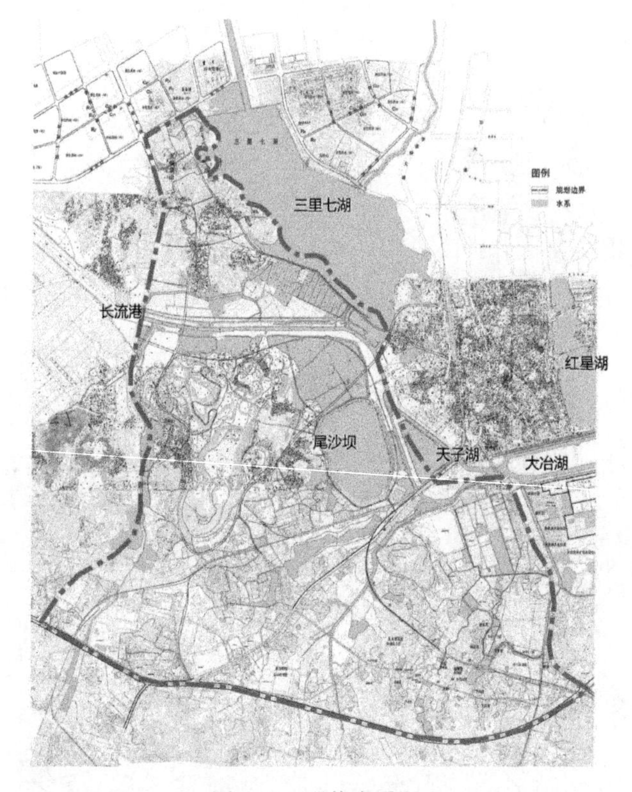

图 7-13　现状水系图

7.3.7　现状景观资源分析

铜绿山矿区内有大面积水体和绿地。三里七湖水面开阔，湖面景观良好。湖西岸村镇除村镇居民建设和部分道路以外均为农田，属乡村田园风光。滨湖地块地形平坦，景观植物良好，未来开发潜力巨大。铜绿山—三里七湖旅游区整体自然景观状况一般，环境也受到一定程度的污染，制约了景区的建设和旅游发展，有待整体提升改造。

铜绿山矿区山体因露天采矿受到大面积损坏。除小量陡峭山坡处和未开采处，大部分植被已经被破坏，矿区企业排除的废气、废渣等严重影响了铜绿山的景观环境(见图 7-14)。

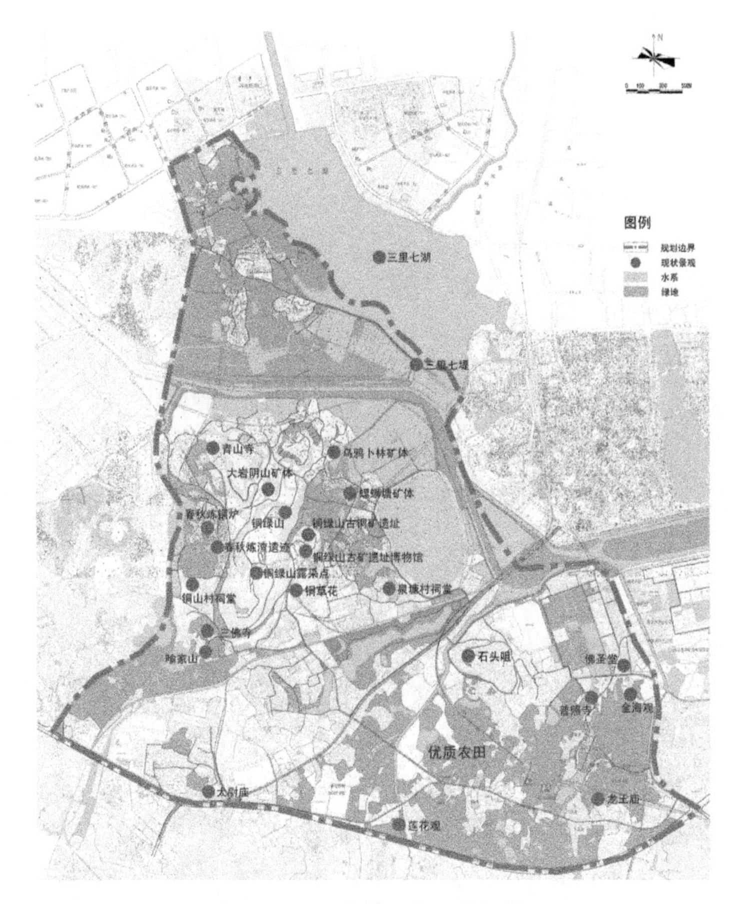

图 7-14 现状景观资源分析图

7.3.8 现状工矿企业分布

现状规划区范围内以及周边遍布各种大小工矿企业，占地规模较大，并向山体蔓延，建筑体量、色彩和形式等方面缺少与山体景观的协调，并影响到三里七湖和城区的一些主要景观视廊（见图 7-15）。

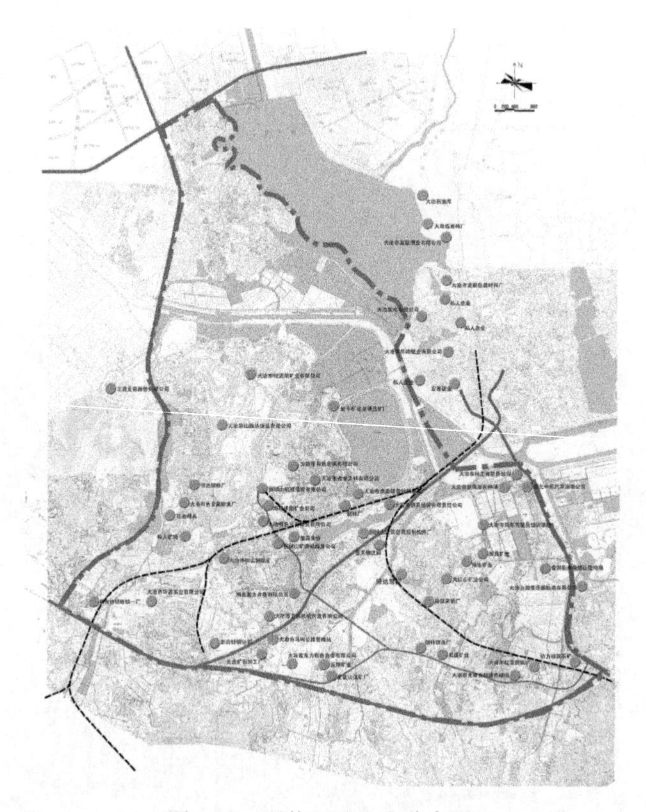

图7-15 现状工矿企业分布图

7.3.9 现状受损资源分析

金湖生态园内存在众多自然资源受损情况(见图7-16)：

①铜绿山和石头咀矿区山体因露天采矿受到大面积的损坏，除小量陡峭山坡处和未开采处以外大部分植被已经破坏。

②长期的矿区企业工业生产活动对该区域的自然生态环境造成了一定的污染，植被资源也受到破坏，严重影响了山体的自然景观和游览体验质量。

③尾砂库由于洗矿废水的排入，土地资源也存在较大的损坏。

④部分村庄内企业众多，环境杂乱，空气污染严重。

⑤整个区域的整体景观面较差，急需治理。

图 7-16 现状受损资源分析图

7.3.10 现状村庄分布

金湖生态园内有桃花村、泉塘村、铜山村、铜绿山、马叫村、石花村、下四房村七个村庄。总人口 22411 人，其中常住人口 21911 人(见表 7-3、图 7-17)。

表 7-3　区域内村庄人口情况表

村　庄	常住人口(人)	总人口(人)
桃花村	3986	4486
泉塘村	2524	2524
铜山村	1380	1380
铜绿山	8879	8879
马叫村	2130	2130
石花村	1320	1320
下四房村	1692	1692
总计	21911	22411

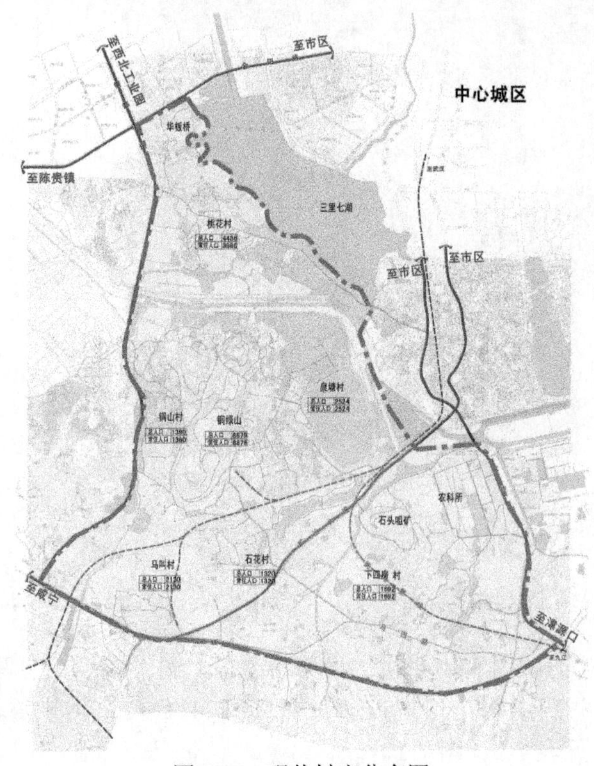

图 7-17　现状村庄分布图

7.3.11 旅游开发安全风险评价

1. 评价体系与方法

(1)因子选取原则

科学性原则：完备性、科学性、正确性。指标概念明确，具有科学内涵。

定性与定量兼具：风险评价选取的因子要尽可能量化，如困难且重要，可采取定性描述。

可操作性原则：因子可取性、可比性、可测性、可控性。

简洁与聚合原则：简洁使因子易于使用，聚合则利于全面反映问题。

(2)旅游开发安全风险评价因子

依据旅游开发制约因素，选择自然环境条件、地质环境条件和人类活动三大因素作为评价组成，制定8种评价因子，按照风险等级分别赋予权重(见表7-4)。

表7-4 旅游开发安全风险评价因子表(指标值越大，风险越高)

<table>
<tr><th>评价因素</th><th>评价因子</th><th>分级描述</th><th>指标值</th></tr>
<tr><td rowspan="3">自然环境条件
(0.25)</td><td rowspan="3">生态敏感性
(0.25)</td><td>较高敏感</td><td>3</td></tr>
<tr><td>中度敏感</td><td>1</td></tr>
<tr><td>低敏感</td><td>0</td></tr>
<tr><td rowspan="7">地质环境条件
(0.45)</td><td rowspan="4">坡度
(0.2)</td><td>45°以上</td><td>5</td></tr>
<tr><td>25°~45°</td><td>3</td></tr>
<tr><td>5°~25°</td><td>1</td></tr>
<tr><td>5°以下</td><td>0</td></tr>
<tr><td rowspan="3">地貌结构
稳定性
(0.25)</td><td>不稳定(未加固陡坎、滑坡)</td><td>5</td></tr>
<tr><td>较稳定(50米范围缓冲区)</td><td>3</td></tr>
<tr><td>稳定</td><td>0</td></tr>
</table>

续表

评价因素	评价因子	分级描述	指标值
地质环境条件（0.45）	塌陷/采空区安全性（0.25）	低(距塌陷区≤50m)	5
		较低(50~100 m)	3
		一般(100~200 m)	1
		无(>200 m)	0
	地下矿道地质安全性（0.3）	低	5
		一般	3
		安全	0
人类活动（0.3）	矿山开采情况(0.35)	重点开采区块	3
		重点开采范围	1
		其他	0
	露天尾砂池环境干扰（0.45）	剧烈(≤50m)	5
		一般(50~100m)	3
		微弱(100~200 m)	1
	主要交通线（0.2）	远离(>200 m)	2
		较近(100~200 m)	1
		易达(≤100m)	0

(3)评价步骤

建立数据层，形成栅格化的图，根据各个因子的权重对因子评价图进行千层饼叠加分析，生成生态敏感性评价、地质地貌安全风险评价以及人为活动安全风险评价图，进而依据三者权重得出旅游开发安全风险综合评价图。

2. 评价结果

依据评价步骤可得出，生态敏感性评价中规划区非特殊生态功能区，不存在高生态敏感性区域，大部分区域为中低度敏感区，其中低生态敏感区主要分布在北部区域及南部部分地区，较高生态敏感区分布较为零散多为植被覆盖密集地区、水系周边以及地形陡峻地区；地质地貌安全风险评价中规划区人为环境高风险区主要为现状大型尾砂池及其周边区域，中度风险区主要为区域中部及东南部采矿区，其余区域为中低风险区、其中低风险区分布于交通干道周边；人为活动安全风险评价中规划区整体多为地质低风险区，地质地貌高风险区主要分布于铜绿山露天采坑北矿坑边坡及其周边区域，较高风险区集中于铜绿山矿坑和石嘴山矿坑，这主要是由于矿坑及周边地区地貌环境复杂、地质环境脆弱所造成(见图 7-18)。

图 7-18 生态敏感性评价、地质地貌安全风险评价以及人为活动安全风险评价图

运用 ArcGIS 对生态敏感性评价、地质地貌安全风险评价以及人为活动安全风险评价图按照各自权重进行叠加分析，得出旅游开发安全风险综合评价图，作为后续规划设计的重要依据(见图 7-19)。

从旅游开发安全风险综合评价图中可得出如下结论(见表 7-5)：

规划区约 78.5%的面积为低风险及一般风险区域，旅游开发生态扰动较小；

规划区约 5.8%的区域为高风险区，主要为铜绿山露天矿坑边坡及其周边区域、三里七湖尾砂池及其周边区域以及部分山体边坡等，这些区域须严禁开发，以生态保护与修复为主；

规划区约 15.5%的区域为较高风险区，主要位于区域中部，

图 7-19　旅游开发安全风险综合评价图

矿坑与尾砂池所在地及其周边区域，这些地区应严格限制建设性活动。

表 7-5　风险分级表

风险分级	面积(hm^2)	比例(%)
高风险	106.78	5.79
较高风险	286.593	15.54
一般风险	608.054	32.98
低风险	842.274	45.68

7.4　项目定位

7.4.1　总体定位

以生态修复为基础，以楚文化、民俗文化、青铜矿冶文明史为脉络，将规划区域打造成为集欣赏、游乐、科教、养生、休闲、度假于一体的生态文明建设示范区。

铜绿山矿区策划及概念性总体规划首先要解决的问题是核心定位。众所周知，青铜古矿遗址是此规划范围内最具历史价值、最有世界影响力的资源。从金湖生态示范区整体上分析，它确实是一颗耀眼的明珠、是最有旅游价值和亮点的资源；但如果将其作为本次规划的骨架，却难当此任。铜绿山矿区的规划内容、项目以及发展方向远远超出了一个遗址、一种文化的界定范围，它是融合了楚文化、青铜矿冶文明遗迹等极具本地特色的民俗文化为一体的，以生态旅游、生态度假为目的的综合性5A风景区。

铜绿山矿区规划的具体内涵可为“三都”“六基地”(见图7-20)。

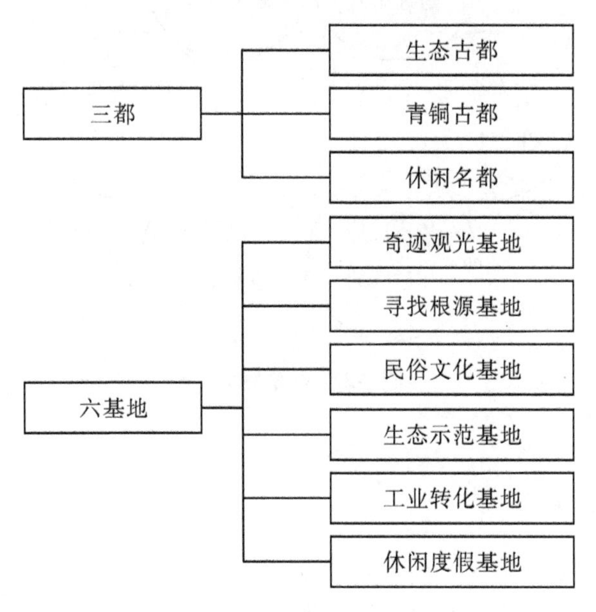

图7-20 “三都”“六基地”

7.4.2 产业定位

以生态作为先导，加快推进产业融合的深度与力度，着力推动现代都市农业、文化创意产业、现代服务业等两型产业的发展，限制污染环境的第二产业的发展，将规划区打造成为大冶市最具有代表性且文化特色突出的生态示范产业区。

7.4.3 功能组成

铜绿山矿区的规划，主要是发展其生态文明建设示范区与时尚生态旅游区等功能，具体而言，其功能组成如图 7-21 所示：

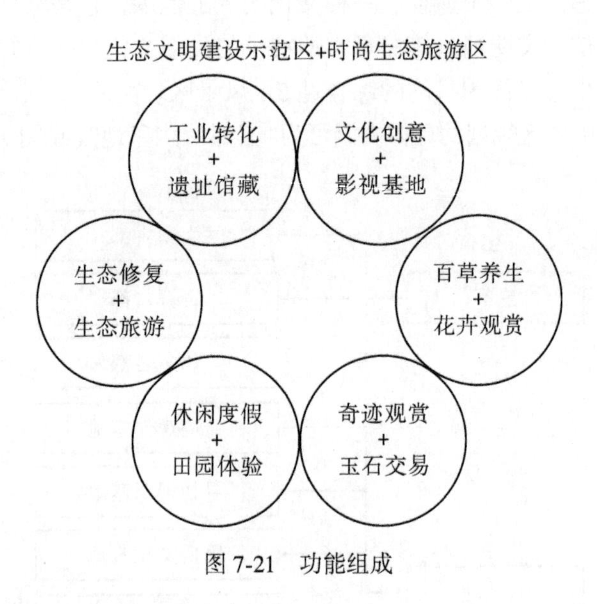

图 7-21 功能组成

7.4.4 发展目标

深刻认识生态文明建设和环境保护重大意义，让生态系统能休养生息，充分发挥生态系统的自我调节能力，着力完善生态文明建设制度体系，正确处理经济发展与环境保护的关系，构建生态文明建设示范区。

AAAAA 级旅游景区：整合资源，重塑形象，创建特色化的 AAAAA 级旅游景区。

世界文化遗产地：数千年文明，璀璨恢弘，成为凝练魅力的世界文化遗产地。

诗情画意新意境：用全新的规划设计理念打造诗情画意般的新意境，从单一的以工业观光为主，打造成为集休闲、体验、养生、游乐于一体的综合性旅游目的地。

鄂东南城市功能后花园：不断完善功能并提升品质，改善生态环境，努力打造成为人与自然和谐共生的低碳生态新园区。

7.4.5 主导战略

铜绿山矿区规划注重战略性，其主导战略有四大方向，如图7-22所示：

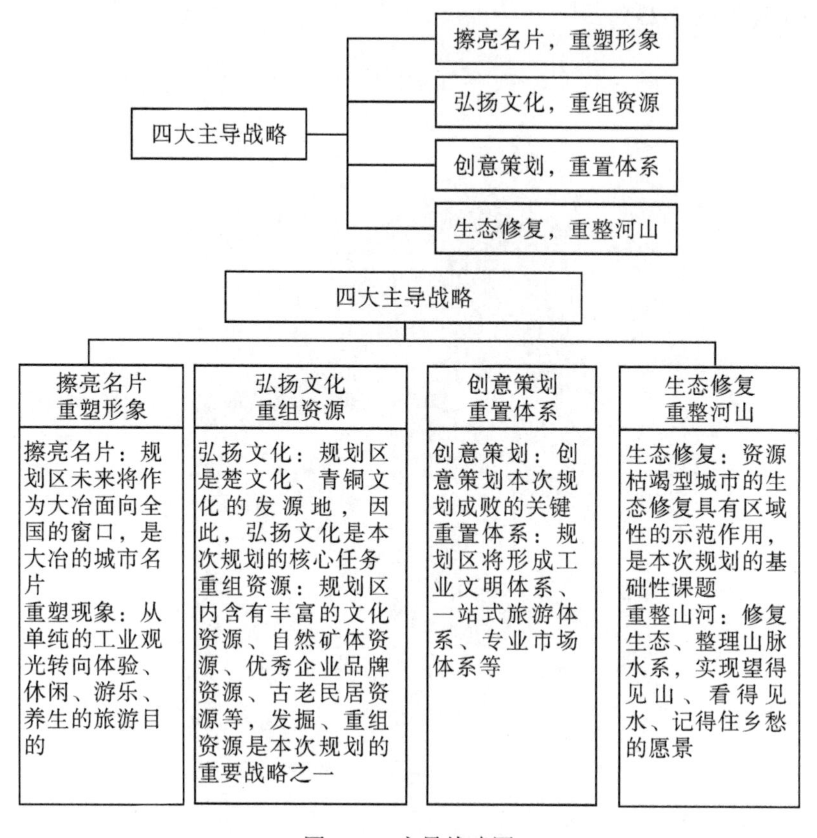

图7-22 主导战略图

7.5　空间布局及项目体系

7.5.1　空间布局规划

在充分研究旅游开发战略并分析旅游资源空间分布特点的基础之上，挖掘出大冶市最具核心竞争力的旅游资源以及最具开发潜力的特色区域，再融合区域规划中“增长极”和“点轴开发”两种模式，总体上形成“一心两翼三脉四区”的空间格局，并在此基础之上形成“一心引爆、两翼齐飞、三脉串动、四区融合”的空间动态发展战略(见图7-23)。

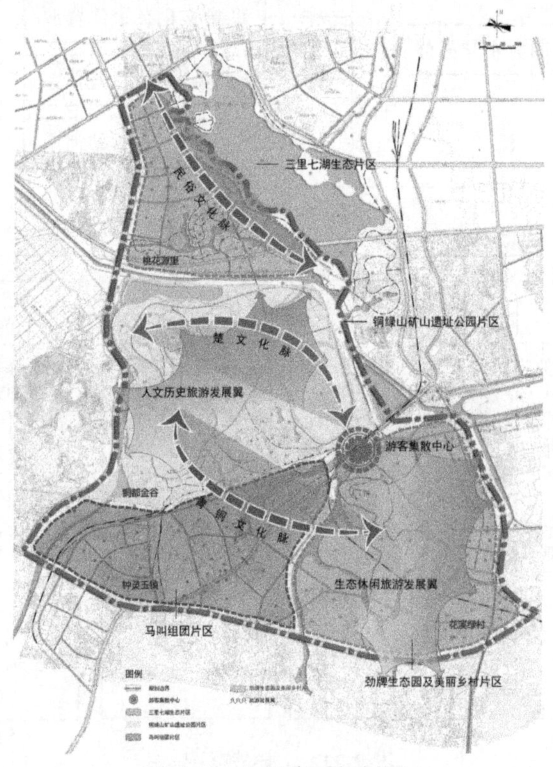

图7-23　空间布局规划图

7.5.2 项目体系构筑

铜绿山矿区规划，主要面向两大层面，即生态修复与美丽乡村建设，其项目体系构筑如图 7-24 所示：

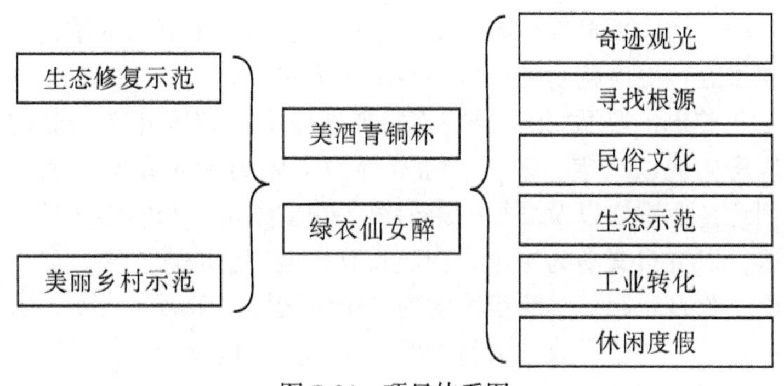

图 7-24 项目体系图

项目一：奇迹观光——以古矿坑遗址为主题。

奇景观光：依托铜绿山古矿遗址博物馆奇景，完善并构建古矿遗址主题公园。坐“井”观天：选址天坑平台，建造规模宏大的青铜文化广场。采掘遗址观光：利用大天坑重现现代采掘工业规模化时期盛况。奇峰异石：奇峰异石园与天坑岩壁相映成趣。金谷铜音：利用填坑平台，建造全国最大、最具特色的露天音乐厅。

项目二：寻根探源——以鄂地楚文化为主体，以鄂王城遗址为线索。

文化观光：鄂王古城新址，矿区最高的观景平台，近距离体验楚国建筑风貌。参与体验：楚风民俗体验——越人歌，影视拍摄。微缩景观：利用尾砂库建造战国时期楚国及领国疆域微缩景观，引入“鄂君启节”，再现当年鄂王城的商贸枢纽地位。楚风街区：利用铜绿山矿西大门广场规划建造具有浓郁楚风的文化街区。科考研究：楚国古物科研考察、百家争鸣活动(设讲坛、论考古)。

项目三：民俗体验——以民俗、传说为主体。

神秘传说项目：桃源村境内沿三里七湖围绕绿衣仙女的传说塑

造水系景观带。民俗文化项目：围绕民俗文化塑造绿带景观，包括铁拐李成仙的传说、东方塑成仙传说、姜太公金湖下棋。

项目四：生态示范——以生态修复为主体。

石嘴山矿坑再生设计：修复后的矿坑将成为一处集生态修复、矿冶文化展示为主体的景区。劲牌生态园项目：其中有中科院院士纪念广场、植物百草养生园、蔬果采摘园、劲酒中草药标本馆。

项目五：寻宝购物——以马叫组团为主体。

工业转化：遵循“退二进三”的规划原则，利用外迁企业的车间、厂房构造以珠宝、矿石、标本等为主体的专业级鉴定展示场馆、创意企业中心以及酒吧一条街等。珠宝集市：马叫组团的商业街改造，以宝石交易为主体，构建具有本地特色的珠宝街、矿石标本商街。收藏乐园：马叫组团的规划中将陶瓷、玉石、古玩、家具等集中交易，建造以收藏为目的的商业形态。购物天堂：根据专业级市场的规划要求，完善综合配套服务设施。

项目六：休闲度假——以劲牌生态园和美丽乡村为主体。

度假养生园：劲酒美食中心、劲酒 SPA 水疗园、休闲运动基地、“70”后度假养生园(专为 70 岁以上老人提供度假养生)。美丽乡村：以上冯村古民居为目的地的乡村旅游线路，同时将劲牌生态园南边以及上冯村接壤的区域，全面规划为美丽乡村的主题，通过整治、改造、修葺、融于整个生态新区的板块。农居、土菜、乡风、乡情，不一而足。宗教祭祀：完善青山寺配套，加大政府扶持力度，引导信众参拜热情，将佛教文化作为本次规划的重要节点。自驾游基地：这是整个园区唯一允许私家车进入的自驾游基地。露营、野炊均设专属营地，安全、低碳、环保，忘情于山水之间，流连于美丽乡村之中。

7.6　专项规划

7.6.1　旅游产品体系规划

金湖生态示范区旅游产品体系包括基本旅游产品和专题旅游产品两大类(见表 7-6)。其中基本旅游产品包括观光旅游产品、度假

表 7-6 旅游产品体系表

产品体系	产品类别(大类)	产品类别(中类)	产品类别(子类)	主要旅游产品
基本旅游产品	1. 观光旅游产品	自然观光产品		古铜矿大天坑、湿地公园、森林公园
		人文观光产品	历史遗迹产品	春秋炼铜炉、古矿渣遗址、乌鸦卜林塘矿体遗址、螺蛳塘矿体遗址
	2. 度假旅游产品		现代观光产品	劲酒品鉴馆、中草药标本挂壁展示厅
			文化观光产品	楚国疆域版图景观、鄂君启节、古城池微缩景观、越人歌、鄂王城、恐龙主题公园
	3. 康体休闲产品		观光植物园产品	世界上最大规模沿坑壁种植的杜鹃花海、矿坑生态修复展示、海州香薷(铜草花)花海、中草药种植园
		乡村度假旅游产品	乡村旅游	乡土人家、农家乐、风情民宿
		城市度假产品	城市观光产品	星级度假酒店、生态居住
		体育旅游产品	健康旅游产品	极限运动、矿山体育运动馆、寻宝体验、野外拓展、自行车运动俱乐部、羽毛球运动产品
		保健旅游产品	养生旅游产品	养生文化园
		生态旅游产品	乡村旅游	美丽乡村风貌展示、上冯村生态古村游览、春夏秋冬瓜果采摘园

续表

产品体系	产品类别(大类)	产品类别(中类)	产品类别(子类)	主要旅游产品
基本旅游产品	4. 商务旅游产品	——	绿色旅游	世界上最大规模沿坑壁种植的杜鹃花海、矿坑生态修复展示、海州香薷(铜草花)花海等生态修复体验
		——	——	孔雀石交易会、特色水产交易会、青铜音乐节
		民俗旅游产品	——	农活竞技、龙狮节、风筝节
		艺术欣赏旅游产品	——	玉石鉴定中心
专题旅游产品	5. 古铜矿科学考古旅游产品	——	其他	铜绿山古矿遗址博物馆、奇石园、青铜文化广场、矿坑金谷音乐厅、鼎盛时期工业展示、矿冶工业科普及展示区、青铜艺术器具展示村、青铜艺术器具制作体验村、青铜艺术器具交易村
	6. 寻宝购物旅游产品	——	其他	餐饮购物中心、玉石交易馆

旅游产品、康体休闲产品和商务旅游产品；专题旅游产品包括古铜矿科学考古旅游产品和寻宝购物旅游产品。

7.6.2 风景游览规划

根据金湖生态示范区旅游景点的布局规划以及旅游产品体系的规划建设，本次规划将重点打造四条游览线路(见图 7-25)。

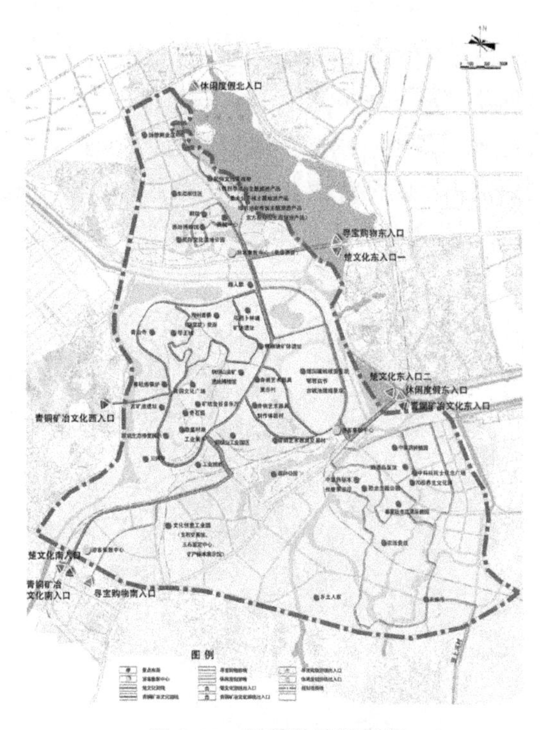

图 7-25 风景游览规划图

楚文化游线：以串联楚国疆域版图景观、越人歌、鄂王城等古楚文化遗迹景观打造的游览线路。

青铜矿冶文化游线：打造以古青铜矿体遗址及冶炼遗迹展现为主题的游览线路。

寻宝购物游线：以探究民俗文化，寻找当地美食，以及玉石、青铜工艺品购物为主题的游览线路。

休闲度假游线：串联南部美丽乡村、劲酒养生园和北部湿地景观为主体的游览线路。

7.6.3　土地利用规划

为保证金湖生态示范区的生态系统及其发展，保持其景观特色和地方文化内涵，营造特色环境氛围，开展土地利用规划，要遵循以下原则：

与《大冶市城市总体规划(2005—2020)》《大冶市城乡总体规划(2013—2030)纲要》等上位规划相协调；与总体规划的分区规划相协调；保护各类绿地、耕地、水域；因地制宜，合理调整土地利用，优化土地利用结构，形成符合金湖生态示范区特征的土地利用类型进行分类规划(见图 7-26)，并以城市建设用地平衡表展现(见表 7-7)。

图 7-26　土地利用规划图

表 7-7 城市建设用地平衡表

用地代码			用地名称	用地面积 (hm²)	占城市建设用地比例(%)
大类	中类	小类			
R			居住用地	163.91	19.72
	R_1		一类居住用地	19.27	2.32
	R_2		二类居住用地	144.64	17.40
A			公共管理与公共服务设施用地	142.82	17.18
	A_1		行政办公用地	10.91	1.31
	A_2		文化设施用地	66.05	7.95
	A_3		教育科研用地	13.26	1.60
	A_5		医疗卫生用地	4.43	0.53
	A_6		社会福利用地	0.28	0.03
	A_7		文物古迹用地	32.30	3.89
	A_9		宗教用地	15.59	1.88
B			商业服务业设施用地	90.98	10.95
	B_1		商业用地	81.45	9.80
	B_3		娱乐康体用地	9.38	1.13
	B_4		公用设施营业网点用地	0.14	0.02
M	M_1		一类工业用地	49.74	5.98
S			道路与交通设施用地	154.58	18.60
	S_1		城市道路用地	105.56	12.70
	S_3		交通枢纽用地	0.93	0.11
	S_4		交通场站用地	9.69	1.17
	S_9		其他交通设施用地	38.40	4.62

续表

用地代码			用地名称	用地面积(hm^2)	占城市建设用地比例(%)
大类	中类	小类			
U			公用设施用地	4.04	0.49
G			绿地与广场用地	225.12	27.08
	G_1		公园绿地	162.73	19.58
	G_2		防护绿地	55.37	6.66
	G_3		广场用地	7.02	0.84
H_{11}			城市建设用地	831.19	100.00

7.6.4 交通系统规划

(1)外部交通

规划区的西侧有106国道、大广高速经过，大金省道穿境而过，构成东达沪宁、南抵潇湘、西接武汉、北连长江的交通网络。老武(昌)—九(江)铁路东西方向横穿规划区。

河南、武汉、黄冈、鄂州等方向的游客可经大广高速或106国道从规划区东北部出入口进入景区；而黄石、大冶城区游客可直接从东部主要出入口进入；湖南、江西、咸宁等方向的游客则可通过咸黄高速、大广高速、315省道、238省道等由西南部入口进入景区。

(2)内部交通

内部交通采用方格网和环状两种形式分区布置，对道路级别进行科学合理的划分，其中主干道主要承担规划区内部及周边的区域交通，次干道则主要联系景区内部各个分区，支路则主要联系各个片区组团。为保证中部铜都金谷片区的旅游功能的充分发挥，为避免外部车行交通穿越影响，规划区内各分区的交通联系主要由外部及边界的主干道连接(见图7-27)。

规划区充分考虑地形和洪水位影响，确定海拔14.10m作为规划区道路最低控制高程。

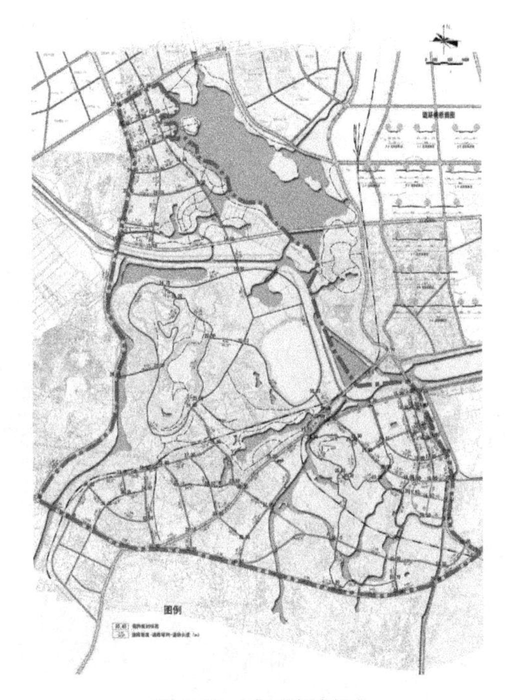

图 7-27 交通规划图

7.6.5 绿地系统规划

农林绿地集中在劲牌生态园及美丽乡村片区、铜绿山矿山遗址公园片区这两个片区内。公园绿地分布在三里七湖生态片区的南部以及铜绿山矿山遗址公园的南部地区。

规划水系对原有水体进行充分利用，并以长流港为源头，扩充了许多支流水系，局部打通水系，以实现水系源远流长的愿景，丰富地块内的水体景观和视觉多样性。

规划改善沿湖的植被生态，以提高水土保持能力，净化水质。宜保持自然状态，着力打造绿意掩护、具有自然气息的亲水休闲空间。以自然休闲、观光活动为特色意象，在临水处和绿化景观周边结合水体或绿化进行景观小品营造(见图 7-28)。

图 7-28　绿地系统规划图

7.7　拆迁安置

大冶金湖地区包括 10 个村庄及两个矿区社区，其中上冯村、四斗粮村、八角脑村、马叫村、泉塘村、铜山村、石花村级铜绿山社区、石嘴山村为金湖街道办事处所辖，桃花村及华板桥村为城北开发区所辖(见表 7-8)。范围内村庄的用地现状主要由三个部分组成：农田、村庄建设用地及村辖区企业工业用地。除上冯村外，其余村庄建设用地地势均较为平坦。

表 7-8 金湖地区村庄概况表

<table>
<tr><th colspan="2">名称</th><th>总人口数</th><th colspan="2">名称</th><th>总人口数</th></tr>
<tr><td colspan="2">上冯村</td><td>1664</td><td colspan="2">铜山村</td><td>1404</td></tr>
<tr><td>四斗粮村</td><td>大屋、五里堤社区</td><td>2180</td><td>泉塘村</td><td>新屋曹、石家湾、熊家湾、郭家湾、卢家湾、曹家湾</td><td>2400</td></tr>
<tr><td>下四房村</td><td>骆家湾、下罗湾、赵北风湾、墨林庄、下四房</td><td>1692</td><td>石花村</td><td>石文再新村、石瑞华、吴公旦、南村、上、下周村</td><td>1320</td></tr>
<tr><td>八角脑</td><td>八角脑、柯坳湾、程家脑、万家庄、吴家畈</td><td>1542</td><td>桃花村</td><td>冯家湾、九陈、许家嘴、上甘</td><td>2692</td></tr>
<tr><td>马叫村</td><td>谢家湾、陈公湾、刘家二湾</td><td>2130</td><td>华板桥村</td><td>下华、胡家庄、石红喜</td><td>2135</td></tr>
</table>

部分村庄如上冯村拥有多处传统风貌的老建筑，只需稍作整治就可以展现出传统韵味。大部分现有住宅建筑均为村民自发建设，有面砖贴面的新建筑、裸露红砖墙的建筑甚至裂缝的老房子，建筑风格、色彩相差较大，建筑质量良莠不齐，整体建筑风貌杂乱而不统一。大部分村庄位于小山丘之间的平地，山上种植有橘树、榆树、桑树等林木和经济作物。各自然村之间地势平坦，分布有大片农田，部分区域还有水系穿过，村庄内部绿化空间不足，几乎没有宅间绿化(见图 7-29)。

7.7.1 村庄综合评价及规划

矿区村庄的形成与发展是一项复杂的系统过程，其影响因素非常多，应在系统考虑多种影响因素的基础上对矿区村庄进行综合评

价，进而得出合理的矿区村庄重构方案。可综合分析各种影响因子，

图 7-29　金湖地区村庄现状

将其转化为各现状矿区村庄的多项评价指标，通过层次分析法运算，得出各参与评价矿区村庄的综合得分，然后提出具体的整治措施。

(1)综合评价指标体系的建立

在分析矿区村庄发展历史和现状的基础上，采用定性和定量相结合、范围与目标相结合的方法，建立矿区村庄发展综合评价指标体系(见表 7-9)，进行矿区村庄发展潜力评价。

该指标体系包括三个层次：第一层为目标层；第二层为准则层，包括发展规模、区位条件、收入及产业结构水平、设施与资源条件、安全与风险 5 大类指标，均为概括性的指标；第三层为指标层(影响因子)，包括人口规模、村级产值、村庄建设用地、人均土地资源、距镇区距离、过境交通距离、行政地位、人均收入、地质灾害等因子，属于半概括化的指标。

表 7-9 矿区村庄综合评价指标表

目标层(A)	准则层(B)	指标层(C)(主要影响因子)
村庄布局优化	B_1 发展规模	C_1 人口规模
		C_2 村级产值
		C_3 村庄建设用地
		C_4 人均土地资源
	B_2 区位条件	C_5 距镇区距离
		C_6 过境交通距离
		C_7 行政地位
	B_3 收入及产业结构水平	C_8 人均纯收入
		C_9 非农产值比重
		C_{10}建设用地比重
	B_4 设施与资源条件	C_{11}基础设施完善程度
		C_{12}房屋建筑质量
		C_{13}特色资源
	B_5 安全及风险	C_{14}地质灾害
		C_{15}环境污染

(2)综合评价的计算方法

我们可以采用以下方法来进行计算：

指标层计算，指标层是建立评价指数体系的基础，其计算公式如下：

$$Q_i = C_i / S_i$$

式中：Q_i 为评价值；C_i 为单项指标评价对象值；S_i① 为单项

① S_i 的确定可采用相关规划中所要求的各项经济社会发展指标或参考一些国家规范与规划条例。对于无法参考依据相关标准与规范的，可采用德尔菲法来确定。

指标评价标准值。

准则层指数计算，准则层指数是所属各单项指数的算术平均值，其计算公式为：

$$B_j = (\sum_{i=1}^{m} Q_i)/m$$

式中：B_j 为评价值；m 为该指标下属的指标层指标数。

目标层指数计算，目标层指数是下属各准则层指数的加权平均数，其计算公式为：

$$A_t = \sum_{t=1}^{n} W_t \times B_t$$

式中：A_t 为综合指数；W_t 为指数权重；B_t 为指数值；n 为指数个数。

(3) 计算结果及规划措施

根据村庄综合评价过程所采用的标准以及当前我国新农村建设的有关成果，矿区村庄重构整合类型可分为迁并、控制发展、发展和村改居四中类型(见表 7-10)。依据矿区村庄综合评价得分结果，结合村庄重构整合类型，拟定等级分类，然后确定村庄分别属于哪种类型(见图 7-30)。

表 7-10　村庄重构整合类型表

重构类型		说　明
迁并型	迁移	将原有村庄撤销，整体搬迁至其他村庄或镇区
	合并	将两个及以上用地基本相连或比较接近的村庄进行行政建制上的合并，统一整合土地资源，共建、共享基础设施和公共设施
控制发展型		不具备原地继续发展，也不具备搬迁条件的村庄，应控制其建设和发展，作为过渡型村庄让其自然缩减

续表

<table>
<tr><th colspan="2">重构类型</th><th>说　明</th></tr>
<tr><td rowspan="2">发展型</td><td>积极发展</td><td>无地质灾害和环境污染风险，经济发展基础良好，有一定的人口规模或处在重要交通节点，拥有特殊优越条件，对周围村庄发展有较强辐射带动作用的村庄，应重点支持，加大建设力度，拓展发展空间，成为其他“撤并”村庄的主要迁入地</td></tr>
<tr><td>适度发展</td><td>无地质灾害和环境污染风险，有一定的人口规模，且有一定的发展潜力或有一定特色的村庄，保持原有村庄规模，在自身基础上适度发展，原则上不迁入其他撤销村庄</td></tr>
<tr><td colspan="2">村改居型</td><td>把城镇规划区内的村民委员会改为城镇居民委员会，变传统的农村管理模式为城镇社区管理，使村庄逐步转化为城市社区</td></tr>
</table>

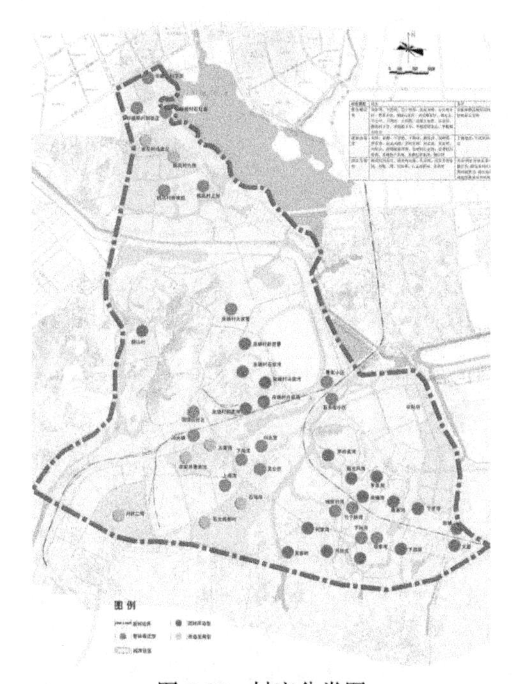

图 7-30　村庄分类图

7.7.2　居住用地及村庄安置规划

规划采用在规划区内就近选址、集中安置并结合分期建设的方式解决规划区居民的生活居住问题，在规划区内共设置 3 个安置点（见图 7-31）。

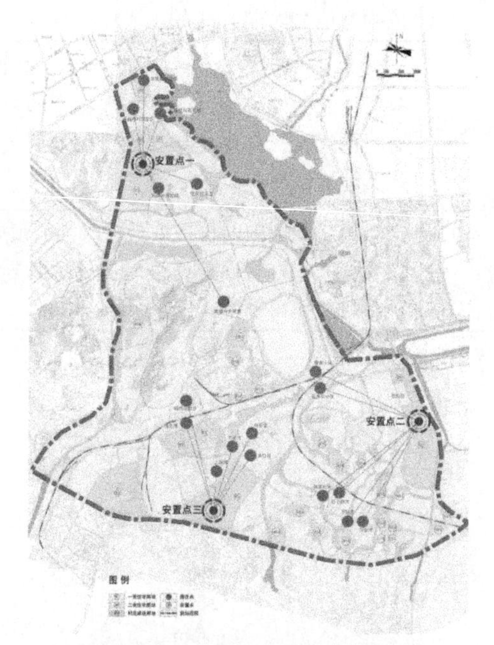

图 7-31　村庄安置规划图

安置点一：位于规划区的西北部。此处离生态敏感区和历史文化区相对较远，不会破坏生态环境和历史人物；南邻湿地公园，具备较好的生态自然景观；北接商业区，配套设施也较为齐全；另外此处交通便利，可达性好；且它在北部片区中离各个拆迁村庄都比较近，因此作为安置点一，用于一期建设安置。

安置点二：位于规划区东南部。此处生态环境优美、水系丰富，但并不处于生态敏感区内；交通便利，可达性优越，便于居民出行；配套设施齐全，附近有中学和商业设施；此处原来就有大型居住区，已有规模，便于近期开发。

安置点三：位于规划区南部，属于马叫组团。此处坐拥丰富的山水资源，村庄密集且规模较大，不易进行产业开发。因此作为中远期建设的安置点。

7.8 生态修复专项

7.8.1 矿山开发对生态环境影响的主要特征

矿山开发对矿区场地、设施以及地下水的影响会随时间的推移不断加强(见图 7-32、图 7-33)。

图 7-32 受污染水体

图 7-33 露天采场

表 7-11　矿山开发的生态环境影响的主要特征

受影响体	直接影响
露天采场(大小天坑)	山坡露天矿将形成台阶状的地形地貌，凹陷露天矿将形成台阶状的深坑，台阶坡度较陡，基岩裸露
废石场山	山谷型和平地型废石场(排土场、排研场)将形成堆积，一面或多面形成台阶状，台阶坡度陡，粒度分散，多是岩土混排
尾矿库	山谷型和平地型尾矿库将形成堆积山，一面或多面形成台阶状，台阶坡度较陡，粒度细，易受水蚀和风蚀
地下采空区	地下开采所形成的地下巷道、酮室、采场等地下空区
地下水降落漏斗	保证矿山安全生产而进行的地下水抽排，由此形成的地降落漏斗下水降落漏斗区
道路管线	占地为条带状，扰动相对较轻微
工业场地	采选生产的工业设施，主要为建构筑物
办公生活区	矿山办公生活区，主要为建构筑物
塌陷地	因地下采空引起的，需要较长的时间才能稳定，一般不改变地层层序，呈盆地状、漏斗状、裂缝状
受污染水体、土地	含重金属、酸性、碱性等污染物的废水、粉尘对矿山周边水体、土地造成污染所形成的，一旦污染，修复相当困难

7.8.2　矿山生态修复考核指标

对于矿山开发的不同阶段，不同的占地类型及不同程度受污染的土地，应结合具体情况具体分析，明确生态修复的制约因素和修复目标(见表 7-12)。

表 7-12 矿山生态修复考核指标

场地类型	生态修复率	
	施工生产期	服务期满后
废石场、尾矿库	永久平台、边坡，75%	整个场地，85%
露天采场	永久平台、边坡，50%	整个场地，50%
塌陷地	稳定区，75%	稳定区，85%
工业场地、办公生活区	绿化率，15%~30%	
道路管线区	达到国家关于道路管线的绿化要求	
临时占地	施工结束后立即恢复，90%	
受污染的水体、土地	立即采取应急措施，≥85%	

7.8.3 铜绿山及石嘴山生态修复设施

铜绿山矿区根据露天开采矿场、排水场、尾矿场、塌陷区的现状，实施矿坑边坡加固工程和坑底排水泄水工程，并采用无土复垦等生态重建举措，取得了良好的生态修复效果。

1. 对矿区地质环境进行详细调查和评价

调查地质体中可能成为污染源的物质的赋予状态、含量及其分布规律。针对尾矿坝处的尾矿废水首先要重复利用,避免向外排废水。

2. 复垦

综合整治采矿场、破台阶和排土场，保留工程前收集的表土并进行再利用，可将其用于覆盖表层。依据场地的不同用途确定土层厚度。覆盖土层前地表应适当压实，压实程度依不同利用方向而定。

3. 岩壁绿化

岩壁绿化主要采用 3 种绿化配置方法。其一，单层配置法：对于高度在 10m 以下的岩体截面，在岩坡的底部种植攀援植物。其二，双层配置法：对于高度位于 10~20m 的岩体截面，在截面基部与顶部同时种植相同或不同种类的灌木或藤本。① 其三，多层配置法：对于高度在 20m 以上的截面，除了在顶部与底部种植不同种类的植物外，另外在截面中部区域开设一些种植槽或种植穴，用于绿化。

7.8.4　生态修复范围

矿区生态修复主要针对于古铜遗址区和石嘴山周边区生态破坏比较严重的区域为主。其中，重点修复古矿大天坑，大天坑北面的堆土区、尾砂排放的水体和大天坑东面的尾砂库，石头嘴小天坑等。

7.8.5　生态修复区划引导

生态安全区：能够为人类生产生活提供生态安全保障的地区。

生态控制区：一般是有价值的、环境、生态条件较为脆弱或者稀少，如自然保护区等，以生态保护为中心，控制人类开发过程的区域。

规划限制区：具有较好的生态资源，不破坏整体生态环境需要进行限制开发的区域，比如美丽乡村这种具有一定原生态资源的区域（见图 7-34）。

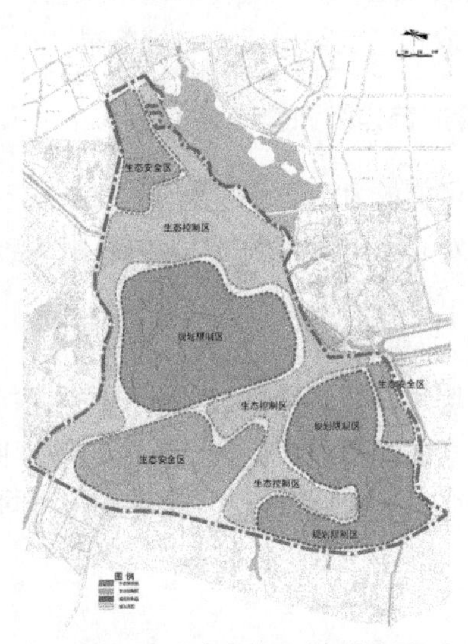

图 7-34　生态修复区划引导图

① 孙辉. 浅谈铜陵矿山生态修复措施[J]. 北京农业，2011(12)：184-185.

7.9 石嘴山矿区景观设计

石嘴山矿区位于黄石市以南，是一处废弃的铜矿区，位于大冶金湖地区。大冶金湖地区将成为黄石城市空间拓展的新方向，金湖地区将成为融合楚文化、青铜矿冶文化和民俗文化为一体的，以生态旅游、度假为目标的风景区(见图 7-35)。石嘴山矿区保留了较多的矿冶遗址，所处地域生态条件较好，经过精心设计可成为一处具有矿冶特色的景点。

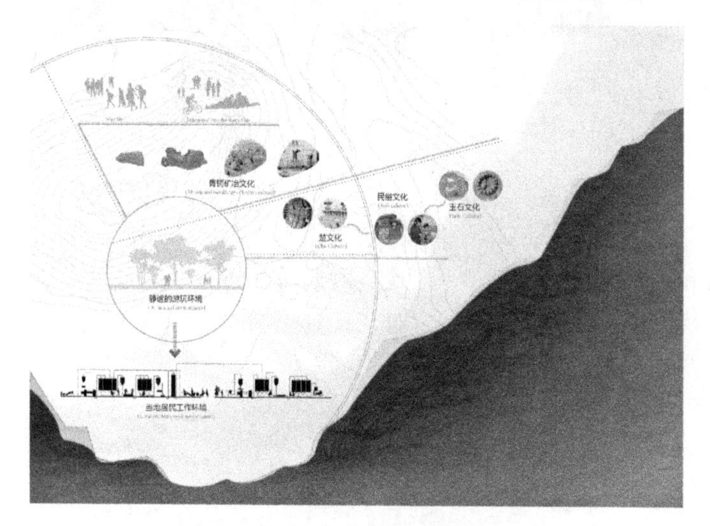

图 7-35 石嘴山矿区目标定位分析

7.9.1 现状分析

石嘴山矿区遗留了大量废弃矿业设施，如车间厂房、变配电站、发动机房、锅炉房、井架、水塔、高架管道、传送带、推土机、铲车、吊车、小火车、铁轨等(见图 7-36)。这些废弃设施见证了矿区历史，大多保存完好，通过再生设计，重塑其形象和功能，成为景区的特色景观。

图 7-36　石嘴山矿区现状图

由于采矿原因，矿坑及周围土壤基本损坏，大部分区域是裸露岩石和硬化的水泥地面。由于废弃时间较长，一些地方已自然生长出植被，坑底由于积水形成一处面积约 1.5hm^{2}的水塘(见图 7-37)。

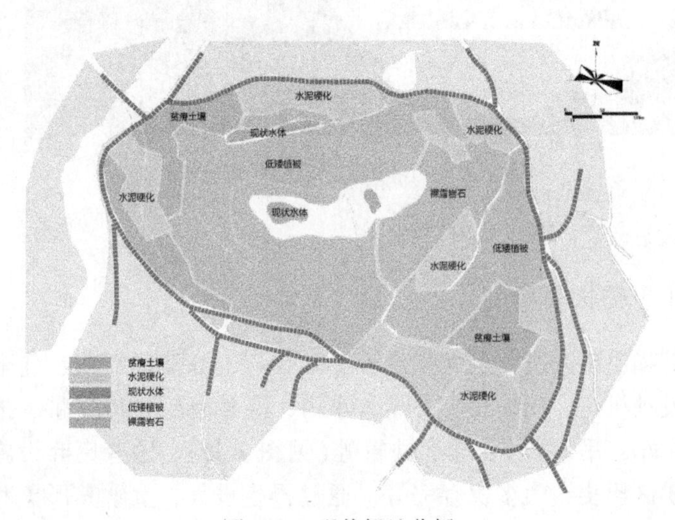

图 7-37　现状场地分析

矿坑最低处海拔 44.9m，矿边最高处海拔 21m，高差达 65.9m，坑面面积 32hm²。有一条宽约 1.5m 的采矿用路从坑面蜿蜒至坑底(见图 7-38)。

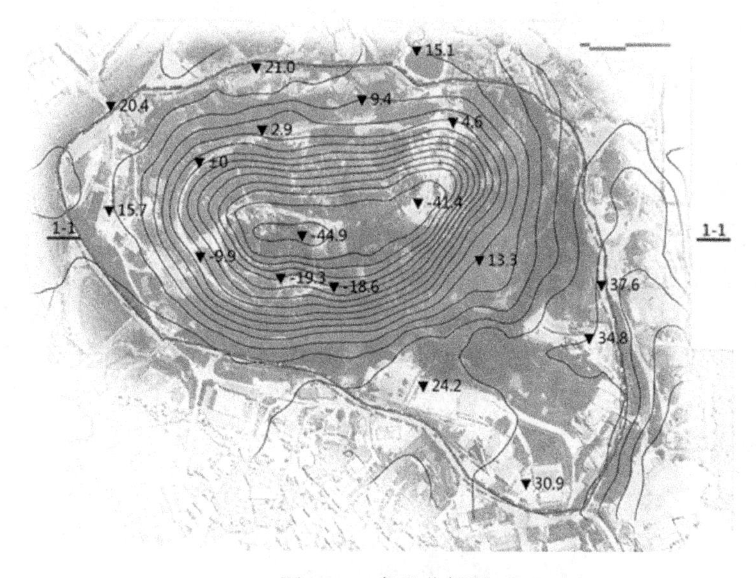

图 7-38　高程分析图

7.9.2　功能分区及总平面规划设计

根据金湖地区总体规划对石嘴山矿区的定位，结合场地现状条件，将矿区设计为入口服务区、植物再生区、采矿遗址展示区、水体景观区和工业体验区五大功能区(见图 7-39)。入口服务区是景区的主入口，配建相应的旅游服务设施；植物再生区主要通过生态修复的方法，修复裸露的岩石，营造优美的矿坑景观；采矿遗址展示区则保留部分采矿痕迹，并对其采用工程措施进行加固，使之成为历史记忆的展示区；水体景观区利用坑底的水体建成一处次生湿地，成为汇聚、净化雨水的空间；工业体验区则利用废弃的厂房、设施建成矿冶历史展示、游客参与体验的区域。

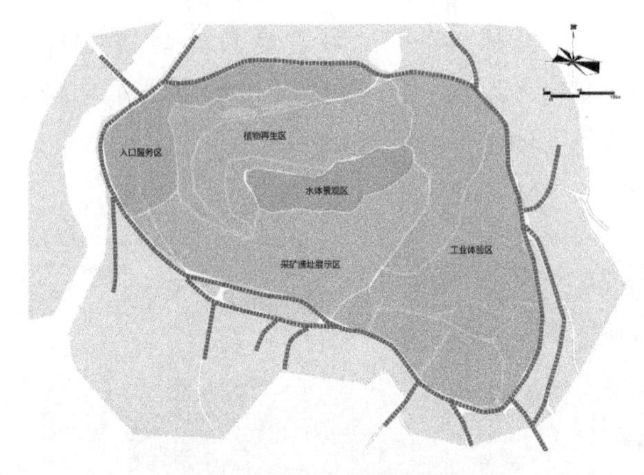

图 7-39　功能分区图

在五大功能区下，分别设计观景台、矿车轨道、青铜矿冶雕塑园、索道、瀑布溪流、植物观赏区等景点，成为楚文化、青铜文化和民俗文化的载体(见图 7-40)。

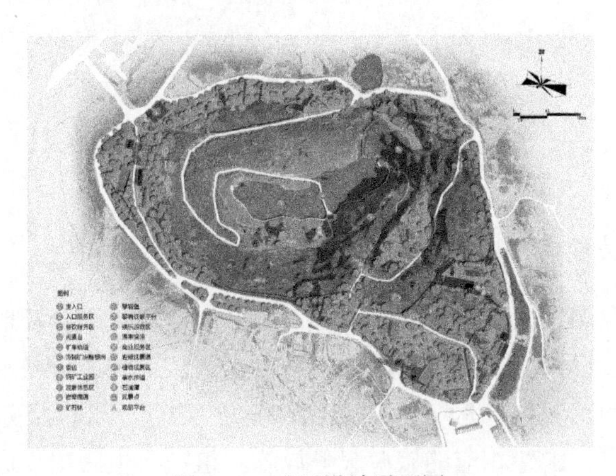

图 7-40　矿区设计平面图

7.9.3　道路交通设计

在道路交通设计上，利用现状道路建成三级道路体系。一级道路为矿区环线主道，可供电瓶车及景区服务车辆通行，道路宽度7m；二级道路为从坑顶到坑底的主游览道，宽度为4m；三级道路则是游步道，宽度为1.5m(见图7-41)。

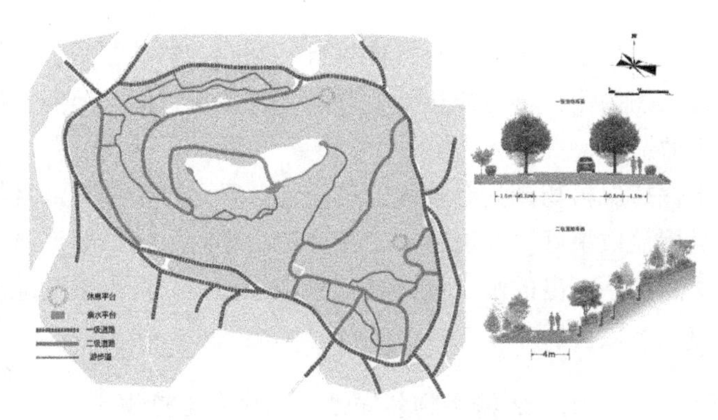

图7-41　道路交通设计图

7.9.4　服务设施规划

在景区内建设完善的服务设施为游客提供优质体验服务，配建票务、购物、餐饮、安全保卫、休息、盥洗等设施(见图7-42)。服务设施的造型、体量、色彩、用材等设计应与景区整体风格保持一致。

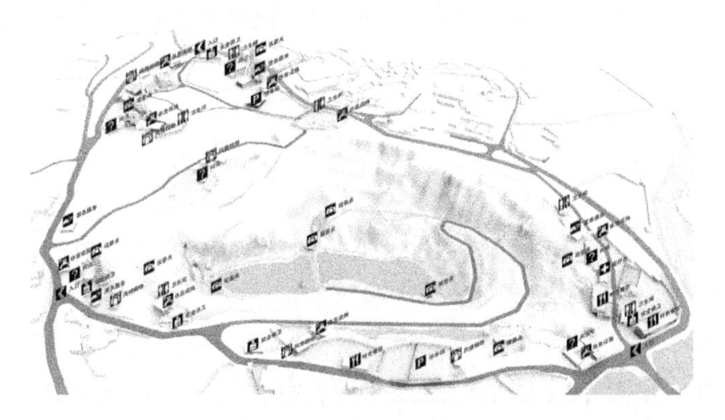

图7-42　服务设施规划图

7.9.5　植物配置

1. 以水土保持效果为主，兼顾生态景观效果

按照适应生态学理论，坚持尊重自然顺应自然的原则，以种植水土保持植物为主，不但能达到良好的景观效果，而且还能发挥良好的生态效应。

水土保持保植物既具有较强的抗逆性，又耐干旱和贫瘠且繁衍迅速，且覆盖效果好。在进行矿山废弃地治理时，选择耐瘠薄且抗干旱、覆盖度系数高的水土保持植物种进行种植，最大限度地实现水土保持生态效应。

2. 遵循生态位原则，维持生物多样性，优化乡土植物

充分分析研究植物在群落中的生态位特征，在此基础之上优化植物配置，尽量错开不同植物的生态位，尽可能避免种间的直接竞争，以保证群落生物的多样性、稳定性和持续性。

充分利用优良乡土物种，并积极推广、引进取得成效的优良外来物种。

先锋植物有利于迅速初级复绿，为后续绿化奠定基础。乡土树种在植被恢复后期发挥主要作用，有利于实现稳定的目标群落。

对引来的外来物种要加强管理，否则会引起外来物种的泛滥，甚至破坏当地生态系统。

3. 构建立体生态，“乔、灌、草”结合

“乔灌优先、乔灌草结合、立体生态”的原则是矿山废弃地生态修复的需要，废弃地生态修复的最终目的就是实现与自然乔灌草多层次立体结构的一致。在植物群落的配置上，采用乔、灌、草多层次结构，可以大大提高抗外界干扰的能力。在进行矿山废弃地生态重建的过程中，必须依据立地条件，宜乔则乔、宜灌则灌、宜草则草，因地制宜，尽量模拟自然群落，建造乔灌草相结合立体的复合群落结构(见图 7-43)。

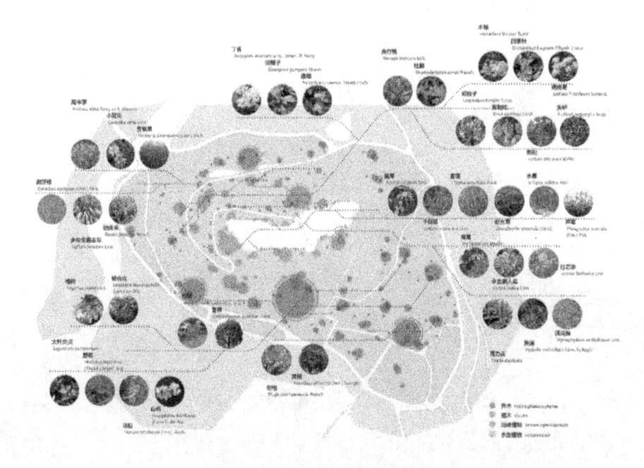

图 7-43 植物配置图

7.9.6 分区设计

1. 入口服务区

入口服务区是景区的门脸，在设置入口服务设施的同时，宜精练地展示景区的主题。在该区域设置公共活动区、特色商业区等设施。在入口设计上选用废弃构件以及石材，设计成具有浓厚矿冶文化的景观(见图 7-44、图 7-45、图 7-46)。

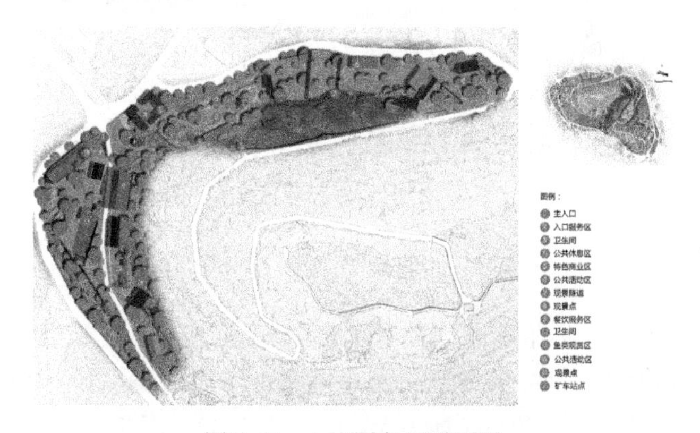

图 7-44 入口服务区平面图

图 7-45　入口效果图 1

图 7-46　入口效果图 2

2. 工厂体验区

工厂体验区集中了较为完整的废弃厂房和工业设施，可将这些设施改造成工业展示场所、商业用房、游客服务、瞭望塔等设施，使这些废弃设施重新焕发活力(见图 7-47、图 7-48、图 7-49、图 7-50)。

图 7-47 工厂体验区平面图

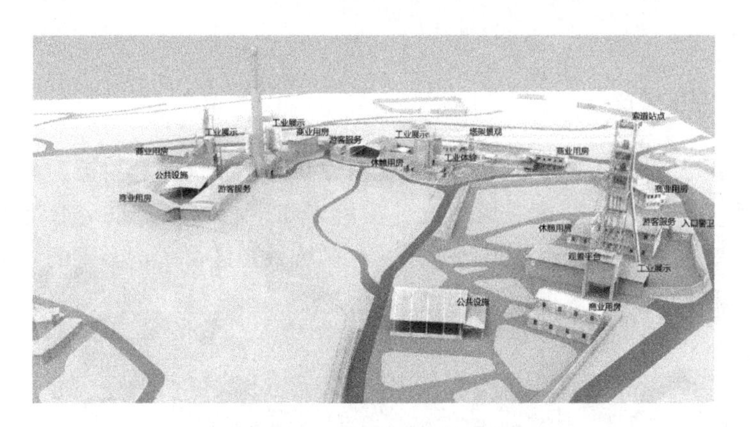

图 7-48 工厂体验区鸟瞰图

图 7-49 工厂体验区效果图

图 7-50　水塔改造后效果图

3. 矿坑景观区

由于矿坑低于地面约 66m，坑内分布峭壁、水体和植被，具备较为丰富的设计要素。通过设计溪流瀑布、石嘴潭、采矿遗址展示、观景平台、亲水步道等景观，在矿坑景观区可营造丰富的景观视觉和景观体验效果(见图 7-51、图 7-52)。

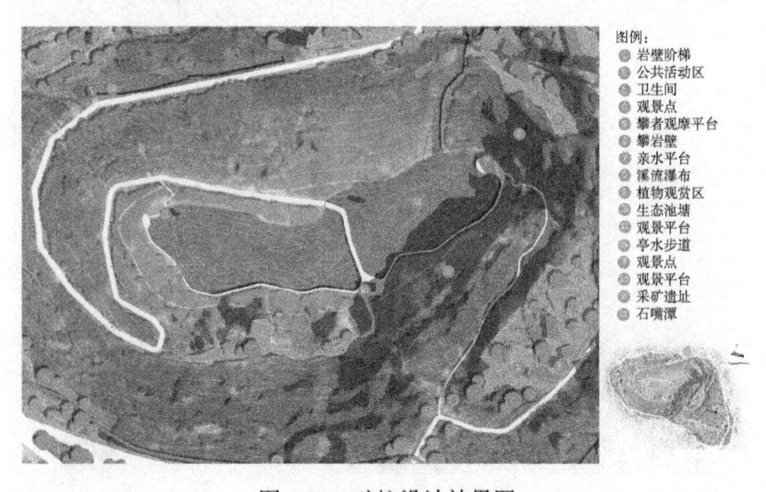

图 7-51　矿坑设计效果图

图 7-52 坑底观景平台

采矿遗址展示区：在该区域保留坑壁上采矿遗迹，留住历史的记忆。同时，在不影响原貌的条件下采用工程手段对坑壁进行加固。结合坑顶的河流设计人工瀑布，在坑底次生湿地旁设计木栈道，形成一条慢速景观体验走廊，将次生湿地、植物修复、采矿遗址与瀑布景观串联起来，形成丰富的景观体验(见图 7-53)。

图 7-53 采矿遗址及坑底景观效果图

7.9.7 “海绵体”理念下的修复设计

在石嘴山矿区建立雨水花园、下沉式绿地、透水铺装、生态植草沟、多功能蓄水池等低影响开发设施，充分调动采石场内的雨水资源。当下雨时，场地发挥“海绵体”的吸水、储水、净水、渗水功能；当需要用水时，将储水释放并加以利用，使雨水资源得到循环利用，节省场地水源，全面构建石嘴山矿区的“海绵体”(见图 7-54、图 7-55)。

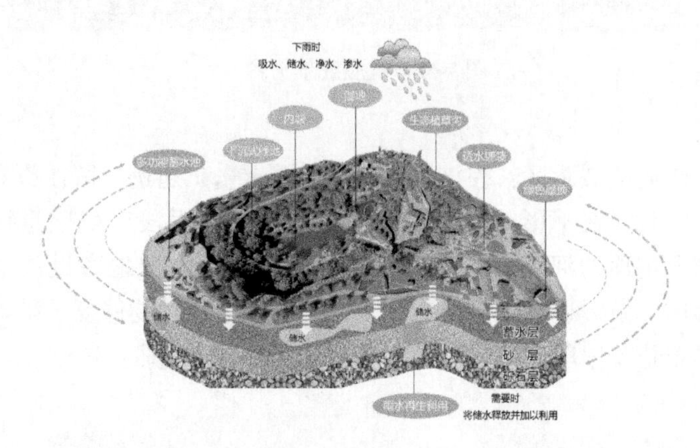

图 7-54　石嘴山矿区“海绵体”设计图

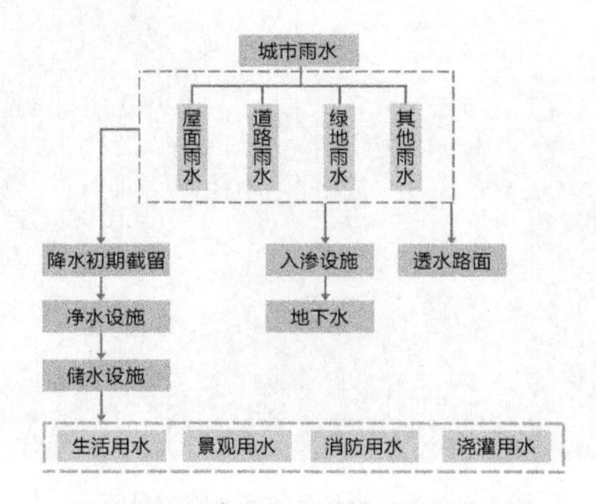

图 7-55　石嘴山矿区水循环处理流程图

通过对屋面雨水、道路雨水、绿地雨水、其他雨水的降水初期截留和分流，发挥“海绵体”吸水的作用；径流通过净水设施进行净化处理，再引入多功能蓄水池储存起来，可作为公园内生活用水、景观用水、消防用水、浇灌园林用水使用，充分发挥节水作用；或者城市雨水可通过透水路面及低影响开发设施等实现就地下渗(见图 7-56)。

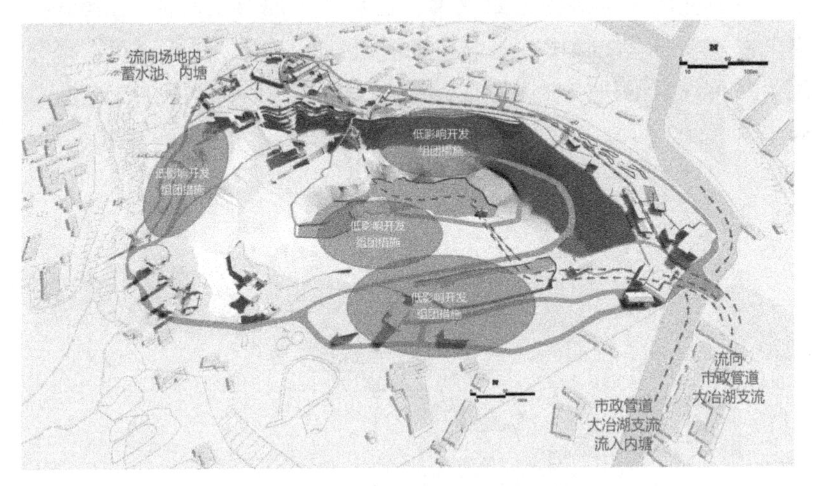

图 7-56 石嘴山矿区水循环利用示意图

矿区的雨水资源通过层层吸纳、净化、下渗得到了充分的利用。其中，雨水资源从矿区高处逐渐流向场地内蓄水池和采石坑的内塘，将雨水蓄起来备用。当采石坑内塘水位过高时，由原来已有的联通市政排水管网的抽水泵站抽水排出，排到大冶湖支流或市政管网，以保证水位。当水位过低时，将市政排水管网和大冶湖支流水源引入采石坑内塘及维持场内瀑布景观，避免了枯水期水资源枯竭的问题。同时，结合矿区内低影响开发设施，可做到水循环利用，长期供给矿区绿化景观。再者，将场地内屋顶雨水都收集起来，进行初步净化处理后，就近存入该处的多功能蓄水池，作为矿区内除饮用水外的其他用水使用。

1. 雨水花园

矿区内的雨水花园分为厂房后侧的雨水花园和生态梯田。雨水花园位于场地内厂房的屋后，利用场地内东北高西南低的地势，让雨水汇聚到雨水花园处，可对雨水花园植物进行初步灌溉和对雨水进行初步净化。生态梯田是层级溢流的梯田，以种植水生植物为主，主要种植水生植物，如芦苇、芒草、千屈菜、菖蒲、溪荪等。当雨水过多时上级梯田的水源自动溢流到下一级，层层溢流，最终汇入瀑布景观的进水口，形成瀑布景观(见图 7-57、图 7-58、图 7-59、图 7-60)。

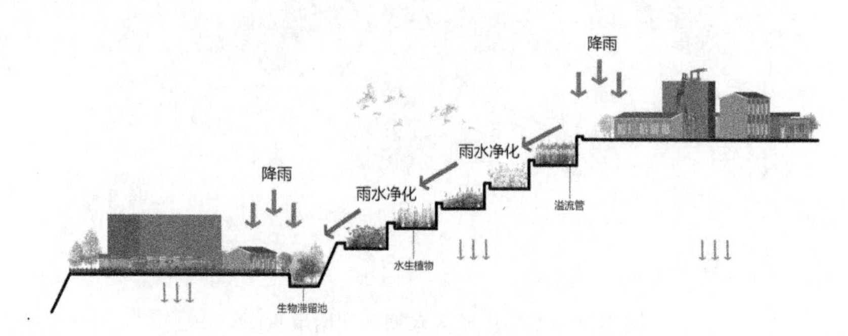

图 7-57　雨水花园剖面图

图 7-58　雨水花园 1 号效果图

图 7-59 雨水花园 2 号效果图

图 7-60 雨水花园 3 号效果图

2. 下沉式绿地

采石坑可改造为下沉式绿地，采石坑主要分为高区域、中区域和低区域。高区域是采石场坑最高处的林带，该区域是低影响开发设施的顶部，这个区域的植物需要有较强的耐旱性，如构树、枫香、继木、火棘、合欢、乌桕、腊梅、盐肤木、槐树、白榆、榉树、紫穗槐、木槿、胡颓子、紫薇、白蜡树、桃树、栾树、白桦、结缕草等。同时，利用植被冠层截留可对雨水资源进行初期截留与净化。中区域为高区域与低区域的缓冲地带，既发挥着护坡草带的作用，同时也起到减慢雨水径流的作用，在下雨时滞留雨水的同时也可灌溉植物，起到护坡的作用，对雨水资源进行二次净化。在此区域，施工方选择了羊茅、紫羊茅、小糠草、小冠花等耐旱耐水淹及生长快的深根系护坡植物。最低区域是处于地势最低的湿地植物地带，通过引入大冶湖支流水源与场地内收集的雨水资源，维持采石坑湖面水位，选择当地草本植物及地被植物，尤其是根系发达的耐水植物，如蒲苇、芦苇、芒草、千屈菜、菖蒲、黄香蒲、溪荪等（见图 7-61、图 7-62）。

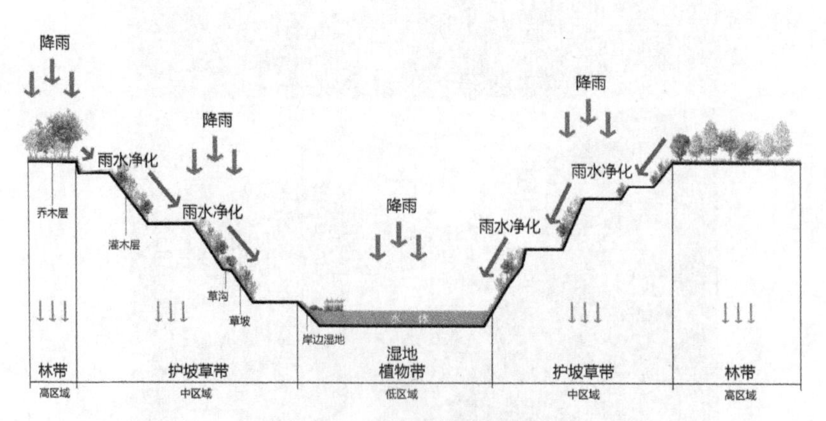

图 7-61　下沉式绿地剖面图

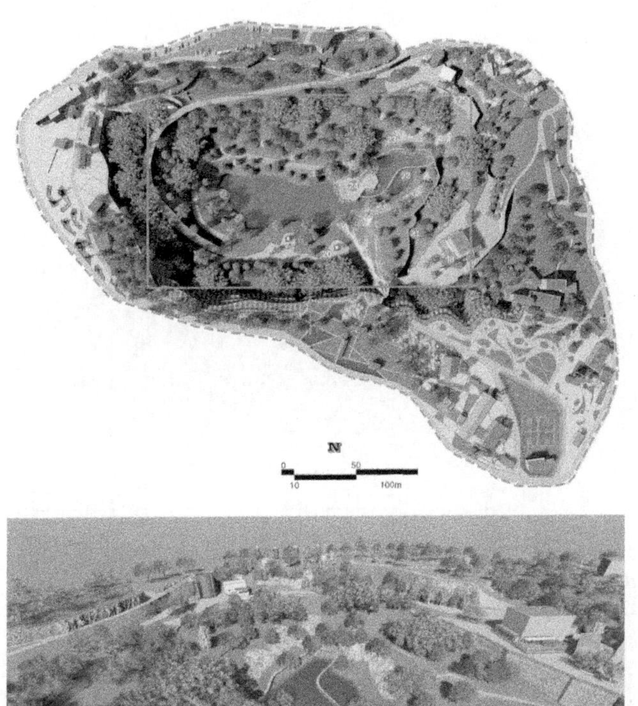

图 7-62　下沉式绿地效果图

3. 公共休闲广场

公共休闲广场位于矿区的文体娱乐区，包括音乐喷泉广场、体育馆、全民健身区、休闲步道等。区域内建筑厂房改造成为羽毛球馆、乒乓球馆等体育馆及活动中心、咖啡厅等，还可设置室外篮球场及室外健身器材，服务周边居民，丰富场所的功能，以期成为附近居民运动健身的好去处。场内建筑分别做了绿色屋顶设施，将雨水就近引入音乐广场的蓄水池内，为音乐喷泉提供水源(见图 7-63)。

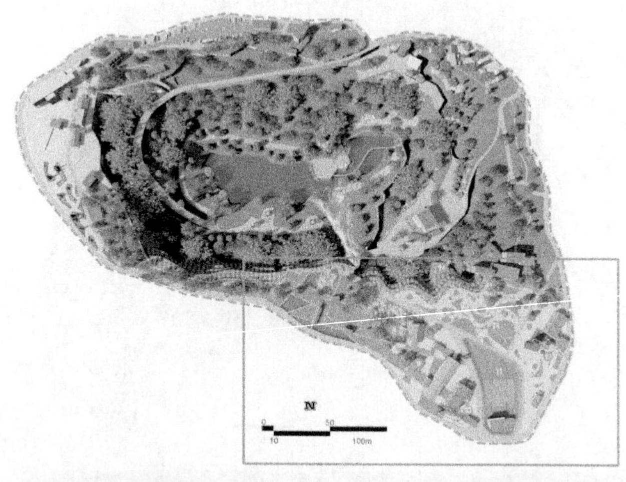

图7-63 公共休闲广场效果图

4. 绿色停车场

绿色停车场采用植草格方式的透水铺装，当雨水达到一定值时，雨水溢流到管道，流入生态植草沟，可进行灌溉和分散雨水径流(见图 7-64)。

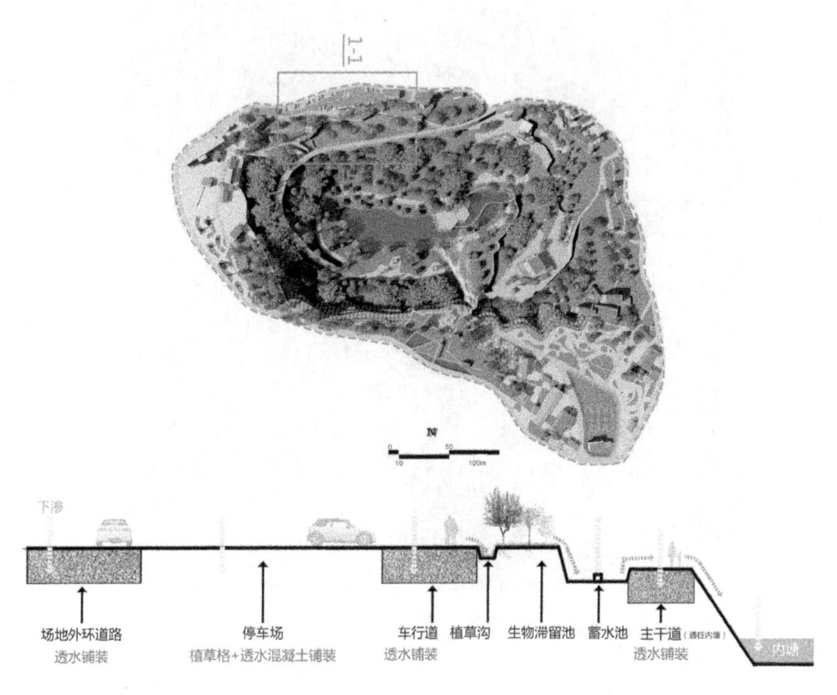

图 7-64 绿色停车场效果图

5. 绿色屋顶

结合“海绵体”理念及低影响开发设施将符合建设绿色屋顶的建筑统一改造，当水量过大时，雨水资源溢流到管道，则雨水资源通过管道流入附近生态植草沟和雨水花园，可对生态植草沟及屋后雨水花园进行初步灌溉，同时也净化水质。最终，雨水流入场地内蓄水池储存起来，作为场地内日常景观用水使用(见图 7-65)。

图7-65 绿色屋顶效果图

6. 音乐喷泉和瀑布景观

音乐喷泉是一道亮丽的景观，由四个多功能蓄水池组成，喷泉的水源为收集而来的雨水资源，作为循环水利用。音乐喷泉能提升场地的活力，增加公园的视觉美感。同时在原有的小型瀑布的基础上，增加瀑布水量，引一条流水形成瀑布景观，为场地增添一抹风景。音乐喷泉与瀑布景观的水源主要由市政管道、多功能蓄水池及生态梯田收集的雨水资源共同供给，以维持水景观(见图 7-66、图 7-67)。

图 7-66　音乐喷泉效果图

图 7-67　瀑布景观效果图

7. 采石坑内塘景观

采石坑内塘景观作为公园的中心景观及储水场所，体现了技术与艺术的融合。重新启用采石坑原有抽水泵站，作为整个场所的水资源控制中心，与市政排水管网及大冶湖支流相连接，为采石场输送水资源。此外，在水面上增加了一个观景平台及亲水木栈道，游客可近距离地观赏山体被开凿留下的采石遗迹，平添了场所浓重的历史气息。岸边湿地以水生植物为主，如芦苇、芒草、千屈菜等（见图 7-68、图 7-69）。

图 7-68　内塘景观效果图一

图 7-69　内塘景观效果图二

8. 植物景观营造

由于采石场特殊的地质环境，在植物的选取上，要选取具有耐干旱、耐贫瘠、深根性、修复性的植被营造良好的公园生态景观，同时也利用植被树冠高低起伏构成优美的整体结构，展现自然意境及突出景观的层次感。

各个区域及道路两侧分别种植各类灌木和地被植物，植物主要以灌木丛为主，如栀子花、杜鹃、金叶女贞、火棘，以展现景色宜人的景致。

在生态休闲区营造梯田水生态景观及在采石坑底营造雨水花园景观，主要有芦苇、芒草、千屈草、菖蒲等水生植物，利用多种不同颜色的水生植物进行搭配，以营造丰富的水生态景观。

采石坑的山坡处可种植法国梧桐、榉树、栾树、银杏、合欢、垂柳、枫香、紫薇、紫荆、红枫、木槿、鸡爪槭、乌桕、香樟、广玉兰、大叶女贞、桂花等乔灌木，相互搭配，既可改善采石场单一脆弱的自然环境，又可展现出生态的主题。植物景色四季变换，错落有致，以形成独特景色(见图 7-70)。

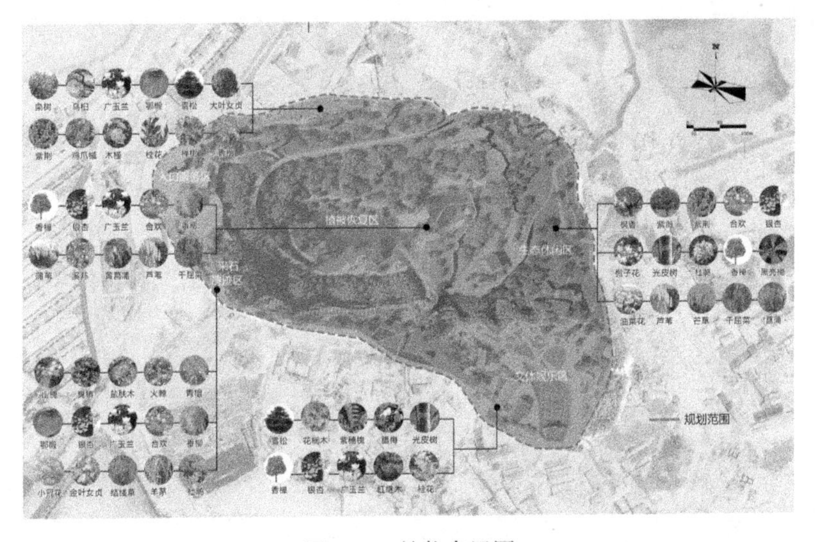

图 7-70 植物布置图

7.9.8　废弃工业设施改造

废弃矿业设施是矿业遗产的重要组成部分，其再生设计关系到整个设计的成败。废弃矿业设施主要由废弃建筑物、构筑物以及设备组成，包括生产、运输、仓储、电力、给排水等基础设施以及公共服务设施等(见图 7-71)。

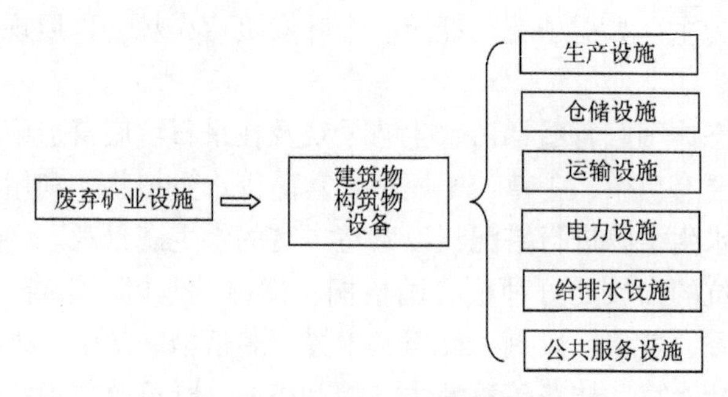

图 7-71　废弃矿业设施构成图

废弃矿业设施再生设计要尊重环境、尊重历史、尊重美学法则，化废为宝、化害为利，警示世人、着眼长远(见图 7-72、图

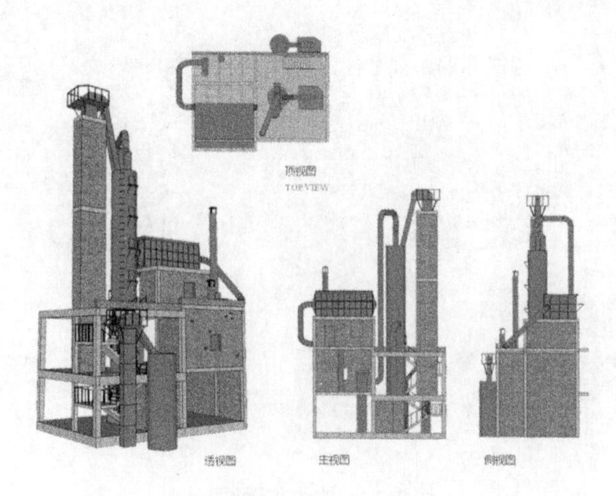

图 7-72　工厂改造详图

7-73)。对于有价值的废弃矿业设施应予以保留，石嘴山废弃矿业设施再生设计主要有如下方法：

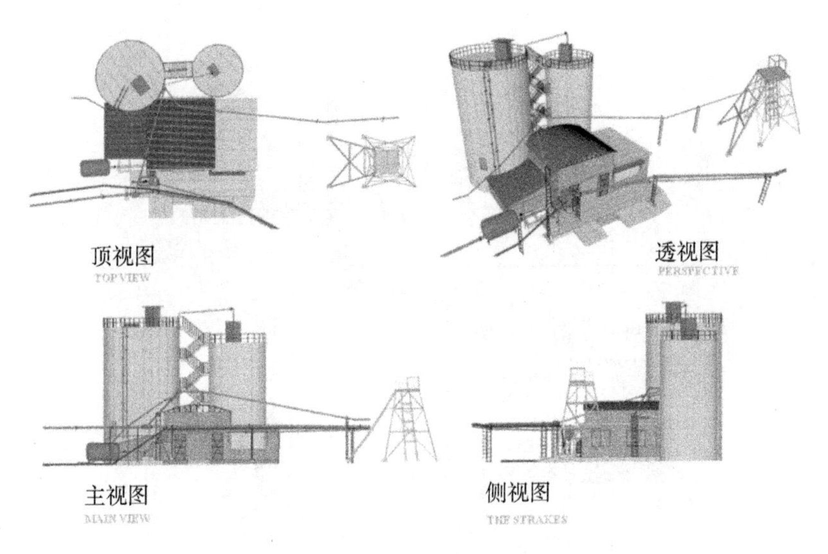

图 7-73 水塔改造详图

一是整体保留。在整体保护规划下，充分挖掘场地上各种设施的特色并赋予其新功能，力求使矿区各类设施发挥最大效能，实现综合利用。

二是部分保留。保留具有代表性的废弃矿业景观元素并加以设计，赋予新内涵，使其成为场地的标志性景观。保留的元素可以是具有典型意义的、较高美学价值的、代表工厂性格特征的矿业景观，也可以是具有突出的历史、文化、教育、技术、科学价值的矿业设施、场地等物质实体或空间。

三是构件保留。通过保留的构件可以想象矿区曾经的兴盛场景，唤起人们对工业文明的记忆。可以保留结构复杂、造型奇特的矿业设备，将其改造成住宿、娱乐休闲设施或景观小品。① 景观小

① 景观小品指具有一定使用和装饰功能的景观设施，主要包括雕塑、景墙、垃圾桶、路灯、休息座椅等。

品造型丰富，以点状形式分布在矿区，是矿区环境营造的重要景观（见图 7-74、图 7-75、图 7-76、图 7-77）。

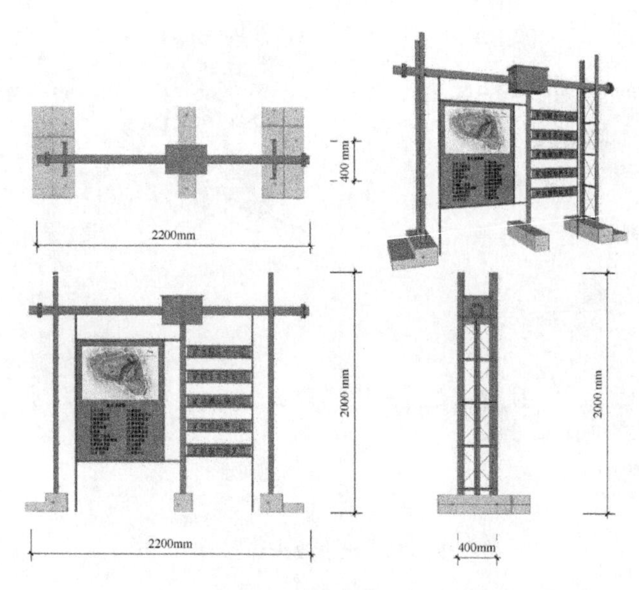

图 7-74　标识牌设计一

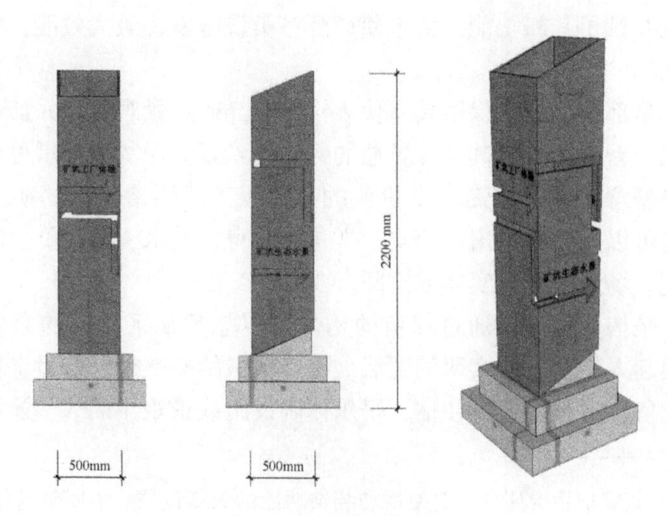

图 7-75　标识牌设计二

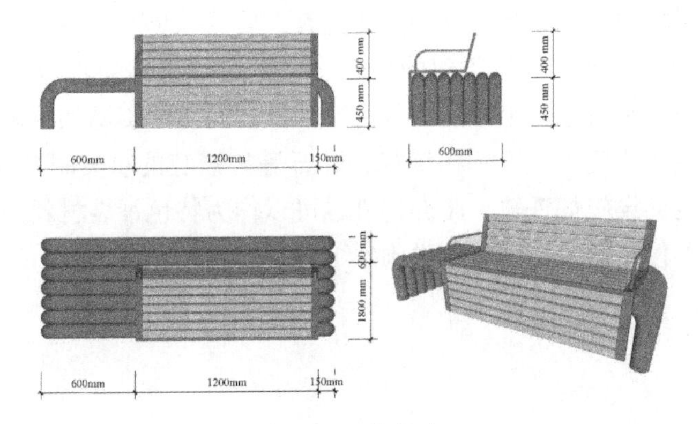

图 7-76　座椅设计一

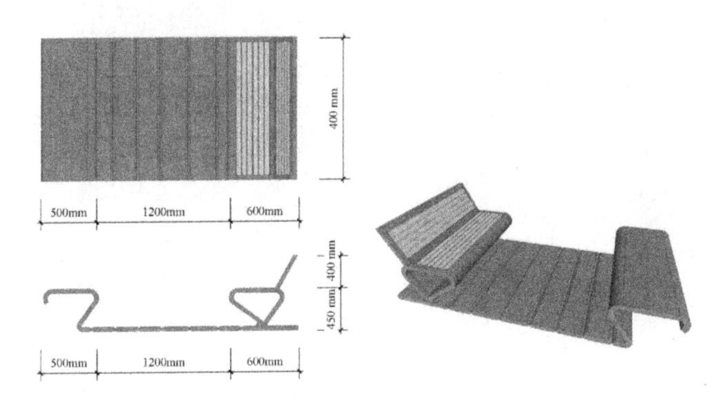

图 7-77　座椅设计二

矿区景观小品的设计可采用象征和隐喻的手法传达矿业文化，寓情于景，应在注重功能性的同时兼顾艺术与技术性。

景观小品制作宜就地取材，矿山内的废弃设施部件、矿石、植物、残砖瓦砾等是场地记忆的组成部分，其搭配应注重与场地相和谐。它们既是景观小品营造的良好材料，也能体现可持续设计的理念。如碎石材料可以砌筑成石墙，天然的石质可以使石墙表面肌理丰富而有趣，也可以做成石笼，由钢笼装载不同尺寸的碎石，使得原本杂乱的碎石变成有序的景观。

矿区场地铺装也是造景的重要元素。质感、色彩的搭配应与尺寸相衬，并注意材料和肌理的变化。大空间可采用质地厚重的材料，小空间则可选择细致的材料。矿区丰富的矿产资源如石屑、砂质土、黏土、建筑垃圾、粉煤灰、矸石等是铺装的重要材料来源。此外，废弃设施如铁轨、废弃构件也可以作为特色铺装材料。矿区铺装尽量使用透水铺装，促进雨水下渗，以缓解地面沉降，发挥生态效益。

参考文献

[1]刘世海,刘玉.科学发展观是可持续发展的发展观[J].陕西师范大学学报(哲学社会科学版),2007,36(09).

[2]郑明国.可持续发展的困境与对策[J].商场现代化,2007(10).

[3]廖曰文,章燕妮.生态文明的内涵及其现实意义[J].中国人口·资源与环境,2011,21(03).

[4]王雨辰.论发展中国家的生态文明理论[J].苏州大学学报(哲学社会科学版),2011(06).

[5]何天祥,廖杰等.城市生态文明综合评价指标体系的构建[J].经济地理.2011,31(11).

[6]张占斌.新型城镇化的战略意义和改革难题[J].国家行政学院学报,2013(01).

[7]单卓然,黄亚平."新型城镇化"概念内涵、目标内容、规划策略及认知误区解析[J].城市规划学刊,2013(02).

[8]李文娟.住房城乡建设部印发《关于加强生态修复城市修补工作的指导意见》[J].工程建设标准化,2017(03).

[9]张舰,李昕阳."城市双修"的思考[J].城乡建设,2016(12).

[10]俞孔坚,王欣,林双盈.城市设计需要一场"大脚革命"——三亚的城市"双修"实践[J].城乡建设,2016(09).

[11]黄敬军.论绿色矿山的建设[J].金属矿山,2009,V39(04).

[12]乔繁盛.建设绿色矿山发展绿色矿业[J].中国矿业,2009,18(8).

[13]乔繁盛,栗欣.推进绿色矿山建设工作之浅见[J].中国矿业,2010,19(10).

[14]TEP. Towards a Green Infrastructure Framework for Greater

Manchester: Summary Report [EB/OL]. [2008-07-26]. http://www.greeninfrastructurenw.co.uk/ resources/1547.055B_Summary_report.pdf.

[15] TEP.Towards a Green Infrastructure Framework for Greater Manchester Full Report [EB/OL]. [2008-07-26]. http://www.greeninfrastructurenw. co. uk/ resources/ 1547. 058 Final ReportSeptember 2008.pdf.

[16] Konstantinos Tzoulas, Kalevi Korpela, Stephen Venn, et al. Promoting Ecosystem and Human Health in Urban Areas Using Green Infrastructure: A Literature Review. Landscape and Urban Planning, 2007(81): 167-178.

[17] 马克.贝内迪克特等著,黄丽玲等译.绿色基础设施连接景观与社区[M].北京:中国建筑工业出版社,2010(08).

[18] 崔凯. 废弃矿区改造与政府政策分析[J]. 矿业工程, 2006, 4(05).

[19] 谢守祥. 矿区生态经济系统分析评价研究[M]. 徐州:中国矿业大学出版社, 2004.

[20] 孙顺利, 周科平. 基于承载力的矿区生态经济系统演化分析[J]. 系统工程, 2007, 25(08).

[21] 孙玉峰. 我国矿区系统复杂性探析[J]. 矿业研究与开发, 2006, 26(02).

[22] [丹]约·瑟帕玛,等. 环境之美[M]. 长沙:湖南科学技术出版社, 2006.

[23] 张文涛. 作为环境批评的哲学——约·瑟帕玛环境美学思想简评[J]. 郑州大学学报(哲学社会科学版), 2006, 39(04).

[24] [美]阿诺德·伯林特.环境美学[M]. 长沙:湖南科学技术出版社,2006.

[25] [加]艾伦·卡尔松.自然与景观[M]. 长沙:湖南科学技术出版社,2006.

[26] 陈望衡. 环境美学是什么? [J]. 郑州大学学报(哲学社会科学版), 2014(01).

[27]陈望衡. 环境美学的主题[J]. 中南林业科技大学学报(社会科学版), 2011, 05(01).

[28]程相占, [美]阿诺德·伯林特. 从环境美学到城市美学[J]. 学术研究, 2009(05).

[29]程相占. 论环境美学与生态美学的联系与区别[J]. 学术研究, 2013(01).

[30]Jordan W R I, Gilpin M E, Aber J D. Restoration ecology: a synthetic approach to ecological research. [J]. Journal of Applied Ecology, 1990(04).

[31]Palmer M A, Ambrose R F, N. LeRoy Poff. Ecological Theory and Community Restoration Ecology[J]. Restoration Ecology, 1997, 5 (04).

[32]Jordan W R, Peters R L, Allen E B. Ecological restoration as a strategy for conserving biological diversity [J]. Environmental Management, 1988, 12(01).

[33]Cairns Jr J. Restoration ecology: protecting our national and global life support systems[J]. Rehabilitating damaged ecosystems, 1995 (02).

[34]彭少麟.退化生态系统恢复与恢复生态学[J]. 中国基础科学, 2001, 24(03).

[35]彭少麟, 陆宏芳. 恢复生态学焦点问题[J]. 生态学报, 2003, 23(07).

[36]Jackson L L, Lopoukhine N, Hillyard D. Ecological restoration: a definition and comments[J]. Restoration Ecology, 1995, 3(02).

[37]任海, 王俊, 陆宏芳. 恢复生态学的理论与研究进展[J]. 生态学报, 2014, 34(15).

[38]谢运球. 恢复生态学[J]. 中国岩溶, 2003, 22(01).

[39]赵平, 彭少麟. 恢复生态学最新研究进展和国外动态[J]. 资源生态环境网络研究动态, 1999(02).

[40]任海,刘庆,李凌浩. 恢复生态学导论[M]. 北京:科学出版社,2008.

[41]杨金中，聂洪峰，荆青青. 初论全国矿山地质环境现状与存在问题[J]. 国土资源遥感，2017，29(02).

[42]余新晓，牛健植等.景观生态学[M].北京：高等教育出版社，2006(01).

[43]E.A.Cook，H.N.van.Greenways as Ecological Networks in Rural Areas[J].Landscape Planning and Ecological Networks，1994.

[44]J.Fabos，J.Ahern.Greenway as a Planning Strategy.Greenways：the Beginning of an International Movement，pp. 131-55. Elsevier，Amsterdam.

[45]Flink.C.H，Searns.R.M.Greenways：Guide to Planning，Designand Development[M].Washington，DC：Island Press，1993.

[46]Jongman R H G，Külvik M，Kristiansen I. European ecological Networks and Greenways[J]. Landscape and Urban Planning，2004，68(02).

[47]European Greenways Association the European Greenways Good Practice Guide：Examples of Actionsundertaken in Cities and the Periphery EGA：Namur，Belgium[EB/OL].[2000-07-03]http://www. a21italy. it/a21italy/enviplans/guidelines/reading/mobility/greenwaysBP_EUguide_05_en.pdf.

[48]Turner T. Greenway planning in Britain：recent work and future plans[J].Landscape and Urban Planning，2006，76(1).

[49]Turner T. Landscape Planning and Environmental Impact Design[M]. London：McGraw Press.

[50]James Corner. Landscape Urbanism[M]//Mohsen Mostafavi and Ciro Najle. Landscape Urbanism：A manual for the Machinic Landscape.London：AA Publication，2004.

[51]Charles Waldheim. Landscape as Urban-ism [M]//Charles Waldheim.The Landscape Ur-banism Reader.New York：Princeton Archi tectural Press，2006.

[52]James Corner. Terra Fluxus// Charles Waldheim. The Landscape Urbanism Reader. New York：Princeton Architectural Press，2006.

[53] Waldheim. C: The Downsview Park Design Competition [J]. Landscape architecture, 2001, 91(03).

[54] Anthony Walmsley. Greenways multiplying and diversifying in the 21st century Anthony Walmsley [J]. Landscape and Urban Planning, 2005, 76.

[55] New York City Hall. PlanNYC PROGRESS REPORT 2009 [EB/OL]. [2006-11-12]. http:// www.nyc.gov/ html/planyc2030 / downloads/pdf/planyc_progress_report_2009.pdf.

[56] Maryl and Department of Natural Resources. Maryland's Green Infrastructure Assessment [EB/OL]. [2003-11-12]. http://www. dnr. state. md.us greenways/gi/gi.html.

[57] 张京祥. 西方城市规划思想史纲[M]. 南京：东南大学出版社, 2005.

[58] Van der Ryn, Stuart Cowan. Ecological Design [M]. Washington, DC: Island Press, 1996.

[59] Karen Williamson. Growing with Infrastructure [J]. Heritage Conservancy, 2003, 1(8): 1-16.

[60] Susannah E. Gill, John F. Handley, A. Roland Ennos, et al. Characterising the urban environment of UK cities and towns a Template for landscape planning [J]. Landscape and Urban Planning, 2002(87).

[61] Konstantinos Tzoulas, Kalevi Korpela, Stephen Venn, et al. Promoting ecosystem and human health in urban areas using Green Infrastructure A literature review [J]. Landscape and Urban Planning, 2007(81).

[62] Dr David Goode. Green Infrastructure Report to the Royal Commission on Environmental Pollution [EB/OL]. [2006-11-12]. http://www.rcep.org.uk/ reports/ 26-urban/ documents/ green-infrastructure-david-goode.pdf.

[63] Ted Weber, Anne Sloan, John Wolf. Maryland's Green Infrastructure Assessment: Development of a Comprehensive Approach to Land

Conservation[J].Landscape and Urban Planning,2006(77).

[64]The North West Green Infrastructure Think Tank.North West Green Infrastructure Guide [EB/OL]. [2017-12-12]. http://www.greeninfrastructure nw.co.uk/ resources/GIguide.pdf.

[65]Leigh Anne McDonald(King), William L. Allen III, Dr. Mark A. Benedict, et al. Green Infrastructure Plan Evaluation Frameworks[J].Journal of Conservation Planning,2005.

[66]ECOTEC. The Economic Benefits of Green Infrastructure: Developing Key Tests for Evaluating the Benefits of Green Infrastructure[EB/OL].[2008-11-12]. http://www.gos.gov.uk/497468/docs/ 276882/752847/GIDevelopingtests.

[67]贺业钜.中国古代城市规划史[M].北京:中国建筑工业出版社,1996.

[68]冯尚.论中国古代城市规划建设法[J].广西政法管理干部学院学报,2006,21(01).

[69]樊宝敏,李智勇.中国古代的城市森林与人居生态建设[J].中国城市林业,2005,3(01).

[70]乔清举.天人合一论的生态哲学进路[J].哲学动态,2011(8).

[71]颜毓洁.论"天人合一"的传统生态伦理观及其当代价值[J].商业时代,2011(09).

[72]蓝青.论"天人合一"对中国古典美学自然观的影响[J].作家,2011(24).

[73]苗俊玲.天人合一思想与生态文明的渊源[J].人民论坛,2011(14).

[74]鲍世行,顾孟潮.杰出科学家钱学森论城市学与山水城市[M].北京:中国建筑工业出版社, 1996.

[75]鲍世行,顾孟潮等.钱学森建筑科学思想的由来与发展[M].杭州:杭州出版社, 2001.

[76]傅礼铭."山水城市"研究[M].武汉:湖北科学技术出版社, 2004.

[77]周艳妮.国外绿色基础设施规划的理论与实践[J].城市发展研

究,2010(08).
[78]应君.城市绿色基础设施及其体系构建[J].浙江农林大学学报,2011(5).
[79]付喜娥.绿色基础设施评价(GIA)方法介述——以美国马里兰州为例[J].中国园林,2009(09).
[80]吴人伟.绿色基础设施概念及其研究进展综述[J].国际城市规划,2009(05).
[81]沈清基.《加拿大城市绿色基础设施导则》评介及讨论[J].城市规划学刊,2005(05).
[82]李开然.绿色基础设施:概念,理论及实践[J].中国园林,2009(10).
[83]贺炜.有关绿色基础设施几个问题的重思[J].中国园林,2011(1).
[84]唐晓岚.干旱区生态治理及绿色基础设施构建——以新疆塔里木河下游为例[J].干旱区研究,2011(03).
[85]苏同向.基于绿色基础设施理论的城市绿地系统规划——以河北省玉田县为例[J].中国园林,2011(01).
[86]王川.化冢为家——阻止沙漠蔓延的绿色基础设施[J].中国园林,2009(12).
[87]傅凡.分布式绿色空间系统:可实施性的绿色基础设施[J].中国园林,2010(10).
[88]仇保兴.建设绿色基础设施,迈向生态文明时代——走有中国特色的健康城镇化之路[J]. 中国园林,2010(07).
[89]张云路.绿色的避风港——作为绿色基础设施的防风避风廊道[J].中国园林,2009(12).
[90]张晋石.绿色基础设施——城市空间与环境问题的系统化解决途径[J].现代城市研究,2009(11).
[91]田雨灵.绿色基础设施与地铁的复合规划策略探讨[J].北方园艺,2009(12).
[92]张红卫.运用绿色基础设施理论,指导"绿色城市"建设[J].中国园林,2009(09).

[93]黎玉才.绿色基础设施,城乡一体绿化的新理念[J].林业与生态,2011(09).
[94]张佳.杭州城市边缘乡村绿色基础设施建构的思路与对策[J].现代城市,2011(02).
[95]周锋.绿色基础设施型河流的景观设计——以潍坊白浪河为例[J].农业科技与信息,2012(01).
[96]刘晓明.广东理想城市建设的策略绿色基础设施的改善[J].风景园林,2011(06).
[97]车生泉.城市绿色基础设施与雨洪调控[J].风景园林,2011(05).
[98]张磊.农村绿色基础设施对农村规划建设模式的影响[J].建筑与文化,2010(07).
[99]白伟岚.地市级风景名胜区体系规划在健全城市绿色基础设施中的作用——以漳州市为例[J].中国园林,2008(09).
[100]刘佳.基于建构绿色基础设施维度的城市河道景观规划研究[D].合肥:合肥工业大学硕士论文,2010.
[101]朱澍.基于绿色基础设施的广佛地区城镇发展概念规划初步研究[D]. 广州:华南理工大学硕士论文,2011.
[102]Beck E C. The Love Canal Tragedy[J]. EPA J, 1979(05).
[103]Alker S, Joy V, Roberts P, et al. The Definition of Brownfield [J]. Journal of Environmental Planning and Management, 2000, 43(01).
[104]王芳, 李洪远, 陈小奎. Woolston 城市生态公园棕地生态恢复的经验和启示[J]. 农业科技与信息 (现代园林), 2013, 11.
[105]Morris H. Brownfield Target Met for Sixth Year[J]. Planning, 2003, 6(06).
[106]Dixon, T. Volume Housbuilders Start to Dig Brownfeild[J]. The Estaes Gazette, 2004, 11(20).
[107]De Sousa C. Brownfield Redevelopment Versus Greenfield Development: A Private Sector Perspective on the Costs and Risks Associated with Brownfield Redevelopment in the Greater Toronto Area[J]. Journal of Environmental Planning and Management,

2000, 43(06).
[108]克劳兹, 麦贤敏. 埃姆歇公园国际建筑展的创新精神[J]. 国际城市规划, 2007, 22(03).
[109]刘欣雅. 2016 棕地再生与生态修复国际会议在清华大学召开[J]. 中国园林, 2016, 32(10).
[110]俞孔坚. 足下的文化与野草之美——中山岐江公园设计[J]. 新建筑, 2001(05).
[111]俞孔坚, 凌世红, 方琬丽. 棕地生态恢复与再生: 上海世博园核心景观定位与设计方案[J]. 建筑学报, 2007(02).
[112]杨锐, 王浩. 景观突围: 城市垃圾填埋场的生态恢复与景观重建[J]. 城市发展研究, 2010 (08).
[113]杨锐, 崔莹莹. 景观作为基础设施: 南京城郊电子垃圾填埋场的生态整合策略[J]. 中国园林, 2012, 28(07).
[114]朱育帆, 郭湧, 王迪. 走向生态与艺术的工程设计——温州杨府山垃圾处理场封场处置与生态恢复工程方案[J]. 中国园林, 2007, 23(12).
[115]王向荣, 任京燕. 从工业废弃地到绿色公园——景观设计与工业废弃地的更新[J]. 中国园林, 2003, 19(03).
[116]李明顺, 唐绍清, 张杏辉, 等. 金属矿山废弃地的生态恢复实践与对策[J]. 矿业安全与环保, 2005, 32(04).
[117]王婧静. 金属矿山废弃地生态修复与可持续发展研究[J]. 安徽农业科学, 2010, 38(15).
[118]秦高远, 周跃, 郭广军, 等. 矿山生态恢复研究进展[J]. 云南环境科学, 2006, 25(04).
[119]张东为,崔建国.金属矿山尾矿废弃地植物修复措施探讨[J]. 中国水土保持, 2006, 2006(03).
[120] Howett C. Systems, signs, sensibilities: sources for a new landscape aesthetic[J]. Landscape Journal, 1987, 6(01).
[121] Weilacher U. The Garden as the Last Luxury Today: Thought-Provoking Garden Projects by Dieter Kienast (1945-1998)[J]. Contemporary Garden Aesthetics, Creations and Interpretations.

Washington DC, 2007.
[122]魏远, 顾红波, 薛亮, 等. 矿山废弃地土地复垦与生态恢复研究进展[J]. 中国水土保持科学, 2012, 10(02).
[123]舒俭民, 王家骥. 矿山废弃地的生态恢复[J]. 中国人口资源与环境, 1998, 8(03).
[124]刘海龙. 采矿废弃地的生态恢复与可持续景观设计[J]. 生态学报, 2004, 24(02).
[125]郭宏峰, 李瑛. 废弃采石场的生态恢复和景观重建——以浙江省乐清市东山公园为例[J]. 华中建筑, 2008, 26(03).
[126]陈汗青, 廖启鹏. 基于生态价值观的废弃矿区再生设计之路[J]. 南京艺术学院学报(美术与设计版), 2014 (02).
[127] 李军, 李海凤. 基于生态恢复理念的矿山公园景观设计[J]. 华中建筑, 2008(26).
[128]廖启鹏, 陈汗青. 大地艺术手段应用于废弃矿区环境的再生设计[J]. 设计艺术研究, 2014(03).
[129]李军, 李海凤. 基于生态恢复理念的矿山公园景观设计[J]. 华中建筑, 2008(26).
[130]马锦义, 于艺婧, 王雅云, 等. 休闲农业园中矿山废弃地改造利用设计[J]. 南京农业大学学报, 2011(04).
[131]朱建宁, 郑光霞. 采石场上的记忆——日照市银河公园改建设计[J]. 中国园林, 2007, 23(01).
[132]朱育帆, 孟凡玉. 矿坑花园[J]. 园林, 2010 (05).
[133]盛卉. 矿山废弃地景观再生设计研究[D]. 南京:南京林业大学, 2009.
[134]孙玉峰. 我国矿区系统复杂性探析[J]. 矿业研究与开发, 2006, 26(02).
[135] Sheoran V, Sheoran A S, Poonia P. Soil Reclamation of Abandoned Mine Land by Revegetation: A Review [J]. International Journal of Soil Sediment & Water, 2010(03).
[136] Navarro M C, Pérez-Sirvent C, Martínez-Sánchez M J, et al. Abandoned Mine Sites as a Source of Contamination by Heavy

Metals: A Case Study in a Semi-arid Zone [J]. Journal of Geochemical Exploration, 2008, 96(2~3).
[137]刘丽. 矿业废弃地再生策略研究[D]. 北京:北京林业大学, 2012.
[138]虞莳君. 废弃地再生的研究[D]. 南京:南京农业大学, 2007.
[139]朱宗泽. 潞安矿区生态恢复模式研究[D]. 焦作:河南理工大学, 2011.
[140]白光宇, 张进德, 田磊,等. 我国"矿山复绿"行动进展及对策建议[J]. 中国地质灾害与防治学报, 2015, 26(02).
[141]王蓉丽, 方英姿, 徐明. 废弃矿山生态复绿技术研究进展[J]. 山西建筑, 2011, 37(10).
[142]王永生, 郑敏. 废弃矿坑综合利用[J]. 中国矿业, 2002, 11(06).
[143]邓红兵, 陈春娣, 刘昕,等. 区域生态用地的概念及分类[J]. 生态学报, 2009, 29(03).
[144]俞孔坚, 乔青, 李迪华,等. 基于景观安全格局分析的生态用地研究——以北京市东三乡为例[J]. 应用生态学报, 2009, 20(08).
[145]张毅川, 乔丽芳, 陈亮明. 城市湿地公园景观建设研究[J]. 土木建筑与环境工程, 2006, 28(06).
[146]宋晓龙, 李晓文, 张明祥,等. 黄淮海地区湿地系统生物多样性保护格局构建[J]. 生态学报, 2010, 30(15).
[147]陈晓刚, 朱智, 杨昆. 城市海绵公园的景观设计方法探析[J]. Agricultural Science & Technology, 2016, 17(04).
[148]余凤生, 万聪, 张勇. 生态绿楔的规划和建设——以武汉市府河绿楔为例[J]. 园林, 2016(09).
[149]陈志诚. 快速城市化冲击下城市生态隔离区的规划应对——以厦门市后溪北部生态绿楔片区发展规划为例[J]. 规划师, 2009, 25(03).
[150]李娟, 赵竟英, 陈伟强. 矿区废弃地复垦与生态环境重建[J]. 国土与自然资源研究, 2004(01).

[151]杨晓曼, 段渊古. 城市文化主题公园景观营造探析[J]. 安徽农业科学, 2007, 35(12).
[152]王永生. 对矿山公园建设相关问题的探讨[J]. 国土资源, 2005(02).
[153]杜娟. 矿区景观生态规划与文化构建综述[J]. 山东建筑大学学报, 2011, 26(06).
[154]张禾裕, 赵艳玲, 王煜琴,等. 生态艺术公园——我国废弃矿区治理新模式研究[J]. 金属矿山, 2007, V37(12).
[155]马西莫, 克里斯多佛・埃文, 大卫・凡蒂尼. 拉维・马尔希矿厂改造的公园和露天博物馆,加沃拉诺,意大利[J]. 世界建筑, 2003(11).
[156]隋晓莹, 张琪, 李季. 工业遗产与城市后工业文化景观构建研究——以北京 798 艺术区和沈阳铁西 1905 创意文化园对比为例[J]. 城市建筑, 2015(35).
[157]吕拉昌. 废弃矿区生态旅游开发与空间重构研究[J]. 地理科学进展, 2010, 29(07).
[158]吴伟,付喜娥.绿色基础设施概念及其研究进展综述[J].国际城市规划, 2009, 24(05).
[159]冯姗姗,常江.矿业废弃地:完善绿色基础设施的契机[J].中国园林, 2017, 33(05).
[160]刘海龙.城市边缘区复兴与发展的重要途径:工矿废弃地的生态恢复与可持续利用——以北京石花洞风景区为例[C]// 日中韩风景园林研讨会议, 2003.
[161]陈弘志,刘雅静.高密度亚洲城市的可持续发展规划香港绿色基础设施研究与实践[J].风景园林, 2012(03).
[162]周睿,钟林生,刘家明,等.中国国家公园体系构建方法研究——以自然保护区为例[J].资源科学, 2016, 38(04).
[163]胡玥. 多尺度绿色基础设施网络结构的规划研究[D]. 华东师范大学, 2016.
[164]徐昌瑜.基于引力模型的城市郊区城镇土地利用增长及其空间耦合研究[D].南京:南京大学, 2013.

[165]刘滨谊，张德顺，刘晖，等. 城市绿色基础设施的研究与实践[J].中国园林，2013(03).

[166]栾博，柴民伟，王鑫. 绿色基础设施研究进展[J].生态学报，2017，37(15).

[167] Galantay，E.Y.：Newtowns：Antiquity to the Present. George Braziller Inc.，New York Grimal，P.：Roman Cities. The University of Wisconsin Press，1975.

[168]Ahern J. Greenways as Ecological Networks in Rural Areas.[J]. Landscape Planning & Ecological Networksf E，1994.

[169]陈洁萍，葛明. 景观都市主义谱系与概念研究[J].建筑学报，2010(11).

[170]陈洁萍，葛明. 景观都市主义研究-理论模型与技术策略[J].建筑学报，2011(3).

[171]Forman R. Land Mosaics：The Ecology of Landscape and Regions[M]. Cambridge：Cambridge University Press，1995.

[172] Elson M J，Walker S，Macdonald R.The Effectiveness of Green Belts[M].London：HMSO，1993.

[173]Grigson WS.The Limits of Environmental Capacity[M].London：Barton Wilmore Partnership and the House Builders Federation，1995.

[174] Jongman R H G. The Context and Concept of Ecological Networks[M]// Jongman R. Ecological Networks and Greenways：Concept，Design，Implementation. Cambridge：Cambridge University Press，2004.

[175]Sinclair K E，Hes G R，Moorman C E，et al. Mammalian Nest Predators Respond to Greenway Width，Landscape Context and Habitat Structure[J].Landscape and Urban Planning，2005(71).

[176]Meng Y F. Greenway and its Planning Principles [J].Chinese Journal of Landscape Architecture，2004(05).

[177]张云彬，吴人韦.欧洲绿道建设的理论与实践[J].中国园林，2007(08).

[178]韩西丽.实用景观:卢布尔雅那市环城绿道[J].城市规划,2008,32(08).

[179]余青,樊欣,刘志敏,等.国外风景道的理论与实践[J].旅游学刊,2006,21(05).

[180]余青,吴必虎,刘志敏,等.风景道研究与规划实践综述[J].地理研究,2007,26(06).

[181]Fábos J G. Greenway planning in the United States: its Origins and Recent Case Studies [J]. Landscape and Urban Planning, 2004(68).

[182]Flink C A, Olka K, Searns R M. Trails for the Twenty-first Century: Planning, Design, and Management Manual for Multi-use Trails (second edition) [M]. Washington: Island Press, 2001.

[183]曹康, 林雨庄, 焦自美,等. 奥姆斯特德的规划理念——对公园设计和风景园林规划的超越[J]. 中国园林, 2005, 21(08).

[184]李伟. 关于《设计结合自然》的历史叙事——从历史的角度看伊恩·麦克哈格与景观设计学[J]. 新建筑, 2005(05).

[185]张红卫. 哈格里夫斯[M]. 南京:东南大学出版社, 2004.

[186]Beardsley J. Poet of Landscape Process + Projects by Landscape-Architect Hargreaves, George [J]. Landscape Architecture, 1995, 85(12).

[187]Vol. N. Poet of Landscape Process[J]. Landscape Architecture, 1995(85).

[188]Hargreaves G. Post-Modernism Looks Beyond Itself + Building Design[J]. Landscape Architecture, 1983, 73(04).

[189]刘晓明. 风景过程主义之父:美国风景园林大师乔治·哈格里夫斯[J]. 中国园林, 2001, 17(03).

[190]李可可, 黎沛虹. 都江堰——我国传统治水文化的璀璨明珠[J]. 中国水利, 2004(18).

[191]黄艳鹏, 王江萍. 从哈格里夫斯看风景过程主义[J]. 园林, 2016(06).

[192]刘海龙. 采矿废弃地的生态恢复与可持续景观设计[J]. 生态学报, 2004, 24(02).

[193]孙晓春, 刘晓明. 构筑回归自然的精神家园——美国当代风景园林大师理查德·哈格[J]. 中国园林, 2004, 20(03).

[194]殷柏慧, 张洪刚, 端木山. 从工业废弃地到城市游憩空间的转化与更新——以安徽省淮南大通矿生态区改造为案例[J]. 中国园林, 2008, 24(07).

[195]李斌, 陈月华, 童方平,等. 采矿废弃地植被恢复与可持续景观营造研究——以湖南冷水江锑矿区为例[J]. 中国农学通报, 2010, 26(09).

[196]王向荣, 任京燕. 从工业废弃地到绿色公园——景观设计与工业废弃地的更新[J]. 中国园林, 2003, 19(03).

[197]孙大伟, 刘文佳. 矿区城市生态景观规划设计——以河南省义马市南部矿区为例[J]. 规划师, 2012, 28(05).

[198]章超. 城市工业废弃地的景观更新研究[D]. 南京林业大学, 2008.

[199][美]阿肯色大学社区设计中心.低影响开发——城区设计手册[M].卢涛,译.南京:江苏科学技术出版社,2017.

[200] Damodaram C, Giacomoni M H, Prakash Khedun C, et al. Simulation of Combined Best Management Practices and Low Impact Development for Sustainable Stormwater Management[J]. Jawra Journal of the American Water Resources Association, 2010, 46(05).

[201]中华人民共和国住房和城乡建设部.海绵城市建设技术指南——低影响开发雨水系统构建(试行)[M].北京:中国建筑工业出版社,2015.

[202]俞孔坚, 李迪华, 袁弘,等. "海绵城市"理论与实践[J]. 城市规划, 2015, 39(06).

[203]苗展堂, 孙奎利. 低影响开发理念下的城市雨水设施系统规划模式研究[J]. 建筑学报, 2014(S2).

[204]户园凌. 低影响开发雨水系统综合效益的分析研究[D]. 北京

建筑工程学院, 2012.

[205]周勃. 基于 LID 理念的海绵城市水景规划研究——以平顶山市为例[J]. 建筑工程技术与设计, 2017(05).

[206] 罗萍嘉, 陆文学. 基于景观生态学的矿区塌陷地再利用规划设计方法——以徐州九里区采煤塌陷地为例[J]. 中国园林, 2011, 27(06).

[207]张小迪. 平顶山市矿区住宅建筑屋顶绿色景观设计探析[J]. 华中建筑, 2015(08).

[208]杨侏扬.矿业废弃地空间环境修补对策探索[J].华中建筑, 2012(1).

[209] Michael Lailach. Land Art: The Earth as Canvas (Taschen Basic Art Series)[M].Germany:Taseherl,2007.

[210]廖沙泥.中国大地艺术实践与理论研究[D].广州:广东工业大学,2011.

[211]陈望衡.自然与人共同的创造——大地艺术的美学思考[J].艺术百家,2008(1).

[212]徐琳.大地艺术及其对景观设计的影响[D].北京:北京林业大学,2009.

[213]侯伟.极简主义与大地艺术中的符号学意象[J].美苑,2007(12).

[214]刘沁炜. "沙漠的呼吸":埃及沙漠神秘环境艺术品[J]. 风景园林, 2014(02).

[215]王向荣, 林箐.西方现代景观设计的理论与实践[M].北京:中国建筑工业出版社,2002.

[216]戴湘毅, 刘家明, 唐承财. 城镇型矿业遗产的分类、特征及利用研究[J]. 资源科学, 2013, 35(12).

[217]戴湘毅, 阙维民.浙江矾山矾矿的遗产价值与保护建议[J]. 矿业研究与开发, 2016., 33(02).

[218]刘金林. 试论黄石矿冶工业遗产的突出特色[J]. 湖北理工学院学报(人文社会科学版), 2016, 33(03).

[219]孙辉. 浅谈铜陵矿山生态修复措施[J]. 北京农业, 2011(12).

附录一

《工业遗产之下塔吉尔宪章》[①]

（国际工业遗产保护联合会于2003年7月10日至17日在俄罗斯下塔吉尔通过）

国际工业遗产保护联合会（TICCIH）是保护工业遗产的世界组织，也是国际古迹遗址理事会（ICOMOS）在工业遗产保护方面的专门顾问机构。本宪章由TICCIH起草，将提交ICOMOS认可，并由联合国教科文组织（UNESCO）最终批准。

导　言

人类的早期历史是依据生产方式根本变革方面的考古学证据来界定的，保护和研究这些变革证据的重要性已得到普遍认同。

从中世纪到18世纪末，欧洲的能源利用和商业贸易的革新，带来了具有与新石器时代向青铜时代历史转变同样深远意义的变化，制造业的社会、技术、经济环境都得到了非常迅速而深刻的发展，足以称为一次革命。这次工业革命是一个历史现象的开端，它影响了有史以来最广泛的人口，以及地球上所有其他的生命形式，并一直延续至今。

这些具有深远意义的变革的物质见证，是全人类的财富，研究和保护它们的重要性必须得到认识。因而，2003年聚集在俄罗斯

① 资源来源：《建筑创作》，2006年第8期。

召开的 TICCIH 大会上的代表们宣告：那些为工业活动而建造的建筑物和构筑物、其生产的过程与使用的生产工具，以及所在的城镇和景观，连同其他的有形的或无形的表现，都具有基本的重大价值。我们必须研究它们，让它们的历史为人所知，它们的内涵和重要性为众人知晓，为现在和未来的利用和利益，那些最为重要和最典型的实例应当依照《威尼斯宪章》的精神，进行鉴定、得以保护和修缮。

1. 工业遗产的定义

工业遗产是指工业文明的遗存，它们具有历史的、科技的、社会的、建筑的或科学的价值。这些遗存包括建筑、机械、车间、工厂、选矿和冶炼的矿场和矿区、货栈仓库，能源生产、输送和利用的场所，运输及基础设施，以及与工业相关的社会活动场所，如住宅、宗教和教育设施等。工业考古学是对所有工业遗存证据进行多学科研究的方法，这些遗存证据包括物质的和非物质的，如为工业生产服务的或由工业生产创造的文件档案、人工制品、地层和工程结构、人居环境以及自然景观和城镇景观等。工业考古学采用了最适当的调查研究方法以增进对工业历史和现实的认识。具有重要影响的历史时期始于 18 世纪下半叶的工业革命，直到当代，当然也要研究更早的前工业和原始工业起源。此外，也要注重对归属于科技史的产品和生产技术研究。

2. 工业遗产的价值

（1）工业遗产是工业活动的见证，这些活动一直对后世产生着深远的影响。保护工业遗产的动机在于这些历史证据的普遍价值，而不仅仅是那些独特遗址的唯一性。

（2）工业遗产作为普通人们生活记录的一部分，并提供了重要的可识别性感受，因而具有社会价值。工业遗产在生产、工程、建筑方面具有技术和科学的价值，也可能因其建筑设计和规划方面的品质而具有重要的美学价值。

（3）这些价值是工业遗址本身、建筑物、构件、机器和装置所固有的，它存在于工业景观中，存在于成文档案中，也存在于一些无形记录，如人的记忆与习俗中。

(4)特殊生产过程的残存、遗址的类型或景观，由此产生的稀缺性增加了其特别的价值，应当被慎重地评价。早期和最先出现的例子更具有特殊的价值。

3. 鉴定、记录和研究的重要性

(1)每一国家或地区都需要鉴定、记录并保护那些需要为后代保存的工业遗存。

(2)对工业地区和工业类型进行调查研究以确定工业遗产的范围。利用这些信息，对所有已鉴定的遗址进行登记造册，其分类应易于查询，公众也能够免费获取这些信息。而利用计算机和因特网是一个颇有价值的方向性目标。

(3)记录是研究工业遗产的基础工作，在任何变动实施之前都应当对工业遗址的实体形态和场址条件做完整的记录，并存入公共档案。在一条生产线或一座工厂停止运转前，可以对很多信息进行记录。记录的内容包括文字描述、图纸、照片以及录像，以及相关的文献资料等。人的记忆是独特的、不可替代的资源，也应当尽可能地记录下来。

(4)考古学方法是进行历史性工业遗址调查、研究的基本技术手段，并将达到与其他历史和文化时期研究相同的高水准。

(5)为了制定保护工业遗产的政策，需要相关的历史研究计划。由于许多工业活动具有关联性，国际合作研究有助于鉴定具有世界意义的工业遗址及其类型。

(6)对工业建筑的评估标准应当被详细说明并予以公布，采用为广大公众所接受的、统一的标准。在适当研究的基础上，这些标准将用于鉴定那些最重要的遗存下来的景观、聚落、场址、原型、建筑、结构、机器和工艺过程。

(7)已认定的重要遗址和结构应当用强有力的法律手段保护起来，以确保其重要意义得到保护。联合国教科文组织的《世界遗产名录》，应给予给人类文化带来重大影响的工业文明以应有的重视。

(8)应明确界定重要工业遗址的价值，对将来的维修改造应制定导则。任何对保护其价值所必要的法律的、行政的和财政的手段应得以施行。

(9)应确定濒危的工业遗址，这样就可以通过适当的手段减少危险，并推动合适的维修和再利用的计划。

(10)从协调行动和资源共享方面考虑，国际合作是保护工业遗产特别合适的途径。在建立国际名录和数据库时需要制定适当的标准。

4. 法定保护

(1)工业遗产应当被视作普遍意义上文化遗产的整体组成部分。然而，对工业遗产的法定保护应当考虑其特殊性，要能够保护好机器设备、地下基础、固定构筑物、建筑综合体和复合体以及工业景观。对废弃的工业区，在考虑其生态价值的同时也要重视其潜在的历史研究价值。

(2)工业遗产保护计划应同经济发展政策以及地区和国土规划整合起来。

(3)那些最重要的遗址应当被充分地保存，并且不允许有任何干涉危及建筑等实物的历史完整性和真实性。对于保存工业建筑而言，适当改造和再利用也许是一种合适且有效的方式，应当通过适当的法规控制、技术建议、税收激励和转让来鼓励。

(4)因迅速的结构转型而面临威胁的工业社区应当得到中央和地方政府的支持。因这一变化而使工业遗产面临潜在威胁，应能预知并通过事先的规划避免采取紧急行动。

(5)为防止重要工业遗址因关闭而导致其重要构件的移动和破坏，应当建立快速反应的机制。有相应能力的专业权威人士应当被赋予法定的权利，必要时应介入受到威胁的工业遗址保护工作中。

(6)政府应当有专家咨询团体，他们对工业遗产保存与保护的相关问题能提供独立的建议，所有重要的案例都必须征询他们的意见。

(7)在保存和保护地区的工业遗产方面，应尽可能地保证来自当地社区的参与和磋商。

（8）由志愿者组成的协会和社团，在遗址鉴定、促进公众参与、传播信息和研究等方面对工业遗产保护具有重要作用，如同剧场不能缺少演员一样。

5. 维护和保护

（1）工业遗产保护有赖于对功能完整性的保存，因此对一个工业遗址的改动应尽可能地着眼于维护。如果机器或构件被移走，或者组成遗址整体的辅助构件遭到破坏，那么工业遗产的价值和真实性会被严重削弱。

（2）工业遗址的保护需要全面的知识，包括当时的建造目的和效用，各种曾有的生产工序等。随着时间的变化可能都已改变，但所有过去的使用情况都应被检测和评估。

（3）原址保护应当始终是优先考虑的方式。只有当经济和社会有迫切需要时，工业遗址才考虑拆除或者搬迁。

（4）为了实现对工业遗址的保护，赋予其新的使用功能通常是可以接受的，除非这一遗址具有特殊重要的历史意义。新的功能应当尊重原先的材料和保持生产流程和生产活动的原有形式，并且尽可能地同原先主要的使用功能保持协调。建议保留部分能够表明原有功能的地方。

（5）继续改造再利用工业建筑可以避免能源浪费并有助于可持续发展。工业遗产对于衰败地区的经济复兴具有重要作用，在长期稳定的就业岗位面临急剧减少的情况时，继续再利用能够维持社区居民心理上的稳定性。

（6）改造应具有可逆性，并且其影响应保持在最小限度内。任何不可避免的改动应当存档，被移走的重要元件应当被记录在案并完好保存。许多生产工艺保持着古老的特色，这是遗址完整性和重要性的重要组成内容。

（7）重建或者修复到先前的状态是一种特殊的改变。只有有助于保持遗址的整体性或者能够防止对遗址主体的破坏，这种改变才是适当的。

（8）许多陈旧或废弃的生产线里体现着人类的技能，这些技能是极为重要的资源，且不可再生，无可替代。它们应当被谨慎地记录下来并传给年轻一代。

(9)提倡对文献记录、公司档案、建筑设计资料以及生产样品的保护。

6. 教育与培训

(1)应从方法、理论和历史等方面对工业遗产保护开展专业培训，这类课程应在专科院校和综合性大学设置。

(2)工业历史及其遗产专门的教育素材，应由中小学生们去搜集，并成为他们的教学内容之一。

7. 陈述与解释

(1)公众对工业遗产的兴趣与热情以及对其价值的鉴赏水平，是实施保护的有力保障。政府当局应积极通过出版、展览、广播电视、国际互联网及其他媒体向公众解释工业遗产的意义和价值，提供工业遗址持续的可达性，促进工业遗址地区的旅游发展。

(2)建立专门的工业和技术博物馆和保护工业遗址，都是保护和阐释工业遗产的重要途径。

(3)地区和国际的工业遗产保护途径，能够凸显工业技术转型的持续性和引发大规模的保护运动。

二〇〇六年七月二十八日

《关于加强工业遗产保护的通知》

国家文物局文物保发[2006]10号

各省、自治区、直辖市文物局、文化厅(局)、文管会：

在我国经济高速发展时期，随着城市产业结构和社会生活方式发生变化，传统工业或迁离城市，或面临“关、停、并、转”的局面，各地留下了很多工厂旧址、附属设施、机器设备等工业遗存。这些工业遗产是文化遗产的重要组成部分。加强工业遗产的保护、管理和利用，对于传承人类先进文化，保持和彰显一个城市的文化底蕴和特色，推动地区经济社会可持续发展，具有十分重要的意义。目前，各地对工业遗产的保护还存在一些问题，一是重视不够，工业遗产列入各级文物保护单位的比例较低；二是家底不清，对工业遗产的数量、分布和保存状况心中无数；界定不明，对工业遗产缺乏深入系统的研究，保护理念和经验严重匮乏；三是认识不足，认为近代工业污染严重、技术落后，应退出历史舞台；四是措施不力，“详远而略近”的观念偏差，使不少工业遗产首当其冲成为城市建设的牺牲品。鉴于工业遗产保护是我国文化遗产保护事业中具有重要性和紧迫性的新课题，国家文物局就加强工业遗产保护的有关要求通知如下：

(1)各地文物行政部门应结合贯彻落实《国务院关于加强文化遗产保护的通知》的精神，按照科学发展观的要求，充分认识工业遗产的价值及其保护意义，清醒认识开展工业遗产保护的重要性和紧迫性，注重研究解决工业遗产保护面临的问题和矛盾，处理好工业遗产保护和经济建设的关系。

(2)各地文物行政部门应努力争取得到地方各级人民政府的支持，密切配合各相关部门，将工业遗产保护纳入当地经济、社会发展规划和城乡建设规划。认真借鉴国内外有关方面开展工业遗产保护的经验，结合当地情况，加强科学研究，在编制文物保护规划时注重增加工业遗产保护内容，并将其纳入城市总体规划。密切关注当地经济发展中的工业遗产保护，主动与有关部门研究提出改进和完善城市建设工程中工业遗产保护工作的意见和措施，逐步形成完善、科学、有效的保护管理体系。

(3)制订切实可行的工业遗产保护工作计划，有步骤地开展工业遗产的调查、评估、认定、保护与利用等各项工作。首先要摸清工业遗产底数，认定遗产价值，了解保存状况，在此基础上，有重点的开展抢救性维护工作，依据《文物保护法》加以有效保护，坚决制止乱拆损毁工业遗产。

(4)像重视古代的文化遗产那样重视近现代的工业文化遗存，深入开展相关科学研究，逐步形成比较完善的工业遗产保护理论，建立科学、系统的界定确认机制和专家咨询体系。开展对工业遗产价值评判、保护措施、理论方法、利用手段等多方面研究，并形成具有一定水平的研究成果，从而指导工业遗产保护与利用的良性发展。

(5)结合工业遗产保护与保存情况，利用多种渠道，采取多种形式，开展保护工业遗产的宣传教育，提高公众对工业遗产的认识，使工业遗产保护的理念和意识深入人心，充分调动社会各界保护工业遗产的积极性，营造良好的社会保护氛围，推动我国工业遗产保护工作的顺利开展。

二〇〇六年五月十二日

《国家矿山公园规划编制技术要求》

国土资源部办公厅国土资厅发[2014]2号

前言

矿山公园建设是我国矿山地质环境恢复治理中的新生事物。为充分保护重要矿业遗还资源，弘扬矿业文化，国土资源部于2004年11月印发了《关于申报国家矿山公园的通知》(国土资发[2004]256号)，开启了我国国家矿山公园的建设工作。

国家矿山公园应具备的条件：必须是安全的废弃矿山、生产矿山的部分废弃矿段(矿井)，国际、国内著名或独具特色，可治理且生态环境达到良好以上；必须具备典型性、稀有性和内容丰富的矿业遗迹，拥有一处以上或多处重要级矿业遗迹；必须以矿业遗迹为主体，自然与人文景观优美，区位条件优越，体现人与自然和谐发展；基础资料扎实、丰富，土地使用权属清楚，基础设施完善，能与社会需求相协调，引导矿业经济转型、促进地方经济社会发展。

建立国家矿山公园是保护人类矿业遗迹、促进矿山生态环境恢复、开展科学研究及科普教育，也是开拓新的地质、矿业资源利用、发展地方经济、节约集约土地的需要。

国家矿山公园事业的发展有效保护了矿业遗迹资源，弘扬了悠久的矿业历史和灿烂文化，加强了矿山地质环境保护与治理恢复，促进了矿山公园与地方经济的协调发展，并为矿山地质环境治理树立了典范，推动了矿山企业走可持续发展道路。

一、范围

本技术要求适用于国家矿山公园规划编制。

二、规划依据

(一)法律法规类

中华人民共和国土地管理法
中华人民共和国矿产资源法
中华人民共和国环境保护法
中华人民共和国城乡规划法
中华人民共和国水法
中华人民共和国森林法
中华人民共和国自然保护区管理条例
中华人民共和国风景名胜区条例
矿山地质环境保护规定(国土资源部第44号令[2009])
全国生态环境保护纲要(国发[2000]38号)

(二)技术规范、标准、指南类

中国国家矿山公园建设工作指南(国土资源部，2007)
风景名胜区规划规范(GB50298—1999)
自然保护区类型与级别划分原则(GB/T14529—93)
旅游规划通则(GB/T18971—2003)
国家自然保护区总体规划编制规范(国家环保局，1996)

(三) 相关规划

国民经济与社会发展规划、土地利用总体规划、矿产资源规划、环境保护规划、城市总体规划、旅游发展总体规划、自然保护区总体规划、风景名胜区总体规划、森林公园总体规划、交通规划、地质环境保护规划、矿山地质环境保护规划等。

三、规划编制的基本原则

国家矿山公园的规划编制应遵循以下基本原则：

1. 保护优先，科学规划，可持续发展，合理利用。
2. 体现矿山公园宗旨，突出矿山公园特色。
3. 统筹兼顾，分步开发，做好与相关规划的衔接。

四、总则

1. 为加强矿山公园管理，进一步规范我国矿山公园规划建设，指导国家矿山公园规划编制，制订本技术要求。

2. 矿山公园总体规划的指导思想应以矿业遗迹景观为主体，充分利用各种自然与人文旅游资源，在环境治理、生态恢复的前提下合理规划布局，适度开发建设，为人们提供旅游观光、休闲度假、文化娱乐和科学教育的场所。

3. 矿山公园规划应分为总体规划和详细规划两个阶段进行。大型而复杂的矿山公园，可以分景区规划、景点规划和典型景观规划。一些重点建设地段，可以增加编控制性详细规划和修建性详细规划，甚至根据特殊需要做出设计方案。

4. 矿山公园规划除执行本规划编制技术要求外，还应符合国家其他有关强制性标准与规范的规定。

五、规划内容与编写要求

(一) 合理划定、明确界定国家矿山公园范围

1. 范围划定的原则

完整性与独立性原则。国家矿山公园的范围划定不能有损矿业

遗迹和生态环境的完整性，否则，不利于公园的保护、利用和管理。应综合考虑公园与其周围辐射范围的关系，充分考虑区域内矿产资源赋存状况和地方经济建设情况，注意与地方经济发展相协调。

2. 范围的表述

国家矿山公园的范围除文字描述外，同时要用边界控制点(拐点)坐标标注在适当比例尺的地形图上，有明确的地形标志物在现场立桩标界。公园范围如有变动必须标明变动情况，并说明变动的理由。

3. 土地权属及使用

国家矿山公园的土地权属应清晰。公园内的土地权利人应服从矿业遗迹等保护的管理要求，其土地用途应符合矿山公园规划，必要时以“契约”“协议”等形式约定。

4. 勘界

国家矿山公园边界及矿山公园内的功能区界线，要测定边界的重要拐点坐标，并标注在以相应比例尺地形图为底图的《矿山公园园区划界实际资料图》上(根据规模按规划图件要求确定比例尺)。根据实际管理的需要，应依照边界类型，设立明确的界线标示碑或标示牌。矿山公园勘界的图形与实测数据应建库存档。

(二)国家矿山公园功能分区规划

国家矿山公园的功能分区规划主要包括：矿业遗址保护区、科普教育区、综合服务区及其他特色景观游览区(如山水景观游览区等)。

1. 矿业遗迹保护区

根据矿业遗迹的典型性、稀有性、观赏性，科学和历史文化价值及开发利用功能等，将矿业遗迹保护分为珍稀级(一级)、重要级(二级)和一般级(三级)。

一级保护区：一级矿业遗迹点方圆100米范围内划为一级保护区，严格保护区内原有矿业遗迹完整性，严格保证保护矿洞内的景观风貌与空间环境；除必需的步行游览道路和相关设施外，严禁安排旅宿床位，严禁建设与矿业遗迹无关的建筑物；遗迹附近设置保护措施，防止游客触摸造成破坏；禁止机动交通工具进入，并严格控制游人数量。

二级保护区：二级矿业遗迹点方圆50米范围内划为二级保护区，严格保护区内的矿业遗迹及其周围的自然与人文景观；限制与矿业遗迹游览无关的活动，严禁各类人为工程，原则上不安排旅宿床位；限制机动交通工具进入，可允许环保电瓶车进入，适当控制游人数量；可设置适当旅游服务设施，严禁在遗迹点周围设置不当的商业广告。

三级保护区：三级矿业遗迹点方圆20米范围内划为三级保护区，从整体上保护该类矿业遗迹及其周围的自然与人文景观；严禁大规模的人为工程，可安排少量旅宿床位；在对矿业遗迹不造成破坏的前提下，可修建小型服务设施和游览设施，可组织适当的参与性活动。

2. 科普教育区

公园博物馆、科普电影馆(影视厅)、地质科普广场一般设于此区。要考虑景区已有的建设，有条件的公园可以建立青少年科普教育基地、科普培训基地，开辟专项科普旅游路线等。

3. 综合服务区

服务区内可发展与旅游产业相关的服务业，控制其他产业，不允许发展污染环境、破坏景观的产业。服务区的面积可控制在矿山公园总面积的百分之二以内。

4. 特色景观游览区

一是人文景观区，主要包括具有代表性的民居、设施、村落和民俗风情等，要加强对矿山人文历史的景观恢复以及重要文物类建筑的保护；二是自然景观区，主要是指矿山及周围环境中独具特色的自然山水景观和动植物景观。

(三)国家矿山公园的调查、评价和保护

1. 国家矿山公园的调查

国家矿山公园调查的主要内容包括：查明公园地理位置及范

围、自然地理条件、地质环境条件、经济社会状况；生态环境质量状况、自然灾害状况、矿山地质环境问题及危害；矿床地质背景、矿床发现史及矿山开发史；矿业遗迹的类型与空间分布（矿业遗迹类型划分可参照附录A）。矿业遗迹的地质地貌背景；描述和分析矿业遗迹形态和性状特征的各种参数；矿业遗迹受到破坏与保护的现状；对矿业遗迹产生破坏或威胁的自然与人为的影响因素；其他景观资源的类型、特征与空间分布。

对国家矿山公园的环境条件、矿业遗迹等应详细考察登录，并建立档案和入库。国家矿山公园野外调查的信息与数据采集，应能满足评价和建立数据库的要求。

国家矿山公园调查应以已完成的中、大比例尺区域地质调查成果为基础，以实测的大比例尺地形图为载体，以提高调查的精度和控制程度。

2. 国家矿山公园的评价

（1）矿业遗迹评价

依据稀有性、典型性、科学价值、历史文化价值、科普教育价值及旅游开发价值为主并参考有关因素对矿业遗迹进行综合评价，将矿业遗迹划分为珍稀级（一级）、重要级（二级）、一般级（三级）。按类按级编列公园全部矿业遗迹名录，并按相关的技术要求进行档案登录和数据库录入，为有效保护与科学管理提供依据。

（2）环境条件评价

根据生态环境质量现状和其他景观资源丰富程度及价值进行综合评价，充分考虑自然环境恢复状况、“三废”污染程度及地质灾害发育程度等地质环境条件进行评价。对典型的自然生态景观应详细考察登录，建立档案和入库。

（3）开发条件评价

对国家矿山公园的区位优越条件、交通便利条件、基础设施条件、服务条件、边界划定、科学考察和基本资源掌握程度、投资开发可行性论证等进行综合评价。

3. 矿业遗迹的保护

将公园内矿业遗迹分别划入一级、二级和三级矿业遗迹保护区中，并有针对性地分别列出其主要影响因素及保护要求，制定科学合理的保护方案与保护措施，使园中矿业遗迹得到切实有效的保护。一级矿业遗迹的保护责任要落实到人。

(四)国家矿山公园建设

1. 国家矿山公园博物馆建设

博物馆建设主要是利用图片、文字、模型、雕塑、实物、影视及信息系统等多种形式向游客全面介绍国家矿山公园的发展史、开发史、开发技术发展史、独特的矿产资源、矿产品的开发和利用价值、矿产资源赋存的地质条件、矿床形成发展史、国内外同类矿床的分布和特征介绍、其他地质地貌景观、自然和社会环境、经济贡献、矿山地质环境治理恢复成果等，并向游客进行相关科学知识宣传和环境保护意识教育，同时提供各种旅游信息的场所，其主要功能包括科教知识普及、集中展示、陈列、现代化气息感知、休闲购物。

博物馆主要功能分区及展示内容：

(1)展示厅

集中展示反映国家矿山公园主要特征的图片和文字，主要包括：公园地理和社会环境概况；公园内主要地质遗迹和地质景观介绍；与公园有关的地质科学基础知识介绍，以及主要矿业遗迹的科学成因解释；所在区域矿业开发史；公园的矿业研究历史及主要研究成果；公园的保护、建设与发展；公园范围内的物种与人文景观；景观分布及游览路线图等。

(2)陈列厅

展示与陈列具有一定价值和科学普及意义的矿业研究成果图件、科学文献及相关出版物；与本矿山有关的历史资料、重要事件、采矿与加工场景的历史重现、各历史时期的采矿与加工工具和相关技术的实物(或模型)、矿石标本、矿业遗迹模型或标本、人类文化遗迹等实物标本陈列，介绍本矿山成因的模型或示意图等。

(3)演示厅

利用现代化多媒体技术，充分展示国家矿山公园地质特点，最大限度地向游客提供与公园有关的专业知识和旅游信息。包括：

基于GIS的矿山公园信息系统(含矿山遗迹和景观的空间数据库及属性数据库、三维动画演示以及信息查询系统等);矿山公园资料光盘的播放演示系统等。

(4)接待休息厅

用于接待考察旅游者或团队,或供有关人员休息与研讨。

(5)游客服务中心

提供咨询、事件处理、生活用品和旅游纪念品零售、游客休息等服务。

2. 国家矿山公园生态景观恢复与景区建设

对公园内矿山地质环境现状进行评价,分析矿山地质环境问题及发展趋势、治理的可行性,提出矿山地质环境保护与治理恢复规划及实施方案。具体治理工程要求如下:

(1)矿山地质环境治理恢复工程

根据采矿废弃地的地形地貌特点,结合国家矿山公园建设要求,对破坏的土地进行顺序回填、平整、覆土及综合整治,复垦成各种功能用到。对环境破坏和污染地区采取综合治理措施,采取铺设防火层、防渗层、土壤层等治理坡底环境;通过削坡、治理崩塌、平整、碾压、客土、植被恢复等工序,使边坡环境得到恢复和改善,达到园林用到标准;对环境破坏典型区域,采取保护措施,保护破坏遗迹,形成可山景观。

(2)自然生态环境保护工程

公园范围内及周边的自然生态环境优质区域要严格保护,以维系原生种群和群系:如观赏价值高的古树名木,湿地草甸与珍稀植物物种分布区、野生动物栖息地;典型的地貌景观(如岩溶、丹霞、黄土、砂丘、花岗岩、砂岩地貌以及瀑布、峡谷、湖泊、沼泽、涌泉等水体景观)分布区等基础设施建设、环境治理、植被更新等也应以保护自然生态景观为前提,防止再造成破坏。必要时,应在重要的珍稀物种分布地段及脆弱易损的景观区设立保护区,进行保护。

(3)固体废弃物治理工程

对于可能构成污染源,造成地质灾害隐患、影响观瞻的采矿废渣、围岩废石、剥离表土等固体废弃物，应进行治理，严禁坡岗杂乱堆放。固体废弃物治理一般采取填沟造地，恢复植被，或整治堆积台面和固定边坡，防止失稳；采用粘性土或其他物料覆盖，防止雨水渗透淋滤，污染环境煤矸石堆治理应分层压实，黏土覆盖，及时恢复植被，防止煤矸石氧化自燃。对于有毒有害或放射性成分含量高的废弃物，必须用碎石深度覆盖，不得暴露，并应有严密的防渗措施。固体废弃物处置时，应注意对可利用的有益成分进行合理利用。

(4)绿化工程

矿山废水会造成矿区地表水和地下水污染，淋滤池、储存池等设施是严重的污染源。在矿山公园生态环境建设中，应通过调查、评价，查明水体污染物的成分、污染源及渗透途径、影响范围、危害程度，采取拦截防渗、引流净化、化学处理、封闭填埋等治理措施，确保饮水安全和良好的水体景观。

(5)景区建设工程

以环境治理与生态环境恢复为基础，将矿业文化、历史人文、环境治理典范、生态景观、休息游览等多种景区进行有机组合与串联，建设成为矿山公园。

3. 国家矿山公园的标识系统

标志碑(主碑)：体现公园的自然特征与公园名称，内涵深刻，碑文包括矿山公园全称、批准机关和矿山公园徽标，其中矿山名称要中、英文，如在少数民族地区较多并有民族文字的地区，可设计少数民族文字，批准机关为中华人民共和国国土资源部。

标志碑(副碑)：矿山公园若由数个园区或景区组成时，应在各园区或景区入口地段设立标志性的“副碑”，作为对公园主碑的补充。副碑的碑文内容应包括园(景)区中、英文介绍。

公园说明牌：位于公园的入口处，可与公园主副碑联合设计，也可单独设计，重点介绍公园名称、面积、景区划分、主要矿山景观特征及科学价值与意义，语言文字应力求简明、通俗、优美，便于游客理解，并用中英文分别表述。和公园说明牌相配套的还有景区地质景点分布图或导游图、相关地质知识、主要地质景点成因、国内外同类景观对比等，中英文说明及图片。

景点说明牌：对地质景点情况进行简要介绍的文字和图。

公园道路说明牌：公园外围道路说明牌应在通往公园主要道路旁，尤其在道路岔口等地段，应明确地标示其位置，并绘有矿山公园的徽标；内部道路说明牌应在通往公园景点的路旁。道路说明牌用中英文。

公园区界说明牌：对公园边界应建立明确的界域标识；对公园内保护区要明确保护级别并用界牌标定和保护，尤其是对核心区和重点矿山遗迹的保护应重点建立标识。中英文标识，有矿山公园徽标。

公园管理说明牌：对游客进行人性化管理和提示的标识，主要有提示说明和警示说明。提示说明用于提示游客保护矿山遗迹，保护地质环境，注意环境卫生，注意防火。警示说明用于对游客或车辆容易造成伤害和危险地段或时期，警示游客注意安全。

公园服务说明牌：为游客提供服务和方便的提示，主要包括餐饮、购物、医疗等。

（五）导游工作

1. 导游手册

导游手册内容上应力求全面、细致，以满足不同游客的需要；文字上要以游客喜闻乐见的语言和表达方式，在系统介绍矿山公园的科学内涵时，要严谨、通俗易懂。手册的主要部分要有英文译文，特别是公园简介、园区简介、主要景点及手册目录，均应提供相应的英文译文。

导游手册内容可根据具体情况确定，一般应包括：地理概况、矿山公园基本概念及现状、有关矿山公园的地学知识、景区划分及介绍、景点及旅游路线设计、其他旅游资源介绍、基础服务设施及生态环境保护等。

2. 导游词

要将编写导游员专用的公园、园区、景区、特设旅游路线的解说词，地质博物馆讲解词列入规划（针对不同讲解对象应当编写不同的版本)。

3. 导游员培训

每个独立园区必须配备一定数量的专职导游员，须经岗位培训，考核合格后上岗。并订出定期地知识培训计划及要求(每年不少于一周，有必要可增设外语培训)。

(六)矿山公园影像产品制作

制作声像媒体光盘，展示公园特色和内涵。基本内容包括：矿山公园地理位置、大地构造背景、主要矿床类型及特色、矿床形成、演化和发展史、矿产资源评价和保护及在国民经济中的重要意义。同时，可以介绍矿山公园所在地独特的人文历史、社会经济和自然风貌。

(七)矿山公园的信息化建设规划

用现代科技完善信息化建设是建设和管理矿山公园的基本要求。要加强矿山公园数据库、监测系统、网络系统的建设。矿山公园信息化建设应包括以下内容：

在公园各景点及重点位置安装监测仪器，建立监测中心，加强对园区的监控管理，确保游客安全，及时发现矿业遗迹损毁事件以及地质灾害和火灾隐患等；

建立全园的信息网络系统，包括设立在信息中心的主机，设立于公园各处的终端机、信息自动服务台、触摸屏、电子导游系统、大屏幕、虚拟现实系统、面对面信息服务台等设施。实行信息互通，向游客及时提供游览信息、游览指南，引导游客游览、疏导客流等；

建立矿山公园网站，沟通与各个方面的信息联系，要具有公园及矿业遗迹展示、科普教育和矿山公园研究平台、远程票务住宿预订服务等功能；

通过 WebGIS 的技术手段将矿山公园数据库、矿山公园网站和矿山公园展示系统、矿山公园监测系统整合起来实现远程科研数据获取，数据检索查询，公园网络营销与服务等功能。

(八)矿山公园的管理体制与人才规划

健全的管理机构和有序的管理体制，是建设和管理好矿山公园的保障。规划时必须做好矿山公园管理体制规划，应把矿山公园管理机构的名称、级别、二级机构设置、人员编制、管理职能等编列清楚，并以公园上一级政府正式批件为据。

矿山公园管理人才、科技人才(特别是地学专业人才)是建设和管理好矿山公园的重要保障，必须将公园的人才结构和配备途径、培训计划纳入矿山公园的规划

六、规划成果

国家矿山公园规划应提交以下成果：

(一)规划文本

规划文本是实施矿山公园规划的行动指南和规范，应简明扼要地直接表述矿山公园规划的结论，规定做什么和怎么做，体现规划内容的指导性、强制性和可操作性。

规划文本的编写要求见《国家矿山公园规划编制提纲》。

(二)规划编制说明

矿山公园规划编制说明是对规划编制的主要原则、主要内容、编制过程、初审情况等方面的简要说明，具体应包括以下内容：

(1)规划编制的主要依据、原则及指导思想。着重说明规划的基本思路、主要内容和特点。

(2)规划编制过程、规划研究情况。

(3)规划目标、任务、主要指标及主要内容的确定过程与依据。

(4)与其他相关规划的衔接情况。

(5)省级国土资源部门对规划的审核情况。

(6)征求有关部门、地方政府、专家等意见的情况以及协调、论证情况。

(7)其他需要说明的问题。

(三)规划图件及编制要求

主要附图(图件比例尺为基本要求，具体可根据公园面积和需要适当确定)：

矿山公园现状分析图(1∶1万—1∶5万)；

矿山公园总体规划图(1∶1万—1∶5万)。

(四)专题研究报告

国家矿山公园规划专题研究报告是从研究角度为规划编写提供更加准确、详尽的理论和实际分析论证依据。

其编写要求见《国家矿山公园规划专题研究报告编写提纲》。

(五)基础资料汇编

主要是规划编制中形成的基础调查：资料、资料辑录、数据统计、重要的参考文献等。

七、本技术要求的适用范围

本技术要求适用于所有国家矿山公园规划编制。

八、附则

规划工作由矿山公园属地地方政府和省级国土资源主管部门联合主持，以委托或招标方式进行。

由于矿山公园规划是一项技术性和综合性很强的工作，承担规划工作的单位必须熟悉矿山公园规划的技术要求、具有编制矿山公园规划的实际经验，规划编制组成员必须由多专业的技术人员组成，除地质专家外，还应包括相关规划专业(城市规划、风景区规划、工程规划或土地利用规划等)的技术人员，必要时可邀请生态学、文物保护、工程建设、旅游规划等方面的专业技术人员参加。规划单位应将相关工作经历与成果、人员的专业与职称构成、管理体系等材料，报省级国土资源管理部门审核认定。

附录二

矿业遗迹类型划分表

序号	大类	亚类	备注
1	矿产地质遗迹类	典型矿床及其地质剖面	作为矿产地质遗迹类的典型矿床必须具有矿业开发历史。地质剖面通过各种矿物、岩石组成的地层及证明其层序关系的古生物遗迹、地质构造遗迹、直接或间接的找矿标志等几种反映的矿床的典型特征
		找矿地质标准和找矿标志	找矿标准：地层、岩性、岩相、构造、岩浆岩、围岩蚀变、地球化学、地貌、变质程度、水文、地球物理等。直接找矿标志：矿体露头、铁冒、矿砾、有用矿物重砂、旧矿遗迹、盐泉、油气苗及部分物化探异常等。间接找矿标志：蚀变围岩、特征地层层位或标志层、特殊颜色的岩石、特殊地形、特殊植物、物化探异常及某些历史资料、地名等
		矿业水体与空间遗迹	曾为矿业开发活动利用过的地表水体和地下水体或遗迹、山体、地面和地下空间(自然洞穴或通道)

续表

序号	大类	亚类	备注
1	矿产地质遗迹类	地质环境改变与地质灾害遗迹	在自然地质环境变化的基础上，由矿业开发引发或加剧的矿山地质环境改变而造成或加剧(恶化)的崩塌、滑坡、泥石流、地面塌陷、地面沉降、土地沙化、沼泽化、土壤侵蚀等现象或遗迹，土壤或水体污染现象或遗迹，岩爆、冒顶、矿井突水、瓦斯突出与爆炸、煤层自燃、矿震等矿山地质灾害遗址或遗迹
2			矿业开发的各种生产活动(勘查、探矿、采矿、掘进、选矿、运输、冶炼加工、矿山调度等)有关的地点、设施、设备、建筑、工具用品等
3			矿业开发过程中形成并遗存下来的矿业产品与加工制品，如矿石、经选洗的精矿制品、岩矿化石标本与化石矿物工艺品、珍贵矿产制品等
4			反映从事矿业活动的不同阶层人群的社会生活、信仰有关的居所、餐饮、娱乐、商贸、教育、交际、宗教、集会、救助等活动场所遗址或遗迹以及历史纪念物，还包括有关当时的社会风俗、婚丧嫁娶与节庆活动的遗存，以及当时社会管理的机构、设施、器具与相关遗存、遗迹
5	矿业开发文献史籍类		反映与矿山和矿床的发现、勘查、开发有关的文书实物与历史文献资料等

后　　记

我与“棕地”研究的缘分，从2006年进入中国地质大学任教开始，至今已有十余年。2013年，经余瑞祥教授引荐，师从陈汗青教授在设计学博士后流动站工作。期间，陈老师给予了我悉心的指导和热情的鼓励，对于本书中许多观点的建立起到了重要作用。2014年与清华大学朱育帆教授和巴塞罗那的Miquel Vidal教授合作研究三峡库区的棕地景观，2015年获国家留学基金委资助到巴塞罗纳大学及巴塞罗那高等建筑学院做访问教授，跟随Miquel Planas、Miquel Vidal、Enric Batlle等教授工作和学习，期间接触了大量棕地项目，如Vall d'en Joan垃圾填埋场设计、Cap de Creus海角公园修复设计等，这些都是由艺术与科学结合所创造的杰出作品。2017年回国后，组建“棕地”可持续设计研究团队，继续开展相关研究与设计实践。

在不断求学的过程中也笔耕不辍，发表了十余篇相关文章，获得了中国博士后基金、中央高校优秀青年基金等项目资助。除了进行理论探索外，我也带领团队持续进行设计实践，主持了“大冶金湖矿区再生设计”等项目，获得了巴塞罗那国际设计竞赛一等奖、湖北省优秀规划设计一等奖等奖项。

经过以上积累，我于2015年申报的“基于生态价值观的废弃矿区景观再生设计研究”项目获得教育部人文社科基金立项和资助(2015—2018，批准号：15YJC760057)。该项目预定的研究目标是：通过探索国内外废弃矿区景观再生设计的理论与实践，构建废弃矿区再生模式；运用设计学方法从自然景观更新和人文景观重构等方面研究废弃矿区景观再生设计方法。本书在该基金项目研究成果的基础上，增加了绿色基础设施的理念和方法。在城市用地日益紧缺及绿色基础设施缺乏的背景下，废弃矿区可以成为绿色基础设施潜在的增长点，废弃矿区的生态修复也为绿色基础设施网络的完善与重构提供了契机。

本书既是教育部人文社科基金的结题成果，也是团队的阶段性研究成果，其中饱含了项目组成员的辛勤劳动。在这里，特别向我的课题组同事们致以深深的谢忱，他们是程璜鑫博士、曾征博士、刘军博士、王琦博士和刘超博士。同时，还要感谢桂宇晖院长在项目研究中给予的指导和帮助。

“不积跬步无以至千里，不积小流无以成江海。”本书是我以及团队在“棕地”可持续设计领域探索的阶段性成果，今后我们也将坚定地在该方向努力，在理论研究与设计实践上创造更多精品。希望本书对我国的废弃矿区以及“棕地”治理有所帮助，为美丽中国建设作出微薄贡献。由于作者才疏学浅，本书肯定还难以尽如人意，诚恳地希望同行专家与广大读者批评指正，谢谢！

廖启鹏

2018 年 1 月于沙湖琴园